U0276771

HTML5+CSS3
程序设计

慕课版

明日科技·出品

◎ 盛雪丰 兰伟 主编　　◎ 温斯琴 钱丽璞 副主编

人民邮电出版社

北　京

图书在版编目（ＣＩＰ）数据

HTML5+CSS3程序设计：慕课版 / 盛雪丰，兰伟主编
. -- 北京：人民邮电出版社，2017.6
　ISBN 978-7-115-45262-7

Ⅰ．①H… Ⅱ．①盛… ②兰… Ⅲ．①超文本标记语言
－程序设计②网页制作工具 Ⅳ．①TP312.8
②TP393.092.2

中国版本图书馆CIP数据核字(2017)第058530号

内 容 提 要

本书作为 HTML5 程序设计的教程，系统全面地介绍了有关 HTML5 网站前端开发所涉及的各类知识。全书共分 17 章，内容包括网页设计基础、初识 HTML5、HTML5 中的表格、使用 HTML5 创建表单、使用 HTML5 绘制图形、走进 HTML5 中的多媒体世界、CSS3 概述、CSS3 中的选择器、CSS3 常用属性、CSS3 中的变形与动画、JavaScript 概述、JavaScript 语言基础、JavaScript 对象编程、JavaScript 中事件处理、响应式网页设计、综合项目——51 购商城（适配移动端）、课程设计——游戏公园。全书每章内容都与实例紧密结合，有助于学生理解知识、应用知识，达到学以致用的目的。

本书为慕课版教材，各章节主要内容配备了以二维码为载体的微课，并在人邮学院（www.rymooc.com）平台上提供了慕课。此外，本书还提供了课程资源包。资源包中提供了本书所有实例、上机指导、综合案例的源代码、制作精良的电子课件 PPT、重点及难点教学视频、自测题库（包括选择题、填空题、操作题题库及自测试卷等内容），以及拓展综合案例和拓展实验。其中，源代码全部经过精心测试，能够在 Windows XP、Windows 7 系统下编译和运行。

♦ 主　　编　盛雪丰　兰　伟
　　副 主 编　温斯琴　钱丽璞
　　责任编辑　刘　博
　　责任印制　杨林杰
♦ 人民邮电出版社出版发行　　北京市丰台区成寿寺路 11 号
　　邮编 100164　电子邮件 315@ptpress.com.cn
　　网址 http://www.ptpress.com.cn
　北京七彩京通数码快印有限公司印刷
♦ 开本：787×1092　1/16
　　印张：22.75　　　　　　　　2017 年 6 月第 1 版
　　字数：682 千字　　　　　　2024 年 7 月北京第 10 次印刷

定价：59.80 元

读者服务热线：(010)81055256　印装质量热线：(010)81055316
反盗版热线：(010)81055315
广告经营许可证：京东市监广登字20170147号

前言
Foreword

为了让读者能够快速且牢固地掌握 HTML5 开发技术，人民邮电出版社充分发挥在线教育方面的技术优势、内容优势、人才优势，潜心研究，为读者提供一种"纸质图书+在线课程"相配套，全方位学习 HTML5 开发的解决方案。读者可根据个人需求，利用图书和"人邮学院"平台上的在线课程进行系统化、移动化的学习，以便快速全面地掌握 HTML5 开发技术。

一、如何学习慕课版课程

本课程依托人民邮电出版社自主开发的在线教育慕课平台——人邮学院（www.rymooc.com），该平台为学习者提供优质、海量的课程，课程结构严谨，用户可以根据自身的学习程度，自主安排学习进度，并且平台具有完备的在线"学习、笔记、讨论、测验"功能。人邮学院为每一位学习者，提供完善的一站式学习服务（见图1）。

图1 人邮学院首页

为了使读者更好地完成慕课的学习，现将本课程的使用方法介绍如下。

1. 用户购买本书后，找到粘贴在书封底上的刮刮卡，刮开，获得激活码（见图2）。

2. 登录人邮学院网站（www.rymooc.com），或扫描封面上的二维码，使用手机号码完成网站注册（见图3）。

图2 激活码

图3 注册人邮学院网站

3. 注册完成后，返回网站首页，单击页面右上角的"学习卡"选项（见图4），进入"学习卡"页面（见图5），输入激活码，即可获得该慕课课程的学习权限。

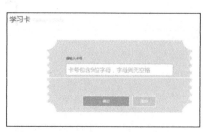

图4　单击"学习卡"选项　　　　　　　　图5　在"学习卡"页面输入激活码

4. 输入激活码后，即可获得该课程的学习权限。可随时随地使用计算机、平板电脑、手机学习本课程的任意章节，根据自身情况自主安排学习进度（见图6）。

5. 在学习慕课课程的同时，阅读本书中相关章节的内容，巩固所学知识。本书既可与慕课课程配合使用，也可单独使用，书中主要章节均放置了二维码，用户扫描二维码即可在手机上观看相应章节的视频讲解。

6. 学完一章内容后，可通过精心设计的在线测试题，查看知识掌握程度（见图7）。

图6　课时列表

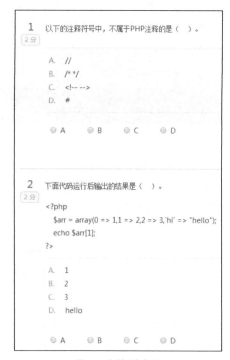

图7　在线测试题

7. 如果对所学内容有疑问，还可到讨论区提问，除了有大牛导师答疑解惑以外，同学之间也可互相交流学习心得（见图8）。

8. 书中配套的PPT、源代码等教学资源，用户也可在该课程的首页找到相应的下载链接（见图9）。

图 8　讨论区	图 9　配套资源

关于人邮学院平台使用的任何疑问，可登录人邮学院咨询在线客服，或致电：010-81055236。

二、本书特点

HTML5 自从 2010 年正式推出以来，受到了世界各大浏览器厂商的欢迎与支持。同时，W3C 也已经发布了 HTML5 规范和 CSS3 规范。根据世界各大 IP 界知名媒体评论的说法，新的 Web 时代——HTML5 与 CSS3 的时代马上就要到来了。

在当前的教育体系下，实例教学是计算机语言教学的最有效的方法之一，本书将 HTML5 知识和实用的实例有机结合起来。一方面，跟踪 HTML5 的发展，适应市场需求，精心选择内容，突出重点、强调实用，使知识讲解全面、系统；另一方面，全书通过"案例贯穿"的形式，始终围绕最后的综合案例设计实例，将实例融入到知识讲解中，使知识与案例相辅相成，既有利于读者学习知识，又有利于指导读者实践。另外，本书在每一章的后面还提供了上机指导和习题，方便读者及时验证自己的学习效果（包括动手实践能力和理论知识）。

本书作为教材使用时，课堂教学建议 35～40 学时，上机指导教学建议 13～18 学时。各章主要内容和学时建议分配如下，老师可以根据实际教学情况进行调整。

章	主 要 内 容	课堂学时	上机指导
第 1 章	网页设计基础，包括万维网概述、HTML 语言、HTML 开发组织、网页设计相关概念、网页的开发工具和浏览工具、网页制作相关技术	1	1
第 2 章	初识 HTML5，包括 HTML5 概述、文字标签、段落标签、图片标签、列表标签、链接标签	3	1
第 3 章	HTML5 中的表格，包括绘制表格、行标签<tr>及属性、单元格标签<td>及属性、表头标签<th>及属性、表格的结构标签	3	1
第 4 章	使用 HTML5 创建表单，包括表单概述、表单标签<form>、输入标签<input>、文本域标签——textarea、列表/菜单标签、新增表单属性	2	1
第 5 章	使用 HTML5 绘制图形，包括认识 HTML5 中的画布 Canvas、绘制基本图形、使用图像、绘制文字	4	1
第 6 章	走进 HTML5 的多媒体世界，包括设置滚动文字、<audio>标签和<video>标签、多媒体标签的基本属性及使用、多媒体标签的方法、多媒体标签的事件	2	1
第 7 章	CSS3 概述，包括 CSS3 的发展史、CSS3 概述、主流浏览器对 CSS 的支持、一个简单的 CSS3 示例	1	1
第 8 章	CSS3 中的选择器，包括选择器概述、基础选择器、其他选择器、伪类选择器及伪元素	3	1

章	主 要 内 容	课堂学时	上机指导
第9章	CSS3常用属性，包括文本相关属性、背景相关属性、列表相关属性、框尾性、定位相关属性	4	1
第10章	CSS3中的变形与动画，包括 2D 变换——transform、过渡效果——transition、动画——Animation	3	1
第11章	JavaScript 概述，包括 JavaScript 概貌、JavaScript 开发环境要求、JavaScript 在 HTML 中的使用	1	1
第12章	JavaScript 语言基础，包括 JavaScript 数据结构、数据类型、运算符与表达式、流程控制语句、函数	4	1
第13章	JavaScript 对象编程，包括 Window 对象、Document 文档对象、JavaScript 与表单操作、DOM 对象	4	1
第14章	JavaScript 中事件处理，包括事件与事件处理概述、DOM 事件模型、鼠标键盘事件、页面事件、表单事件	3	1
第15章	响应式网页设计，包括概述、像素和屏幕分辨率、视口（viewport）、响应式网页的布局设计	2	1
第16章	综合项目——51购商城（适配移动端），包括项目的设计思路、主页的设计与实现、商品列表页面的设计与实现、商品详情页面的设计与实现、购物车页面的设计与实现、付款页面的设计与实现、登录注册页面的设计与实现	4	
第17章	课程设计——游戏公园，包括课程设计目的、游戏公园网站概述、主页的设计与实现、博客列表的设计与实现、博客详情的设计与实现、关于我们的设计与实现、课程设计总结	2	

编 者

2017 年 1 月

目录
Contents

第1章

网页设计基础

本章要点:

- HTML的基本概念以及HTML开发组织
- 网页设计相关概念
- HTML的基本结构
- 网页的开发工具和浏览器工具的介绍
- 网页制作相关技术

■ HTML 是纯文本类型的语言，使用 HTML 编写的网页文件也是标准的纯文本文件。我们可以用任何文本编辑器，例如打开 Windows 的"记事本"程序，查看其中的 HTML 源代码，也可以在用浏览器打开网页时，通过相应的"查看/源文件"命令查看网页中的 HTML 代码。HTML 文件可以直接由浏览器解释执行，而无需编译。当用浏览器打开网页时，浏览器读取网页中的 HTML 代码，分析其语法结构，然后根据解释的结果显示网页内容，正因为如此，网页显示的速度同网页代码的质量有很大的关系，保持精简和高效的 HTML 源代码是十分重要的。

1.1 万维网概述

万维网概述

万维网是一种基于超文本方式工作的信息系统。作为一个能够处理文字、图像、声音和视频等多媒体信息的综合系统，它提供了丰富的信息资源，这些信息资源通常表现为以下三种形式。

（1）超文本

超文本（hypertext）一种全局性的信息结构，它将文档中的不同部分通过关键字建立链接，使信息得以用交互方式搜索。

（2）超媒体

超媒体（hypermedia）是超文本（hypertext）和多媒体在信息浏览环境下的结合，有了超媒体用户不仅能从一个文本跳到另一个文本，而且可以显示图像以及播放动画、音频和视频等。

（3）超文本传输协议

超文本传输协议（HTTP）是超文本在互联网上的传输协议。

1.2 HTML 语言

HTML 语言

HTML 是一种在因特网上常见的网页制作标注性语言，而并不能算作一种程序设计语言，因为它相对于程序设计语言来说缺少了其所应有的特征。HTML 通过浏览器的翻译，将网页中内容呈现给用户。

HTML 语言是一种简易的文件交换标准，有别于物理的文件结构，它旨在定义文件内的对象和描述文件的逻辑结构，而并不定义文件的显示。由于 HTML 所描述的文件具有极高的适应性，所以特别适合于 WWW 的出版环境。

1.3 HTML 开发组织

HTML 开发组织

开发 HTML5 需要成立相应的组织，并且需要有人来负责，因此，出现了以下 3 个重要组织。

❑ WHATWG：由来自 Apple、Mozilla、Google、Opera 等浏览器厂商的人组成，成立于 2004 年。WHATWG 开发 HTML 和 Web 应用 API，同时为各浏览器厂商以及其他有意向的组织提供开放式合作。

❑ W3C：W3C 下辖的 HTML 工作组目前负责发布 HTML5 规范。

❑ 因特网工程任务组（Internet Engineering Task Force，IETF）：这个任务组下辖 HTTP 等负责 Internet 协议的团队。HTML5 定义的一种新 API（WebSocket API）依赖于新的 WebSocket 协议，IETF 工作组正在开发这个协议。

1.4 网页设计相关概念

本节将对网页设计相关的几个基本概念进行介绍，主要包括超链接、统一资源定位器、网站、网页、首页等。

1.4.1　超链接

超链接简单来讲，就是指按内容链接。超链接在本质上属于一个网页的一部分，它是一种允许同其他网页或站点进行连接的元素。各个网页链接在一起后，才能真正构成一个网站。所谓的超链接是指从一个网页指向一个目标的连接关系，这个目标可以是另一个网页，也可以是相同网页上的不同位置，还可以是一个图片、一个电子邮件地址、一个文件，甚至是一个应用程序。而在一个网页中用来超链接的对象，可以是一段文本，也可以是一个图片。当浏览者单击已经链接的文字或图片后，链接目标将显示在浏览器上，并且根据目标的类型来打开或运行。

超链接

1.4.2　统一资源定位器

统一资源定位器（Uniform Resource Locator，URL），又称统一资源定位符，它包含如何访问 Internet 上资源的明确指令，是用于完整地描述 Internet 网页和其他资源地址的一种标识方法。

统一资源定位器

1.4.3　网站

网站（Website）是指在因特网上，根据一定的规则，使用 HTML 等制作的、用于展示特定内容的相关网页的集合。简单地说，网站是一种通信工具，人们可以通过网站来发布自己想要公开的资讯，或者利用网站来提供相关的网络服务。衡量一个网站的性能通常从网站的空间大小、网站位置、网站连接速度（俗称"网速"）、网站软件配置、网站提供服务等几方面考虑，最直接的衡量标准是这个网站的真实流量。

网站

1.4.4　网页

网页，可以是网站中的任何一个页面，通常是 HTML 格式（文件扩展名为 html、htm、asp、aspx、php 或 jsp 等）。网页通常用图像档来提供图画，且使用网页浏览器来进行浏览。

网页是构成网站的基本元素，是承载各种网站应用的平台。通俗地说，网站就是由网页组成的，如果只有域名和虚拟主机而没有制作任何网页的话，客户仍旧无法访问网站。

网页是一个文件，它存放在世界某个角落的某一部计算机中，而这部计算机必须是与互联网相连的。网页经由网址（URL）来识别与存取。

网页

1.4.5　首页

首页，又称主页或起始页，是用户打开浏览器时默认打开的一个或多个网页。首页也可以指一个网站的入口网页，即打开网站后看到的第一个页面，大多数作为首页的文件名是 index、default 或 main 加上扩展名。

首页

1.5　网页的开发工具和浏览工具

本节主要对网页制作的常用开发工具和浏览工具进行介绍。

1.5.1　网页开发工具简介

编写网页可以通过两种方式，一种是手工编写，另一种是借助一些网页开发工具。

网页开发工具简介

常用的网页开发工具有 Dreamweaver、WebStorm、Sublime、Text 等，下面分别对它们进行简单介绍。

1. Dreamweaver

Dreamweaver 是一个专门制作网页的一个工具，使用它可以创建 HTML 网页、ASP 网页、PHP 网页等。本书使用的版本是 Adobe Dreamweaver CC，效果如图 1-1 所示。

图 1-1　Adobe Dreamweaver CC

2. WebStorm

WebStorm 是 JetBrains 公司旗下一款 JavaScript 开发工具。软件支持不同浏览器的提示，还包括所有用户自定义的函数（项目中）。代码补全包含了所有流行的库，如 jQuery、YUI、Dojo、Prototype、Mootools 和 Bindows 等。WebStorm 被广大中国 JavaScript 开发者誉为 Web 前端开发神器、最强大的 HTML5 编辑器、最智能的 JavaScript IDE 等。WebStorm 的主界面如图 1-2 所示。

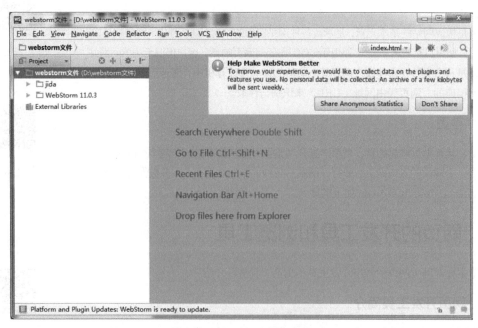

图 1-2　WebStorm 的主界面

3. SublimeText

Sublime Text 是一个复杂的文本编辑器，可以用于编写 HTML 代码或者散文等。Sublime Text 具有漂亮的用户界面和强大的功能，例如，代码缩略图、Python 的插件和代码段等。Sublime Text 的主要功能包括：拼写检查、书签、完整的 Python API、Goto 功能、即时项目切换、多选择和多窗口等。Sublime Text 是一个跨平台的编辑器，同时支持 Windows、Linux 和 Mac OS X 等操作系统。SublimeText 的主界面如图 1-3 所示。

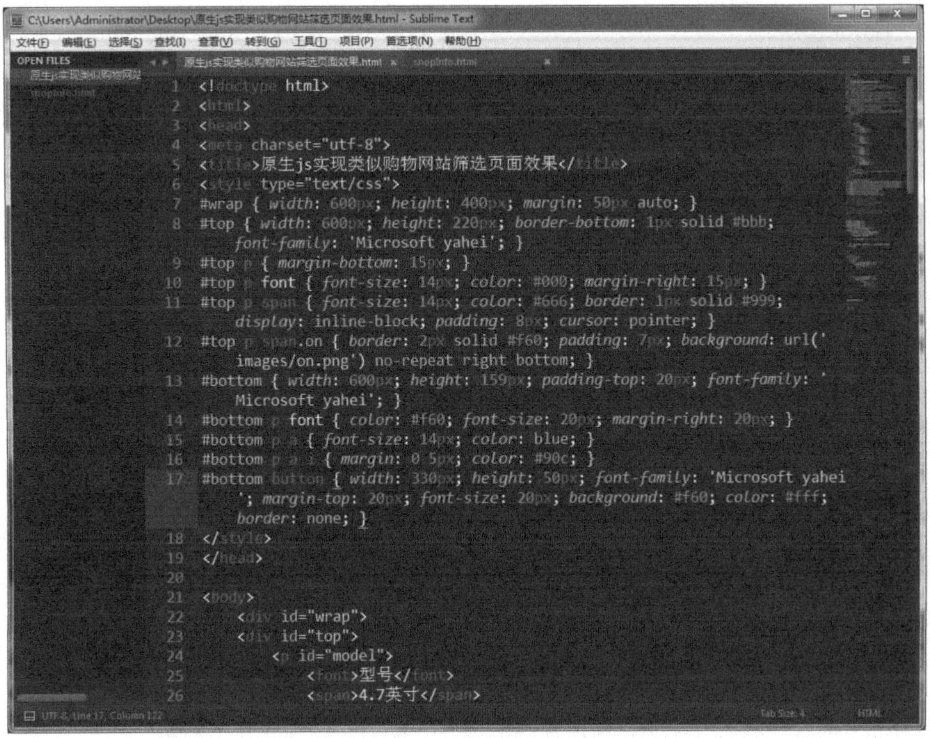

图 1-3 SublimeText 的主界面

1.5.2 网页浏览工具

网页浏览工具是显示网页服务器或档案系统内的文件，并让用户与这些文件互动的一种软件。它用来显示在万维网或局域网内的文字、影像及其他资讯，这些文字或影像可以是连接其他网址的超链接，用户可迅速及轻易地浏览各种资讯。常用的网页浏览工具有 Chrome 浏览器、IE 浏览器、火狐浏览器，下面分别对它们进行简单介绍。

网页浏览工具

1. Chrome 浏览器

Chrome 浏览器是由 Google 公司开发的网页浏览器，浏览速度在众多浏览器中走在前列，属于高端浏览器。它具有简洁、快速等特点。Chrome 浏览器支持多标签浏览，一个标签页面的崩溃也不会导致其他标签页面被关闭。此外，Chrome 浏览器基于 JavaScript V8 引擎，这是当前其他 Web 浏览器所无法实现的。

2. IE 浏览器

大多数网民都在使用 IE 浏览器，这要感谢它对 Web 站点强大的兼容性，最新的 Internet Explorer 11 包括 Metro 界面、HTML 5、CSS 3 以及大量的安全更新。

3. 火狐浏览器

火狐浏览器（Mozilla Firefox）于 2013 年是市场占有率第三的浏览器，仅次于微软的 Internet Explorer 和 Google 的 Chrome。最新的 Firefox 浏览器新增了类型推断，再次大幅提高了 JavaScript 引擎的渲染速度，使得很多富含图片、视频、游戏以及 3D 图片的富网站和网络应用能够更快地加载和运行。

1.5.3 Dreamweaver 的使用

Dreamweaver 的
使用

下面为大家介绍应用 Dreamweaver 编写第一个 HTML 文件。HTML 文件的创建非常简单，具体步骤如下。

（1）双击打开 Dreamweaver，依次选择"文件/新建/HTML"命令，打开图 1-4 所示的"新建文档"对话框。

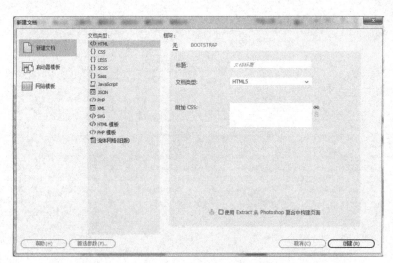

图 1-4　Dreamweaver 中新建 HTML 文件

（2）单击"创建"按钮，在打开的新建 HTML 文件中编写代码，如图 1-5 所示。

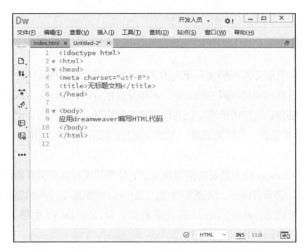

图 1-5　在 Dreamweaver 中输入 HTML 文件内容

（3）编辑完成之后，需要将其保存为 HTML 格式文件，具体步骤为：选择 Dreamweaver 菜单栏中的"文件/保存/另存为"菜单项。在弹出的"另存为"对话框中，选择文件的保存位置（如桌面），如图 1-6 所示。

图 1-6　保存 HTML 文件

（4）设置完成后，单击　"保存"按钮即可。此时，双击该 HTML 文件，就会打开浏览器，显示图 1-7
所示的运行效果。

图 1-7　运行 HTML 文件

1.6　网页制作相关技术

Web 是一种典型的分布式应用架构。Web 应用中的每一次信息交换都要涉及客户端和服务端两个层面。
因此，Web 开发技术大体上也可以被分为客户端技术和服务端技术两大类。其中，客户端应用的技术主要用于
展现信息内容；而服务器端应用的技术，则主要用于进行业务逻辑的处理和与数据库的交互等。

1.6.1　客户端应用技术

在进行 Web 应用开发时，离不开客户端技术的支持。目前，比较常用的客户端技
术包括 HTML 语言、CSS、Flash 和客户端脚本技术。

客户端应用技术

1. HTML 语言

HTML 语言是客户端技术的基础，主要用于显示网页信息，它不需要编译，由浏览
器解释执行。HTML 语言简单易用，它在文件中加入标签，使其可以显示各种各样的字体、图形及闪烁效果，
还增加了结构和标记，如头元素、文字、列表、表格、表单、框架、图像和多媒体等，并且提供了与 Internet
中其他文档的超链接。例如，在一个 HTML 页中，应用图像标记插入一个图片，可以使用图 1-8 所示的代码，
该 HTML 页运行结果如图 1-9 所示。

图 1-8　HTML 文件　　　　　　　　　图 1-9　运行结果

 说明

HTML 语言不区分大小写，这一点与 Java 不同。例如，图 1-8 中的 HTML 标记<body></body>标记也可以写为<BODY></BODY>。

2. CSS

CSS 就是一种样式表（style sheet）技术，也有人称之为层叠样式表（Cascading Style Sheet）。在制作网页时采用 CSS，可以有效地对页面的布局、字体、颜色、背景和其他效果实现更加精确的控制。只要对相应的代码做一些简单的修改，就可以改变整个页面的风格。CSS 大大提高了开发者对信息展现格式的控制能力，特别是在目前比较流行的 CSS+DIV 布局的网站中，CSS 的作用更是重足轻重。例如，在"心之语许愿墙"网站中，如果将程序中的 CSS 代码删除，将显示图 1-10 所示的效果；而添加 CSS 代码后，将显示图 1-11 所示的效果。

图 1-10　没有添加 CSS 的页面效果

图 1-11　添加 CSS 的页面效果

在网页中使用 CSS 不仅可以美化页面，而且可以优化网页速度。因为 CSS 样式表文件只是简单的文本格式，不需要安装额外的第 3 方插件。另外，由于 CSS 提供了很多滤镜效果，从而避免使用大量的图片，这样将大大缩小文件的体积，提高下载速度。

3. 客户端脚本技术

客户端脚本技术是指嵌入 Web 页面的程序代码，这些程序代码是一种解释性的语言，浏览器可以对客户端脚本进行解释。通过脚本语言可以实现以编程的方式对页面元素进行控制，从而增加页面的灵活性。常用的客户端脚本语言有 JavaScript 和 VBScript。

目前，应用最为广泛的客户端脚本语言是 JavaScript 脚本，它是 AJAX 的重要组成部分。本书第 11~15 章将对 JavaScript 脚本语言进行详细介绍。

1.6.2 服务器端应用技术

在开发动态网站时，离不开服务器端技术。目前，比较常用的服务器端技术主要有 CGI、ASP、PHP、ASP.NET 和 JSP。

服务器端应用技术

1. CGI

通用网关接口（Common Gateway Interface ，CGI）是最早用来创建动态网页的一种技术，它可以使浏览器与服务器之间产生互动关系。它允许使用不同的语言来编写适合的 CGI 程序，该程序被放在 Web 服务器上运行。当客户端发出请求给服务器时，服务器根据用户请求建立一个新的进程来执行指定的 CGI 程序，并将执行结果以网页的形式传输到客户端的浏览器上显示。CGI 可以说是当前应用程序的基础技术，但这种技术编制方式比较困难而且效率低下，因为每次页面被请求时，都要求服务器重新将 CGI 程序编译成可执行的代码。在 CGI 中使用最为常见的语言为 C/C++、Java 和文件分析报告语言（Practical Extraction and Report Language，Perl）。

2. ASP

ASP（Active Server Page）是一种使用很广泛的开发动态网站的技术。它通过在页面代码中嵌入 VBScript 或 JavaScript 脚本语言，来生成动态的内容，在服务器端必须安装适当的解释器，才可以通过调用此解释器来执行脚本程序，然后将执行结果与静态内容部分结合并传送到客户端浏览器上。对于一些复杂的操作，ASP 可以调用存在于后台的 COM 组件来完成，所以说 COM 组件无限地扩充了 ASP 的能力。正因如此依赖本地的 COM 组件，ASP 主要用于 Windows NT 平台，所以 Windows 本身存在的问题都会映射到它的身上。当然该技术也存在很多优点，例如简单易学，并且 ASP 与微软的 IIS 捆绑在一起，在安装 Windows 操作系统的同时安装上 IIS 就可以运行 ASP 应用程序了。

3. PHP

PHP 来自于 Personal Home Page 一词，但现在的 PHP 已经不再表示名词的缩写，而是一种开发动态网页技术的名称。PHP 语法类似于 C，并且混合了 Perl、C++和 Java 的一些特性。它是一种开源的 Web 服务器脚本语言，与 ASP 一样可以在页面中加入脚本代码来生成动态内容。对于一些复杂的操作可以封装到函数或类中。PHP 提供了许多已经定义好的函数，例如提供的标准的数据库接口，使得数据库连接方便、扩展性强。PHP 可以被多个平台支持，但被广泛应用于 UNIX/Linux 平台。由于 PHP 本身的代码对外开放，经过许多软件工程师的检测，因此，该技术具有公认的安全性能。

4．ASP.NET

ASP.NET 是一种建立动态 Web 应用程序的技术。它是.NET 框架的一部分，可以使用任何.NET 兼容的语言来编写 ASP.NET 应用程序。使用 Visual Basic .NET、C#、J#、ASP.NET 页面（Web Forms）进行编译可以提供比脚本语言更出色的性能表现。Web Forms 允许在网页基础上建立强大的窗体。当建立页面时，可以使用 ASP.NET 服务端控件来建立常用的 UI 元素，并对它们进行编程来完成一般的任务。这些控件允许开发者使用内建可重用的组件和自定义组件来快速建立 Web Form，使代码简单化。

5．JSP

Java Server Pages 简称 JSP。JSP 是以 Java 为基础开发的，所以它沿用 Java 强大的 API 功能。JSP 页面中的 HTML 代码用来显示静态内容部分；嵌入到页面中的 Java 代码与 JSP 标记生成动态的内容部分。JSP 允许程序员编写自己的标签库来完成应用程序的特定要求。JSP 可以被预编译，提高了程序的运行速度。另外 JSP 开发的应用程序经过一次编译后，便可随时随地运行。所以在绝大部分系统平台中，代码无需做修改就可以在支持 JSP 的任何服务器中运行。

小 结

本章主要介绍了 HTML 的基本概念以及其发展史。首先介绍了网页设计的相关概念，然后重点介绍了 HTML 的基本结构，并详细介绍了网页开发工具和网页浏览工具，最后介绍了网页制作的客户端应用技术和服务器端应用技术。希望读者好好学习本章，能有一个扎实的基础，为以后的学习做铺垫。

习 题

1-1 什么是 HTML 语言？
1-2 超链接是什么，有什么特点？
1-3 创建一个 HTML 文档的开始标记符是什么？结束标记符是什么？
1-4 编写 HTML 文件的方法有几种？分别是什么？
1-5 网站和网页的区别是什么？
1-6 客户端和服务器端应用的技术都有哪些？

第2章

初识HTML5

本章要点：

- 了解HTML的发展历史
- 了解HTML5的概念
- 使用Dreamweaver创建网页
- 在网页中添加文字、段落标签
- 给网页添加图片、超链接等

■ Internet 的飞速发展导致越来越多的网站被创建，浏览这些网站时，用户看到的是丰富的影像、文字、图片，这些内容都是通过一种名为 HTML 的语言表现出来的。对于网页设计和制作人员，尤其是开发动态网站的编程人员来讲，制作网页时，如果不涉及 HTML 语言，几乎是不可能的。本章将对 HTML5 进行简单介绍。

2.1 HTML5 概述

2.1.1 HTML 发展历史

HTML 的历史可以追溯到很久以前。1993 年 HTML 首次以因特网草案的形式发布。20 世纪 90 年代的人见证了 HTML 的大幅发展，从 2.0 版到 3.2 版和 4.0 版，再到 1999 年开发的 4.01 版。随着 HTML 的发展，W3C（万维网联盟）掌握了对 HTML 规范的控制权。

HTML 发展历史

然而，在快速发布了这四个版本之后，业界普遍认为 HTML 已经"无路可走"了，对 Web 标准的焦点也开始转移到 XML 和 XHTML，HTML 则被放在了次要位置。不过在此期间，HTML 体现了顽强的生命力，主要的网站内容还是基于 HTML 的。为能支持新的 Web 应用，同时克服现有的缺点，HTML 迫切需要添加新功能，制定新规范。

致力于将 Web 平台提升到一个新的高度，一小组人在 2004 年成立了 Web 超文本应用技术工作组（Web Hypertext Application Technology Working Group，WHATWG）。他们创立了 HTML5 规范，同时开始专门针对 Web 应用开发新功能——这被 WHATWG 认为是 HTML 中最薄弱的环节。Web 2.0 就是在 2004 被发明的。Web 2.0 实至名归，开创了 Web 的第二个时代，旧的静态网站逐渐让位于需要更多特性的动态网站和社交网站——这其中的新功能数不胜数。

2006 年，W3C 又重新介入 HTML，并于 2008 年发布了 HTML5 的工作草案。2009 年，XHTML2 工作组停止工作。又过一年，因为 HTML5 能解决非常实际的问题，所以在规范还没有具体订下来的情况下，各大浏览器厂家就已经按耐不住，开始对旗下产品进行升级以支持 HTML5 的新功能。这样，得益于浏览器的实验性反馈，HTML5 规范也得到了持续地完善，HTML5 以这种方式迅速融入到对 Web 平台的实质性改进中。

2.1.2 什么是 HTML5

HTML 语言是一种简易的文件交换标准，用于物理的文件结构，它旨在定义文件内的对象和描述文件的逻辑结构，而并不定义文件的显示。由于 HTML 所描述的文件具有极高的适应性，所以特别适合于 WWW 的出版环境。

什么是 HTML5

HTML 是纯文本类型的语言，使用 HTML 编写的网页文件也是标准的纯文本文件。我们可以用任何文本编辑器，例如 Windows 的"记事本"程序打开它，查看其中的 HTML 源代码，也可以在用浏览器打开网页时，通过相应的"查看/源文件"命令查看网页中的 HTML 代码。HTML 文件可以直接由浏览器解释执行，而无需编译。当用浏览器打开网页时，浏览器读取网页中的 HTML 代码，分析其语法结构，然后根据解释的结果显示网页内容，正是因为如此，网页显示的速度同网页代码的质量有很大的关系，保持精简和高效的 HTML 源代码是十分重要的

2.1.3 HTML5 文件基本结构

HTML5 的文件主要包括文件开始标签<html>、文件头部标签<head>、文件标题标签<title>以及文件主体标签<body>四大部分。其文件结构如下：

HTML5 文件基本结构

```
<!DOCTYPE HTML>
<html>
<head>
<meta charset="utf-8">
```

```
<title>第一个HTML文件</title>
</head>
<body>
<p>This is my first HTML5 fill.</p>
</body>
</html>
```

在上面结构中，第一行为这个文档的类型声明。文档类型声明用于宣告后面的文档标记遵循哪个标准，例如，上面结构中的文档声明表示文档标记遵循 HTML5 标准。<html>标签为双标签，用以标记文档的开始和结束，即<html>标记文件的起始位置，</html>标记文档的终止位置。<html>标签内容主要由两部分组成，第一部分为头部标签<head>，在头部标签内又有<meta>标签和<title>标签。<meta> 标签是单标签，一般用来定义页面信息的名称、关键字、作者等，其提供的信息是用户不可见的。<title> 标签为 HTML 文件的标题，其显示在浏览器的标题栏，用以说明文件的用途。第二部分为网页的主体，在编辑网页时把内容直接添加到<body>与</body>之间即可。

HTML 5 中，一个 HTML 头页面中可以有多个 meta 元素。另外，在 HTML5 中，标签名不区分大小写，例如上面结构中<HTML>、<Html>和<html>3 种写法的作用是一样的。

2.1.4 使用 Dreamweaver 创建一个 HTML 5 页面

使用 Dreamweaver
创建一个 HTML 5 页面

下面将通过一个具体的实例介绍使用 Dreamweaver 创建一个 HTML 5 页面的具体步骤。

【例 2-1】 在 HTML 5 页面中显示网页导航，效果如图 2-1 所示。

图 2-1 在 HTML5 页面中显示网页头部

（1）打开 Dreamweaver CC 2017，进入主窗口，如图 2-2 所示。在主菜单中选择"文件"/"新建"菜单项，进入 Dreamweaver CC 2017 的新建文档页面。

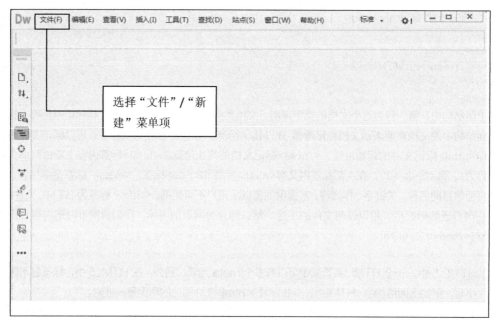

图 2-2　Dreamweaver 主窗口

（2）进入新建文档选择页面后，单击文档类型的"HTML"，然后选择"HTML5"，最后单击"创建"按钮，进入 Dreamweaver CC 2017 的操作页面。如图 2-3 所示。

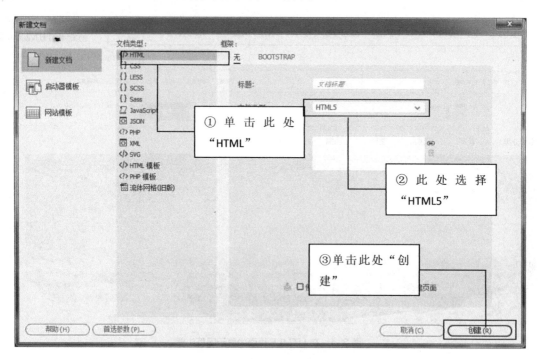

图 2-3　Dreamweaver 新建文档选择页面

（3）进入 Dreamweaver CC 2017 操作页面后，在<body>和</body>标签之间添加代码，这样就完成了使用 Dreamweaver CC 2017 创建的第一个网页。实例代码如下：

```
<!DOCTYPE HTML>
<html>
<head>
<meta charset="utf-8" />
<title>51购商城主页</title>
</head>
<body>
<p>    <font color="#F00" size="-1">亲，请登录 免费注册
           
             
           手 机 端    商 城 首 页
</font>  
    <font color="#000"size="-1">个人中心</font>  
    <font color="#F00"size="-1">购物车</font>  
    <font color="#000"size="-1">收藏夹</font></p>
<hr width="1200" align="left">
<img src="images/logo3.png" alt="" hspace='100' width="1000px">
    <h3> 全 部 分 类      首 页      闪 购       生 鲜
    团购    全球购</h3>
    <img src="images/bnr3.jpg" alt="" width="1200" height="380">
</body>
</html>
```

2.2　文字标签

文字是网页的基础，可以起到传达信息的作用。在 HTML 中有很多文字标签，下面将逐一介绍。

2.2.1　显示普通文字

在页面中输入文字内容是 HTML 语言能做到的最简单的事情。只要把想输出在页面中的文字写到<body></body>之间，这句话就能显示到页面中。具体语法如下：

显示普通文字

```
<body>想要输入的内容</body>
```

2.2.2　输入特殊符号

网页并不认识键盘所输入的空格和回车，不论连续输入几个空格和回车，网页只把它们当作是一个空格显示。这些符号都是通过代码控制的，在页面中使用 表示空格，使用
表示回车。

输入特殊符号

页面中表示特殊符号的代码还有很多，下面以表格的形式列出一些比较常见的特殊符号。如表 2-1 所示。

表2-1　页面中常见的特殊符号

特殊符号	符号码	特殊符号	符号码
"	"　‘	>	&gt;
&	&amp;	©	&copy
<	&lt;	®	&reg

说明 dreamweaver 有自动补全的功能，当输入"&"时，该工具会自动提示一些代码。读者可以自己试试这些代码表示的什么符号，但还是建议读者在学习开发的初期，把常用的代码符号背下来，尽量少使用代码自动补全的功能。

2.2.3 标题字标签

标题字标签

在浏览器中的正文部分，可以显示标题文字，所谓标题文字就是以某几种固定的字号显示文字，分别为\<h1>到\<h6>共 6 个标题字标签，它们是逐渐减小的。具体语法如下：

```
<h1>标题内容</h1>
```

说明 在使用标签时，请留意每种标签都有自己的文本样式。例如标题字标签默认样式为加粗和换行。

2.2.4 修饰文字标签

修饰文字标签

在浏览网页时，用户还常常可以看到一些特殊效果的文字，例如粗体字、斜体字、上角标、下脚标以及下划线文字，而这些文字效果也可以通过设置 HTML 语言的标签来实现。具体语法如下：

```
<strong>粗体的文字</strong>
<em>斜体字</em>
<u>带下划线的文字</u>
<sup>…</sup>    上标标签
<sub>…</sub>    下标标签
```

注意 HTML 中的标签可以嵌套使用，但是必须嵌套正确，否则内容会发生混乱。

2.2.5 修饰字体标签

修饰字体标签

在网页的编辑中，用户如果要直接在网页的主体部分添加文字，只需要在\<body>标签和\</body>标签之间输入相应的文字。设置不同的文字效果的属性位于文字格式标签\<font>中。具体格式如下：

```
<font size="字号" color="字体颜色" face="字体">文字内容</font>
```

【例 2-2】 在网页中显示商品的具体信息，效果如图 2-4 所示。

图 2-4 对网页中的文字设置字体字号及颜色效果

新建 HTML5 文件，先在 HTML5 文件中添加商品的文字信息，再通过<font>标签等改变字体、字号和颜色。具体代码如下：

```
<body leftmargin="35%">
<h3>当天发货12期免息【选音响手环电源】Huawei/华为P9 plus手机全网通</h3>
<font size="-1" color="#FF0000">当天18点前 付款当天发货 选音响手环免息</font><br>
<font size="-1" color="#999999">价格：</font>
<font size="-1" color="#000">￥<strike>4388.00</strike></font><br>
<font size="-1" color="#999999">促销价：</font>
<font size="+2" color="#f00" face="宋体"><b>￥4199.00</b></font><br>
<font size="-1" color="#999999">运费：</font>
<font size="-1" color="#000">山东济南 至 长春&raquo;南关区&raquo;快递：0.00</font>
<hr width="600" align="left">  
<font size="-1" color="#999999">月销量：</font>
<font size="-1" color="#990000"> <b>148</b></font>   
<font size="-1" color="#999999">|</font>  
<font size="-1" color="#999999">累计评价：</font>
<font size="-1" color="#990000"> <b>2184</b> </font>   
<font size="-1" color="#999999">|</font>  
<font size="-1" color="#999999">送51购积分三倍
<font color="#009900"><b>3012</b></font> 起</font>
<hr width="600" align="left">
</body>
```

2.3 段落标签

2.3.1 段落标签<p>

文字的组合就是段落，在网页中要把文字有条理地显示出来，就需要使用段落标签。在文本编辑中，输入完一段话按下回车就生成了一个段落。这时有些读者会想到
标签，
标签虽然可以达到换行效果，但是在 HTML 中有专门用来修饰段落的标签。

段落标签<p>

在 HTML 语言中，段落通过<p>标签来表示。其语法如下：

```
<p>段落文字</p>
```

 在 HTML5 中我们既可以使用成对的<p>标签来包含段落，也可以使用单独的<p>标签来划分段落。为了规范代码，建议初学者使用成对的<p>标签。

2.3.2 取消文字换行标签<nobr>

默认状态下，如果浏览器中单行文字的宽度过长，浏览器会自动将该文字换行显示，如果希望强制浏览器不换行显示，可以使用相应的标签。其语法如下：

取消文字换行标签
<nobr>

```
<nobr>不换行显示的文字</nobr>
```

 如果使用 nobr 取消自动换行标签后，当浏览器宽度不够时，会出现滚动条。

2.3.3 修饰段落的对齐属性 align

在 HTML 中，我们如果希望段落左对齐、右对齐或居中，就需要使用 align 参数。其语法如下：

```
<p align=""></p>
```

修饰段落的对齐属性
align

【例 2-3】 在网页中显示一则打折促销的广告，效果如图 2-5 所示。

图 2-5 在网页中显示文字促销广告

新建 HTML5 页面，在页面中将<p>标签与<font>标签嵌套使用，从而改变文字在页码中的位置和字体样式，具体代码如下：

```
<body  bgcolor="#CCFFCC">
<br><br><br><br><br><br>
<p align="center"><font size="+4"color="#00FF00"face="华文琥珀">手机清仓特卖会</font></p>
<p align="center"><font size="+4"color="#CC0033"face="华文行楷">正在进行中...</font></p>
<p align="center"><font size="+4"color="#00FFFF"face="华文新魏">将低价进行到底</font></p>
</body>
```

2.3.4 保留原始排版标签<pre>

网页创作一般是通过各种标签对文字进行排版的。但是在实际应用中，往往需要一些特殊的排版效果，这样使用标签控制会比较麻烦。解决的方法就是保留文本格式的排版效果，例如空格、制表符等。如果要保留原始的文本排版效果，则需要使用<pre>标签。

保留原始排版标签
<pre>

【例 2-4】 在网页中用字符呈现"元旦快乐"，效果如图 2-6 所示。

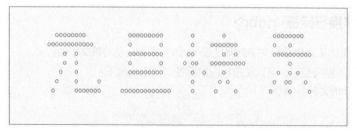

图 2-6 在网页中用字符呈现"元旦快乐"

新建一个 HTML5 页面，在页面中添加<pre>标签，并且在<pre>标签内部用英文字母"o"书写"元旦快乐"4 个字，具体代码如下：

```
<body   bgcolor="#FF9">
<br><br>
<font color="#FF0000" size="+2">
<pre>
          oooooooo          ooooooooo      o        o      oooooooo
      oooooooooooo        o      o        o     ooooooo     o    o
          o  o           ooooooooo       oo       o   o    ooooooooo
          o  o           o      o       o oo   ooooooooo      o
          o  o           ooooooooo       o   o    o        o   o
        o    o                         o   o   o        o   o
     o     ooooooo      ooooooooooooo     o         o    o     o

</pre>
<br><br>
</font>
</body>
```

2.4 图片标签和列表标签

2.4.1 插入图片标签<img>

今天看到的丰富多彩的网页，都是因为有了图像的作用。在页面中插入图片可以起到美化网页的作用。插入图片的标签只有一个，那就是<img>标签。其语法如下：

<img src="图片地址">

<img>标签的常用属性如表 2-2 所示。

插入图片标签<img>

表 2-2 img 标签的常用属性

属性	说明
src	图像的源义件
alt	提示文字
width，height	高度、宽度
border	边框
vspac	垂直间距
hspace	水平间距

在网页中插入图片时，图片路径一定要正确，否则图片无法引入网页。在插入图片时，尽量使用相对路径。

2.4.2 建立有序列表

列表分为两种类型，即无序列表和有序列表。前者用项目符号来标记列表项，而后者则使用编号来记录项目的顺序。列表的主要标签如表 2-3 所示。

建立有序列表

表 2-3　列表的主要标签

标签	描述	标签	描述
<ul>	无序列表	<menu>	菜单列表
<ol>	有序列表	<dt>、<dd>	定义列表标签
<dir>	目录列表	<li>	列表项目的标签
<dl>	定义列表		

　　有序列表使用编号来编排项目，编号可以采用数字或英文字母开头，通常各项目间有先后的顺序性。在有序列表中，主要使用<ol>和<li>两个标签以及 type 和 start 两个属性。具体语法如下：

```
<ol start="起始数值" type="排序类型">
 <li>第1项</li>
 <li>第2项</li>
     ……
</ol>
```

　　其中 start 为起始数值，属性值为具体的数字，type 为排序类型。有序列表中 type 的属性值如表 2-4 所示。

表 2-4　有序列表中 type 的属性值

type 取值	列表项目的序号类型
1	数字 1,2,3……
a	小写英文字母 a,b,c……
A	大写英文字母 A,B,C,D……
i	小写罗马数字 i,ii,iii,iv……
I	大写罗马数字 I,II,III,IV……

　　【例 2-5】 在网页中显示心理测试问卷，效果如图 2-7 所示。

　　新建一个 HTML5 页面，在页面中添加有序列表的标签，将文字内容添加至有序列表的列表项目<li>标签内部，具体代码如下：

```
<body bgcolor="#99FFFF">
<ol start="1" type="1">
    <li><p>你更喜欢吃哪种水果（）</p>
        <ol start="1" type="A">
            <li>草莓</li>
            <li>香蕉</li>
            <li>苹果</li>
            <li>西瓜</li>
        </ol>
    </li>
    <li><p>你平时休闲经常去的地方是哪里（）</p>
        <ol start="1" type="A">
            <li>郊外</li>
            <li>商场</li>
            <li>公园</li>
```

```
            <li>酒吧</li>
        </ol>
    </li>
    <li><p>你认为容易吸引你的人是哪类 ()</p>
        <ol start="1" type="A">
            <li>有才气的人</li>
            <li>依赖你的人</li>
            <li>善良的人</li>
            <li>优雅的人</li>
        </ol>
    </li>
    <li><p>如果你可以成为一种动物,你希望可以成为哪种 ()</p>
        <ol start="1" type="A">
            <li>猫</li>
            <li>狗</li>
            <li>猴子</li>
            <li>小鸟</li>
        </ol>
    </li>
    <li><p>你最向往的生活是 ()</p>
        <ol start="1" type="A">
            <li>面朝大海,春暖花开</li>
            <li>采菊东篱下,悠然见南山</li>
            <li>空调WiFi西瓜,晚上有鱼有虾</li>
            <li>职场达人</li>
        </ol>
    </li>
    <li><p>你喜欢的电影类型 ()</p>
        <ol start="1" type="A">
            <li>动作剧</li>
            <li>喜剧</li>
            <li>爱情</li>
            <li>都一般,没有最喜欢的</li>
        </ol>
    </li>
    <li><p>有一个陌生来电,接电话后,对方让你猜他是谁,你会()</p>
        <ol start="1" type="A">
            <li>毫不犹豫挂掉</li>
            <li>拐弯抹角的骂他一顿</li>
            <li>先仔细辨别会不会是朋友换号了</li>
            <li>让对方猜自己是谁</li>
        </ol>
    </li>
</ol>
</body>
```

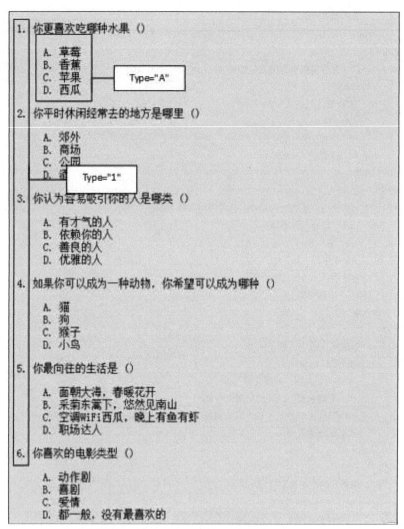

图 2-7　在网页中显示心理测试问卷

2.4.3　建立无序列表

无序列表是指用●、○、▽、▲等项目符号来编排项目，通常各项目间无先后顺序。在无序列表中，主要使用\<ul\>和\<li\>两个标签以及 type 属性。具体语法如下：

```
<ol type="排序类型">
<li>第1项</li>
<li>第2项</li>
</ol>
```

其中，type 为项目符号，可选的属性值有 circle、disc、square。

【例 2-6】　实现 51 购商城中的商品详情简介，效果如图 2-8 所示。

建立无序列表

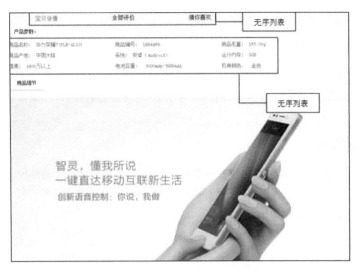

图 2-8　显示 51 购商城中的商品详情简介

新建一个 HTML 页面，在页面中插入第一个无序列表显示文字（"宝贝详情""全部评价"和"猜你喜欢"），具体 HTML 代码如下：

```
<div class="mr-introduceMain">
  <ul class="mr-nav-tabs">
    <li id="infoTitle">宝贝详情</li>
    <li>全部评价</li>
    <li>猜你喜欢</li>
  </ul>
```

在页面中插入第二个无序列表显示产品参数，具体 HTML 代码如下：

```
<div class="mr-tab-panel">
  <div class="mr-J_Brand">
    <h4>产品参数：</h4>
    <ul>
      <li>商品名称: 华为荣耀7(PLK-AL10)</li>
      <li>商品编号: 1684485</li>
      <li>商品毛重: 157.00g</li>
      <li>商品产地: 中国大陆</li>
      <li>系统: 安卓（Android）</li>
      <li>运行内存: 3GB</li>
      <li>像素: 1600万以上</li>
      <li>电池容量: 3000mAh-3999mAh</li>
      <li>机身颜色: 金色 </li>
    </ul>
  </div>
  <div class="mr-details">
    <h4>商品细节</h4>
    <div class="mr-twlistNews">
        <img src="images/tw1.jpg" />
      <img src="images/tw2.jpg" />
      <img src="images/tw3.jpg" />
      <img src="images/tw4.jpg" />
      <img src="images/tw5.jpg" />
```

```
    </div>
  </div>
</div>
```

 说明　本示例使用 CSS 清除了无序列表的默认样式。有关 CSS 部分请参照本书第 9 章。

2.4.4　建立定义列表

建立定义列表

在 HTML 中还有一种列表标签，称为定义列表（Definition Lists）。不同于前两种列表，它主要用于解释名词。定义列表包含两个层次的列表，第一层次是需要解释的名词，第二层次是具体的解释。具体语法如下：

```
<dl>
  <dt>名词1<dd>解释1
  <dt>名词2<dd>解释2
  <dt>名词3<dd>解释3
</dl>
```

在该语法中，<dl>标签和</dl>标签分别定义了定义列表的开始和范围，<dt>和</dt>之间就是要解释的名称，而在<dd>和</dd>之间则是该名词的具体解释。作为解释的内容在显示时会自动缩进，与字典中的词语解释类似。

【例 2-7】　在网页中应用定义列表展示商品内容，效果如图 2-9 所示。

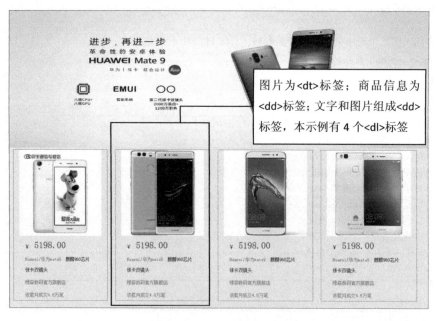

图 2-9　在网页中展示商品内容

新建 HTML 文件，并且在 HTML 页面内添加定义列表，将图片添加至定义列表的<dt>标签内，有关图片的文字信息添加到<dd>标签内。具体 HTML 代码如下：

```
<div class="mr-cont">
  <img src="images/banner2.jpg" width="1107" height="350">
```

```
<div class="mr-pic">
  <dl>
    <dt><img src="images/5a1.jpg" alt=""></dt>
    <dd>
        <font size="-2" color="#cc0000">￥</font>
      <font size="+2" color="#CC0000">5198.00</font>
    </dd>
    <dd>
        <font size="-2" color="#9c9c9c">Huawei/华为mate9</font>
      <font size="-2" color="#CC0000">麒麟960芯片 <br>徕卡双镜头</font>
    </dd>
    <dd><font size="-2" color="#9c9c9c">绿森数码官方旗舰店</font></dd>
    <dd><font size="-2" color="#9c9c9c">该款月成交4.6万笔</font></dd>
  </dl>
  <dl>
    <dt><img src="images/5a2.jpg" alt=""></dt>
    <dd>
        <font size="-2" color="#cc0000">￥</font>
      <font size="+2" color="#CC0000">5198.00</font>
    </dd>
    <dd>
        <font size="-2" color="#9c9c9c">Huawei/华为mate9</font>
      <font size="-2" color="#CC0000">麒麟960芯片 <br>徕卡双镜头</font>
    </dd>
    <dd><font size="-2" color="#9c9c9c">绿森数码官方旗舰店</font></dd>
    <dd><font size="-2" color="#9c9c9c">该款月成交4.6万笔</font></dd>
  </dl>
  <dl>
    <dt><img src="images/5a3.jpg" alt=""></dt>
    <dd>
        <font size="-2" color="#cc0000">￥</font>
      <font size="+2" color="#CC0000">5198.00</font>
    </dd>
    <dd>
        <font size="-2" color="#9c9c9c">Huawei/华为mate9</font>
      <font size="-2" color="#CC0000">麒麟960芯片 徕<br>卡双镜头</font>
    </dd>
    <dd><font size="-2" color="#9c9c9c">绿森数码官方旗舰店</font></dd>
    <dd><font size="-2" color="#9c9c9c">该款月成交4.6万笔</font></dd>
  </dl>
  <dl>
    <dt><img src="images/5a4.jpg" alt=""></dt>
    <dd>
        <font size="-2" color="#cc0000">￥</font>
      <font size="+2" color="#CC0000">5198.00</font>
    </dd>
    <dd>
        <font size="-2" color="#9c9c9c">Huawei/华为mate9</font>
      <font size="-2" color="#CC0000">麒麟960芯片 徕卡双镜头</font>
    </dd>
    <dd><font size="-2" color="#9c9c9c">绿森数码官方旗舰店</font></dd>
```

```
    <dd><font size="-2" color="#9c9c9c">该款月成交4.6万笔</font></dd>
  </dl>
 </div>
</div>
```

说明

在定义列表中可以给一个<dt>标签添加多个<dd>标签。本示例使用了 CSS 样式，有关 CSS 的学习，请参照第9章。

2.5 链接标签

超链接是网页页面中最重要的元素之一。一个网站是由多个页面组成的，页面之间依据链接确定相互的导航关系。链接能使浏览者从一个页面跳转到另一个页面，实现文档互联、网站互联。

文本链接（hypertextlink）通常简称为超链接（hyperlink），或者简称为链接（link）。链接是 HTML 的一个最强大和最有价值的功能。链接是指文档中的文字或者图像与另一个文档、文档的一部分或者一幅图像链接在一起。其语法如下：

<A href="文件名">链接元素</A>或<A href="URL">链接元素</A>

在该语法中，链接元素可以是文字，也可以是图片或其他页面元素。其中 href 是 hypertextreference 的缩写。通过超级链接的方式可以使各个网页之间链接起来，使网站中众多的页面构成一个有机整体，使访问者能够在各个页面之间跳转。超链接可以是一段文本、一幅图像或其他网页元素，当在浏览器中用鼠标单击这些对象时，浏览器可以根据指示载入一个新的页面或者转到页面的其他位置。

2.5.1 建立文本链接

在网页中，文本超链接是最常见的一种。它通过网页中的文件和其他文件进行链接。其语法如下：

<A href="链接地址">链接文字</A>

在该语法中，链接地址可以是绝对地址，也可以是相对地址。

建立文本链接

说明

绝对路径就是主页上的文件或目录在硬盘上的真正路径。使用绝对路径定位链接的缺点：一是需要输入更多的内容，二是如果该文件被移动了，就需要重新设置所有的相关链接。

相对路径最适合网站的内部链接。相对路径的优点是：站点文件夹所在服务器地址发生改变时，文件夹的所有内部链接都不会出问题。

2.5.2 建立书签链接

浏览者在浏览页面时，如果页面的内容较多，页面过长，需要不断拖动滚动条，很不方便，如果要寻找特定的内容，就更加不方便。这时如果能在该网页或另外一个页面上建立目录，浏览者只要单击目录上的项目就能自动跳到网页相应的位置进行阅读，这样无疑是最方便的，并且还可以在页面中设定诸如"返回首页"之类的链接，这就称为书签链接。

建立书签链接分为两步，一是建立书签，二是为书签制作链接。

建立书签链接

【例2-8】 实现在51商城手机页面中添加书签链接，效果如图2-10所示。

图 2-10　实现在 51 商城手机页面中添加书签链接

（1）建立书签，分别为每一版块的位置后面的文字（例如"华为荣耀""华为 p8"等）建立书签，代码如下：

```
<div class="mr-txt">
<h5> 位置：<a name="rongyao">华为荣耀</a><a href="#top">>>回到顶部</a></h5>
  <div class="mr-phone rongyao">

        <div class="mr-pic"><img src="images/ry1.jpg" alt=""></div>
        <div class="mr-pic"><img src="images/z5.jpg" alt=""></div>
        <div class="mr-pic"><img src="images/z7.jpg" alt=""></div>
        <div class="mr-pic"><img src="images/ry4.jpg" alt=""></div>
        <div class="mr-pic"><img src="images/ry5.jpg" alt=""></div>
            <div class="mr pic"><img src="images/ry6.jpg" alt=""></div>
            <div class="mr-pic"><img src="images/ry7.jpg" alt=""></div>
            <div class="mr-pic"><img src="images/ry8.jpg" alt=""></div>
</div>
    <h5> 位置：<a name="mate8">华为mate8<a href="#top">>>回到顶部</a></h5>
<div class="mr-phone mate8">

        <div class="mr-pic"><img src="images/mate81.jpg" alt=""></div>
        <div class="mr-pic"><img src="images/mate82.jpg" alt=""></div>
        <div class="mr-pic"><img src="images/mate89.jpg" alt=""></div>
        <div class="mr-pic"><img src="images/mate84.jpg" alt=""></div>
        <div class="mr-pic"><img src="images/mate85.jpg" alt=""></div>
            <div class="mr-pic"><img src="images/mate86.jpg" alt=""></div>
        <div class="mr-pic"><img src="images/mate87.jpg" alt=""></div>
        <div class="mr-pic"><img src="images/mate88.jpg" alt=""></div>
</div>
    <h5> 位置：<a name="huaweip8">华为p8</a><a href="#top">>>回到顶部</a></h5>
<div class="mr-phone p8">
```

```
        <div class="mr-pic"><img src="images/z1.jpg" alt=""></div>
        <div class="mr-pic"><img src="images/p92.jpg" alt=""></div>
        <div class="mr-pic"><img src="images/p93.jpg" alt=""></div>
        <div class="mr-pic"><img src="images/p94.jpg" alt=""></div>
        <div class="mr-pic"><img src="images/p95.jpg" alt=""></div>
        <div class="mr-pic"><img src="images/p96.jpg" alt=""></div>
        <div class="mr-pic"><img src="images/p97.jpg" alt=""></div>
        <div class="mr-pic"><img src="images/p98.jpg" alt=""></div>
    </div>
    <h5> 位置：<a name="huawei5c">华为5a</a><a href="#top">>>>回到顶部</a></h5>
<div class="mr-phone huawei">

        <div class="mr-pic"><img src="images/z7.jpg" alt=""></div>
        <div class="mr-pic"><img src="images/5a2.jpg" alt=""></div>
        <div class="mr-pic"><img src="images/5a3.jpg" alt=""></div>
        <div class="mr-pic"><img src="images/5a4.jpg" alt=""></div>
        <div class="mr-pic"><img src="images/5a5.jpg" alt=""></div>
        <div class="mr-pic"><img src="images/p98.jpg" alt=""></div>
        <div class="mr-pic"><img src="images/p99.jpg" alt=""></div>
        <div class="mr-pic"><img src="images/5c3.jpg" alt=""></div>
    </div>
    <h5> 位置：<a name="huaweig9">华为g9</a><a href="#top">>>>回到顶部</a></h5>
<div class="mr-phone g9">

        <div class="mr-pic"><img src="images/z1.jpg" alt=""></div>
        <div class="mr-pic"><img src="images/ry1.jpg" alt=""></div>
        <div class="mr-pic"><img src="images/z3.jpg" alt=""></div>
        <div class="mr-pic"><img src="images/z4.jpg" alt=""></div>
        <div class="mr-pic"><img src="images/z5.jpg" alt=""></div>
        <div class="mr-pic"><img src="images/z6.jpg" alt=""></div>
        <div class="mr-pic"><img src="images/z7.jpg" alt=""></div>
        <div class="mr-pic"><img src="images/ry1.jpg" alt=""></div>
    </div>
    </div>
```

（2）给在网页导航部分的书签建立链接，代码如下：

```
<div class="mr-top">
    <a name="top"><div class="mr-nav">
        <ul>
            <li><a href="#rongyao">华为荣耀</a></li>
            <li><a href="#mate8">华为mate8</a></li>
            <li><a href="#huaweip8">华为p8</a></li>
            <li><a href="#huawei5c">华为5c</a></li>
            <li><a href="#huaweig9">华为g9</a></li>
        </ul>
    <img class="mr-banner"src="images/bnr.jpg"width='1030' height="430"></a>
    </div>
```

说明

本示例使用了 CSS 样式，有关 CSS 的学习，请参照第 9 章。

小 结

本章主要讲解了如何在网页中插入文字、图片、列表以及超链接。其中，文字是网页设计的基础，一个标准的文字页面可以起到传达信息的作用。而一个网页只有文字就会显得枯燥，还可能需要丰富的图片来美化页面；同时，各种列表会使页面布局更加整齐；另外，链接也是网页必不可少的元素之一，它能完成各个页面之间的跳转，实现文档互联。

上机指导

随着互联网的发展，网购已经无所不在。当打开购物网站查看商品时，商品信息就会清晰地展示出来。本次上机指导将实现商品详情页面，运行效果如图 2-11 所示。

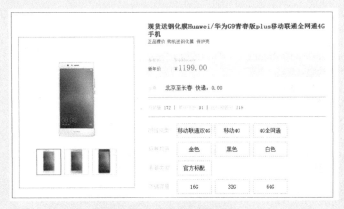

图 2-11　制作商品详情页面

程序开发步骤如下：

（1）在页面中插入图片。创建 HTML5 文件，在 HTML5 页面中添加显示商品展示图片的代码。

上机指导

```
<div class="mr-cont">
 <div class="mr-pic">
  <dl>
    <dt><img src="images/dhw4.jpg" alt=""></dt>
    <dd class="mr-sel"><img src="images/xhw41.jpg" height="70" width="70"></dd>
    <dd><img src="images/xhw42.jpg" alt="" height="70" width="70"></dd>
    <dd><img src="images/xhw43.jpg" height="70" width="70"></dd>
  </dl>
 </div>
```

（2）添加商品详情的文字信息，代码如下：

```
<div class="mr-mess">
    <div>
     <h3>现货送钢化膜Huawei/华为G9青春版plus移动联通全网通4G手机</h3>
     <font size="-1" color="#FF0099" >正品裸价 购机送钢化膜 保护壳<br><br></font>
    </div>
    <div class="mr-price"><br>
```

```
                <font size="-1"color="#CCCCCC">专柜价   <strike>￥1399.00</strike>
</font><br>
                <font size="-1" color="#FF0099">新年价    ￥<font size="+2" >1199.00
</font></font><br><br>
        </div>
        <div><br>
                <font size="-1" color="#CCCCCC">运费  </font size="-1">北京至长春 快递：
0.00<br></font> <br><hr><br>
                <font size="-1" color="#CCCCCC">月销量</font>
                <font size="-1" color="#FF0099">172 |</font>
                <font size="-1" color="#CCCCCC">累计评价</font>
                <font size="-1" color="#FF0099">91 |</font>
                <font size="-1" color="#CCCCCC">送51购积分</font>
                <font size="-1" color="#00CC00">119<br><br></font><hr><br>
        </div>
        <div>
          <ul>
            <li class="list1"><font color="#CCCCCC">网络类型 </font></li>
            <li>移动联通双4G</li>
            <li>移动4G</li>
            <li>4G全网通</li>
          </ul><br><br><br>
          <ul>
            <li class="list1"><font color="#CCCCCC">机身颜色 </font></li>
            <li>金色</li>
            <li>黑色</li>
            <li>白色</li>
          </ul><br><br><br>
          <ul>
            <li class="list1"><font color="#CCCCCC">套餐类型 </font></li>
            <li>官方标配</li>
          </ul><br><br><br>
          <ul>
            <li class="list1"><font color="#CCCCCC">存储容量 </font></li>
            <li>16G</li>
            <li>32G</li>
            <li>64G</li>
          </ul>
        </div>
      </div>
    </div>
```

习 题

2-1　HTML5 的文字标签有哪些？各自有什么区别？

2-2　插入图片标签有哪些属性？

2-3　有序列表的排序方式有哪些？

2-4　比较常用的三种列表的样式有什么不同？

2-5　什么是绝对路径？什么是相对路径？各自有什么优缺点？

2-6　什么情况适合书签链接？

第3章

HTML5中的表格

本章要点：

- 表格的大小
- 表格的背景颜色
- 为表格加入背景图片
- 合并单元格
- 表格排版

■ 表格是 HTML 中非常重要的功能，无论是使用简单的 HTML 语言编辑的网页，还是具备动态网站功能的 ASP、JSP、PHP 网页，都可以借助表格进行排版，CSS 表格属性可以帮助用户极大地改善表格的外观。

3.1 绘制表格

在 HTML 的语法中，表格一般通过 3 个标签来构建，分别为表格标签、行标签和单元格标签。其中表格标签为<table></table>，表格的其他各种属性都要写在表格的开始标签<table>和表格结束</table>之间才有效。

3.1.1 设置表格的标题

表格可以通过<caption>标签来设置特殊的一种单元格，即标题单元格。表格的标题一般位于整个表格的第一行。具体语法如下：

```
<caption>value<caption>
```

参数说明：

❑ value：表格标题的内容。

设置表格的边框属性，在默认的情况下表格的边框为 0，也就是说默认情况下我们看不到表格的边框。例如图 3.1 中的表格，我们就能看到表格的边框。用户可以通过设置表格中的属性 border 来改变边框线的宽度，单位为像素。

例如，在页面中创建一个单词表，并设置表格的边框为 10 像素，代码如下：

```
<table border="10">
    <tr>
        <td>苹果：</td>
        <td>apple</td>
    </tr>
    <tr>
        <td>香蕉：</td>
        <td>banana</td>
    </tr>
</table>
```

在页面中，添加上面的代码，将在页面中显示图 3-1 所示的表格。

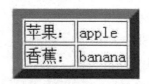

图 3-1　设置表格的边框属性

3.1.2 设置表格的宽度和高度

在默认情况下，表格的宽度和高度根据内容自动调整，我们也可以根据自己的需要手动设置表格的宽度和高度。

```
<table width=value   height=value>
```

参数说明：

❑ height：设置表格的高度。

例如，在页面中创建一个表格，并设置表格高度为 200，宽度为 400，代码如下：

设置表格的宽度和高度

```
<table border="3" height="200" width="400">
</table>
```

3.1.3 设置表格的边框色

设置表格的边框色

为了美化表格，我们可以通过设置表格中的属性 bordercolor 来改变表格边框的颜色。其值可以使用英文颜色名称或十六进制颜色值表现。

例如，在页面中创建一个表格，并设置表格的边框为红色，代码如下：

```
<table border="1" height="100" width="200" bordercolor="red">
</table>
```

3.1.4 设置表格的对齐方式

设置表格的对齐方式

表格的对齐方式用于设置整个表格在网页中的位置。在表格中通过设置属性 align 的值来设定表格的对齐方式，具体语法如下：

```
<table align=value
```

参数说明：

❑ value：表格的对齐方式可以取值为 left、center 和 right。

3.1.5 设置表格的背景颜色

设置表格的背景颜色

通过设置属性 bgcolor 的值可以定义表格的背景颜色，具体语法如下：

```
<table bgcolor=value>
```

参数说明：

❑ value：颜色的值，可以使用英文颜色名称或十六进制颜色值表现。

【例 3-1】 在页面中创建一个表格，制作 51 购商品页面，效果如图 3-2 所示。

图 3-2 设置表格的背景颜色为灰色

新建一个 HTML 文件，然后通过<table>标签的 bgcolor 属性将表格背景设置为灰色，代码如下：

```
<body>
<div class="mr-box">
<table bgcolor="#ccc" align="center"height="445"width="1244">
    <tr>
    <td rowspan="4"><img src="images/1.jpg"></td>
      <td><img src="images/2.jpg"></td>
        <td><img src="images/3.jpg"></td>
        <td><img src="images/4.jpg"></td>
        <td><img src="images/5.jpg"></td>
        <td><img src="images/6.jpg"></td>
        <td><img src="images/7.jpg"></td>
    </tr>
    <!--此处省略其他表格行的代码-->
</table>
</div>
</body>
```

3.1.6　设置表格的背景图片

通过设置属性 background 的值可以为表格的背景加入一张背景图片，具体语法如下：

```
<table background=value
```

参数说明：

❑　value：图片的地址，可以是绝对路径，也可以为相对路径。

设置表格的背景图片

【例 3-2】运用表格制作商品详情页，为表格设置背景图片，运行效果如图 3-3 所示。

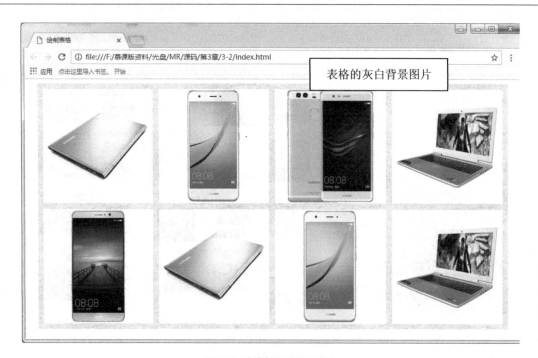

图 3-3　为表格加入背景图片

新建一个 HTML 文件，然后通过<table>标签的 background 属性实现为表格添加背景图片，代码如下：

```
<body>
<div class="mr-box">
    <table  cellspadding="0"  cellspacing="10"  background="images/bg.jpg"  height="445"  width="913"
align="center">
        <tr>
            <td><img src="images/2.jpg"></td>
            <td><img src="images/3.jpg"></td>
            <td><img src="images/4.jpg"></td>
            <td><img src="images/5.jpg"></td>
        </tr>
        <tr>
            <td><img src="images/6.jpg"></td>
            <td><img src="images/7.jpg"></td>
            <td><img src="images/8.jpg"></td>
            <td><img src="images/9.jpg"></td>
        </tr>
    </table>
</div>
</body>
```

3.2 行标签的属性

<tr>标签的属性用于设定表格中每一行的属性，在设定了表格的整体属性后，还可以对单独的一行表格进行属性设置。

3.2.1 设置行的高度

在网页中常常遇到一些表格中某一行高度和其他行高度不相等的情况，这时就需要使用 height 属性，具体语法如下：

设置行的高度

```
<tr height=value>
```
参数说明：

❑ value：设置行的高度（只对本行有效）。

例如，创建一个表格，表示近期出版的图书，并调整其表格行的高度，代码如下：

```
<body>
<table border="1">
    <tr height="200"> <!-- 设置行的高度为200 -->
        <td>书籍名称：</td>
        <td> Java开发实战1200例<br>
        JavaWeb开发实战1200例<br>
        学通Java24堂课<br>
        学通JavaWeb24堂课<br></td>
    </tr>
</table>
</body>
```

在页面中，添加上面的代码，将在页面中显示图 3-4 所示的表格。

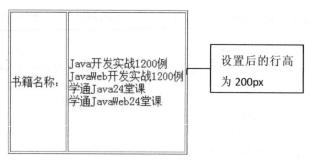

图 3-4　设置行的高度

3.2.2　设置行的边框颜色

与表格相同，对表格的行来说也可以通过设置 bordercolor 的属性单独为边框设置颜色。其具体语法如下：

```
<tr bordercolor=value>
```

参数说明：

❑　value：颜色的值，可以使用英文颜色名称或十六进制颜色值表现。

设置行的边框颜色

3.2.3　设置行的背景颜色

与表格相同，对表格的行来说也可以通过设置 bgcolor 的属性单独为背景设置颜色。其具体语法如下：

```
<tr bgcolor=value>
```

参数说明：

❑　value：颜色的值，可以使用英文颜色名称或十六进制颜色值表现。

例如，设置行的背景颜色为灰色，代码如下：

设置行的背景颜色

```
<table border="1" align="center" width="200">
  <tr bgcolor="#B6B6B6"> <!-- 设置此行背景颜色为灰色 -->
    <td>姓 名</td>
    <td>数学成绩</td>
  </tr>
</table>
```

3.2.4　设置行的水平位置

在水平方向上，可以通过设定行属性 align 的值，来改变本行的水平对齐方式，分别为左对齐、居中对齐和右对齐。其具体语法如下：

```
<tr align=value>
```

参数说明：

❑　value：表格的对齐方式，其取值为 left、center 和 right。

例如，创建一个表格，并设置其水平对齐方式，代码如下：

设置行的水平位置

```
<table border="1" align="center" width="300">
  <tr align=" center "> <!-- 设置对齐方式为右对齐 -->
    <td>员工登记表</td>
    <td>编号：00001</td>
  </tr>
```

```
</table>
```

在页面中，添加上面的代码，将在页面中显示图 3-5 所示的表格。

员工登记表	编号：00001

图 3-5　设置行的水平位置

3.2.5　设置行的垂直位置

在垂直方向上，可以通过设定行属性 valign 的值，来改变本行的垂直对齐方式，分别为居上、居中和居下。具体语法如下：

设置行的垂直位置

```
<tr valign=value>
```

参数说明：

❑　value：表格的对齐方式，其取值为 top、middle 和 bottom。

【例 3-3】　创建一个表格，实现商城的商品布局，运行效果如图 3-6 所示。

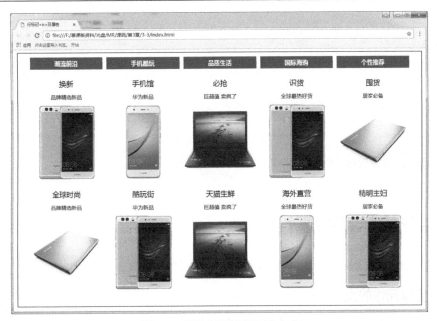

图 3-6　设置表格的垂直对齐方式

新建一个 HTML 文件，然后设置<tr>标签的对齐方式，实现图 3-6 文字和图片的对齐方式，代码如下：

```
<body>
<div class="mr-box">
    <table class="mr-shop" cellspacing="12" align="center" width="66%"height="480" align="center">
    <tr class="mr-tr1" height="36" bgcolor="#DD2727" align="center" valign="middle">
    <th >潮流前沿</th>
    <th >手机酷玩</th>
    <th >品质生活</th>
    <th >国际海购</th>
    <th >个性推荐</th>
    </tr>
```

37

```
        <tr class="mr-tr2" align="center" height="20">
            <td>换新</td>
            <td>手机馆</td>
            <td>必抢</td>
            <td>识货</td>
            <td>囤货</td>
        </tr>
        <tr class="mr-tr3" align="center">
            <td>品牌精选新品</td>
            <td>华为新品</td>
            <td>巨超值 卖疯了</td>
            <td>全球最热好货</td>
            <td>居家必备</td>
        </tr>
        <tr align="center">
            <td><img src="images/1.jpg" alt=""></td>
            <td><img src="images/2.jpg" alt=""></td>
            <td><img src="images/3.jpg" alt=""></td>
            <td><img src="images/4.jpg" alt=""></td>
            <td><img src="images/5.jpg" alt=""></td>
        </tr>
<!--此处代码与上面相似，省略部分-->
    </table>
</div>
</body>
```

说明

上面的代码为了控制页面内容的样式，应用了 CSS 样式。

3.3 单元格标签的属性

<td>标签的属性和<table>标签的属性非常相似，用于设定表格中某一单元格的属性。

3.3.1 设置单元格的大小

在默认情况下，单元格的大小会根据单元格中的内容自动调整，同时也可以手动进行调整。调整单元格大小的方法和<table>标签调整表格大小的方法一样，也是通过设置 width 和 height 的值来改变大小。

设置单元格的大小

例如，添加一个表格，并设置表格中单元格的大小，代码如下：

```
<body>
<table border="1" align="center">
    <tr>
        <td height="40">图书类别</td>
        <td width="150">图书名称</td>
    </tr>
</table>
</body>
```

在页面中，添加上面的代码，将在页面中显示图 3-7 所示的表格。

图书类别	图书名称

图 3-7　设置单元格的大小

3.3.2　设置单元格的水平对齐属性

在水平方向上，可以设定单元格的对齐方式，分别有居左、居中、居右 3 种。其语法格式与行设定水平对齐方式的语法格式相同。具体语法如下：

```
<td align=value>
```

参数说明：

❑　value：表格的对齐方式可以取值为 left、center 和 right。

例如，设置表格的水平对齐方式为右对齐，代码如下：

```
<td align=" right" >
```

3.3.3　设置单元格的垂直对齐属性

在垂直方向上，可以设定单元格的对齐方式，分别有居上、居中、居下 3 种。其语法格式与行设定垂直对齐方式的语法格式相同。具体语法如下：

```
<td valign=value>
```

参数说明：

❑　value：表格的对齐方式可以取值为 top、middle 和 bottom。

例如，设置表格的垂直对齐方式为居下对齐，代码如下：

```
<td valign="bottom">
```

设置单元格的垂直对
齐属性

3.3.4　设置单元格的水平跨度

在复杂的表格结构中，有的单元格在水平方向上是跨过多个列的，这就需要使用跨列属性 colspan 来合并单元格。其具体语法如下：

```
<td colspan=value>
```

参数说明：

❑　value：代表单元格跨的列数。

例如，创建一个表格，并设置表格中单元格的水平跨度，代码如下：

设置单元格的水平
跨度

```
<body>
<table width="400" border="1" align="center">
  <tr align="center">
    <td colspan="3">明日科技近期出版图书</td>       <!-- 合并水平位置的3个单元格  -->
  </tr>
  <tr align="center">
    <td>书名</td>
    <td>定价</td>
    <td>作者</td>
  </tr>
  <tr align="center">
    <td>学通JavaWeb24堂课</td>
    <td>79.8元</td>
```

```
      <td>陈丹丹等</td>
    </tr>
    <tr align="center">
      <td>Java开发实战1200例</td>
      <td>96元</td>
      <td>李钟尉等</td>
    </tr>
  </table>
</body>
```

在页面中，添加上面的代码，将在页面中显示图 3-8 所示的表格。

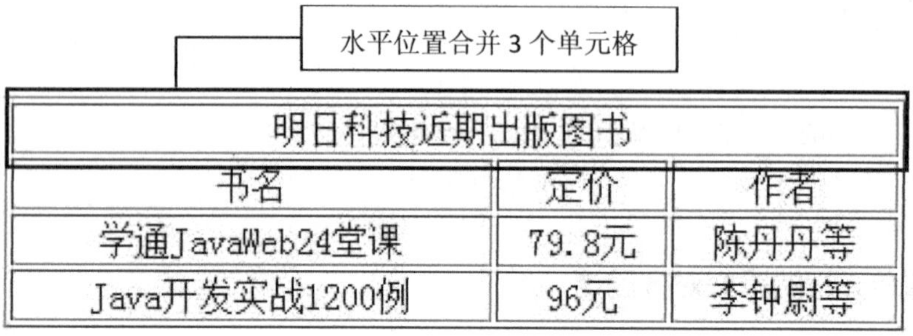

明日科技近期出版图书		
书名	定价	作者
学通JavaWeb24堂课	79.8元	陈丹丹等
Java开发实战1200例	96元	李钟尉等

图 3-8　设置单元格的垂直跨度

3.3.5　设置单元格的垂直跨度

在复杂的表格结构中，有的单元格在垂直方向上是跨过多个行的，这就需要使用跨行属性 rowspan 来合并单元格。其具体语法如下：

```
<td rowspan=value>
```

设置单元格的垂直跨度

参数说明：

- value：代表单元格跨的行数。

例如，创建一个表格，显示明日科技近期出版图书的书名，设置表格中单元格的垂直跨度。代码如下：

```
<body>
<table width="500" border="1" align="center" height="200">
  <tr align="center">
    <td rowspan="4" width="50"><!--合并了4个单元格-->
      明日科技出版图书</td>
    <td>图书名称</td>
  </tr>
  <tr align="center">
    <!-- 合并了3行单元格 -->
    <td>学通Java24堂课</td>
  </tr>
  <tr align="center">
    <td>学通JavaWeb24堂课</td>
  </tr>
  <tr align="center">
    <td>Java开发实战1200例</td>
    </tr>
</table>
```

```
</body>
```

在页面中，添加上面的代码，将在页面中显示图 3-9 所示的单元格信息。

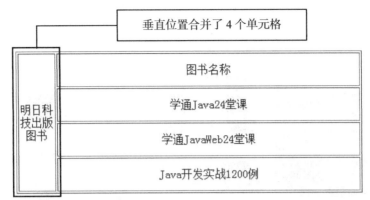

图 3-9　设置单元格的垂直跨度

 说明　设置单元格的水平跨度和垂直跨度可以说是表格中最重要的部分，在以后的排版中会经常使用到。

3.3.6　设置单元格的背景色

为了增加表格的绚丽色彩，可以为不同的单元格分别设置不同的背景颜色。它的用法与设置表格的背景颜色相同，具体语法如下：

```
<td bgcolor=value>
```

参数说明：

❑　value：颜色的值，可以使用英文颜色名称或十六进制颜色值表现。

例如，设置单元格的背景颜色为红色，代码如下：

```
<td bgcolor=red>
```

设置单元格的背景色

3.3.7　设置单元格的背景图片

与表格的行设置不同，单元格可以为背景添加图片。它的用法与设置表格的背景颜色相同，具体语法如下：

```
<td background=value>
```

参数说明：

❑　value：图片的地址，可以是绝对路径，也可以为相对路径。

例如，为单元格的背景添加一张名为 a.bmp 的图片，代码如下：

```
<td background="a.bmp">
```

设置单元格的
背景图片

3.3.8　单元格属性综合运用

在介绍了如何设置表格、行以及单元格的属性后，我们将利用前面所学知识制作一个表格排版的商城页面。

单元格属性综合运用

【例 3-4】 创建一个表格，实现商城的手机商品页面，运行效果如图 3-10 所示。

图 3-10 使用表格制作的 51 购商城商品页面

新建一个 HTML 文件，然后通过设置单元格的水平跨度、垂直跨度以及单元格的对齐方式实现图片的不同排版，代码如下：

```
<body>
<div class="mr-box">
<table height="600" bgcolor="#eee" align="center">
<tbody>
    <td colspan="5" align="center" bgcolor="#eee"><img src="images/1.jpg">   </td>
    <tr>
    <td rowspan="2" align="center" bgcolor="#fff"><img src="images/2.jpg"></td>
        <td align="center"bgcolor="#fff"><img src="images/3.jpg"></td>
        <td align="center"bgcolor="#fff"><img src="images/4.jpg"></td>
        <td alin="center"bgcolor="#fff"><img src="images/5.jpg"></td>
        <td align="center"bgcolor="#fff"><img src="images/6.jpg"></td>
    </tr>
    <tr>
        <td align="center"bgcolor="#fff"><img src="images/6.jpg"></td>
        <td align="center"bgcolor="#fff"><img src="images/5.jpg"></td>
        <td align="center"bgcolor="#fff"><img src="images/4.jpg"></td>
        <td align="center"bgcolor="#fff"><img src="images/3.jpg"></td>
    </tr>
</tbody>
</table>
</div>
</body>
```

3.4 表头标签的属性

<th>标签的属性和<td>标签的属性及语法格式非常相似，用于设定表格中某一表头的属性。<th>标签中常用的属性如表 3-1 所示。

由于<th>标签和<td>标签的属性十分相似，上面的属性用法可以参考<td>标签中

表头标签的属性

的属性用法。下面使用一个实例简单说明下<th>标签的用法。

表 3-1　<th>标签中常用的属性

标签	描述
align	设置单元格内容的水平对齐位置
valign	设置单元格内容的垂直对齐位置
bgcolor	设置单元格的背景颜色
background	设置单元格的背景图像
width	设置单元格的宽度
height	设置单元格的高度
rowspan	设置单元格的水平跨度
colspan	设置单元格的垂直跨度

例如，创建一个表格，在其中加入<th>标签添加表头，代码如下：

```
<body>
<table width="300" border="1" align="center">
  <tr>
    <!-- 使用<th>标签合并单元格并设置背景色 -->
    <th colspan="2" bgcolor="#1286E4">编程工具软件</th>
  </tr>
  <tr bgcolor="#65C7FC"> <!--为单元格设置背景色 -->
    <td>软件分类</td>
    <td>软件名称</td>
  </tr>
</table>
</body>
```

在页面中，添加上面的代码，将在页面中显示图 3-11 所示的表格。

图 3-11　表头标签<th>

3.5　表格的结构标签

在 HTML 中除了有对表格的设计标签外，还有一些标签是用来明确表格结构的，这些标签在源码中清晰地区分表格结构。HTML 规定了<thead>、<tbody>和<tfoot>三个标签，分别对应表格的表首、表主体和表尾。使用这些标签能对表格的一行或多行单元格的属性进行统一修改，从而省去逐一修改单元格属性的麻烦。

3.5.1　设置表首样式

表示表首样式的标签是<thead>，它用于定义表格最上端表首的样式，其中可以设置背景颜色、文本对齐方式、文字对齐方式、文字的垂直对齐方式等。具体语法如下：

设置表首样式

```
<thead align=value1 bgcolor=color_value valign=value2>
```

参数说明：

❏ value1：水平对齐方式。

❏ color_value：颜色代码。

❏ value2：垂直对齐方式。

 在上面的语法中，bgcolor、align、valign 参数的取值范围与单元格中的设置方法相同，align 可以取 left、center 或 right，valign 可以取 top、middle 或 bottom。<thead>标签还可以包含<td>、<th>和<tr>标签，而一个表元素中只能有一个<thead>标签。

例如，创建一个表格，用来显示 Java 开发非常之旅套系图书的信息，并修改表首的样式，代码如下：

```html
<table border="1" align="center">
  <caption>
  Java开发非常之旅套系图书
  </caption>
  <thead bgcolor="#B2B2B2" align="center" valign="bottom">
    <tr>
      <th>书名</th>
      <th>出版单位</th>
    </tr>
  </thead>
  <tr>
    <td width="130">Java快速入门</td>
    <td width="220">吉林省明日科技有限公司</td>
  </tr>
  <tr>
    <td>Java学习基础</td>
    <td>吉林省明日科技有限公司</td>
  </tr>
  <tr>
    <td>Java疑难解答</td>
    <td>吉林省明日科技有限公司</td>
  </tr>

    <td>Java项目案例分析</td>
    <td>吉林省明日科技有限公司</td>
  </tr>
</table>
```

上面的代码运行后，将在页面中显示一个表格的表首信息，如图 3-12 所示。

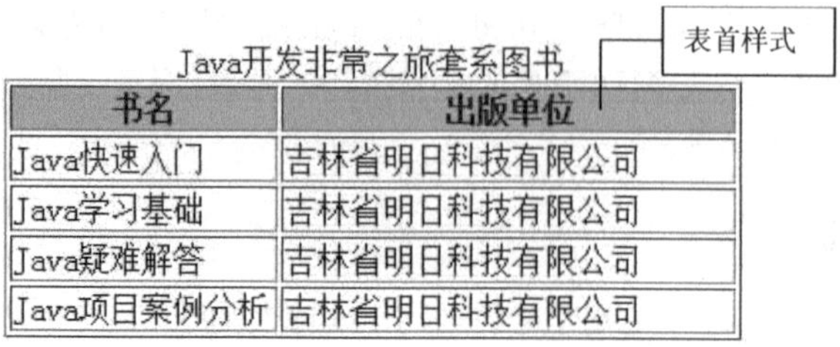

书名	出版单位
Java快速入门	吉林省明日科技有限公司
Java学习基础	吉林省明日科技有限公司
Java疑难解答	吉林省明日科技有限公司
Java项目案例分析	吉林省明日科技有限公司

Java开发非常之旅套系图书 ← 表首样式

图 3-12　显示表首信息

3.5.2　设置表主体样式

与表头样式的标签功能类似，表主体标签<tbody>用于定义表格主体的样式。具体语法如下：

设置表主体样式

```
<tbody align=value1 bgcolor=color_value valign=value2>
```

参数说明：

- value1：水平对齐方式。
- color_value：颜色代码。
- value2：垂直对齐方式。

例如，创建一个表格，设置其主体样式为右对齐，并添加背景颜色，代码如下：

```
<body>
<table width="200" border="1" align="center">
  <tr>
    <td colspan="2" align="center">X年X班数学成绩</td>
  </tr>
  <tbody align="right" bgcolor="#FFFF88">    <!-- 设置表主体的样式为右对齐并添加背景色 -->
  <tr>
    <td>姓名</td>
    <td>成绩</td>
  </tr>
  <tr>
    <td>张三</td>
    <td>97</td>
  </tr>
  <tr>
    <td>李四</td>
    <td>91</td>
  </tr>
  </tbody>
</table>
</body>
```

在页面中，添加上面的代码，将在页面中显示图 3-13 所示的表格的表主体信息。

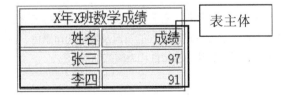

图 3-13　设置表主体样式

3.5.3　设置表尾样式

设置表尾样式

<tfoot>标签用于定义表尾的样式，具体语法如下：

```
<tfoot align=value1 bgcolor=color_value valign=value2>
```

参数说明：

❏ value1：水平对齐方式。

❏ color_value：颜色代码。

❏ value2：垂直对齐方式。

例如，新建一个表格，设置其表尾样式为右对齐并添加背景颜色，代码如下：

```
<table width="400" height="200" border="1" align="center">
    <tr>
        <td height="25" align="center"><b>通知</b></td>
    </tr>
    <tr align="center">
        <td>下午三点请所有员工到会议室开会。</td>
    </tr>
    <tfoot align="right"  bgcolor="green">            <!-- 设置表尾的样式为右对齐-->
    <tr height="25">
        <td>明日科技2017.01</td>
    </tr>
    </tfoot>
</table>
```

在页面中，添加上面的代码，将在页面中显示图 3-14 所示的表格的表尾信息。

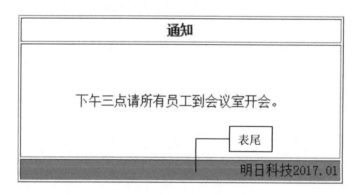

图 3-14　设置表尾样式

小　结

本章主要讲述了绘制表格的相关知识，首先介绍了表格的几个组成要素及其属性的设置，主要包括表格的标题、表格的宽高、表格的边框属性的设置及表格的背景色，接着重点介绍了行标签属性、单元格标签属性，最后介绍了表头标签属性和表格的结构标签。

上机指导

商城主页的商品页面部分，效果如图 3-15 所示。

上机指导

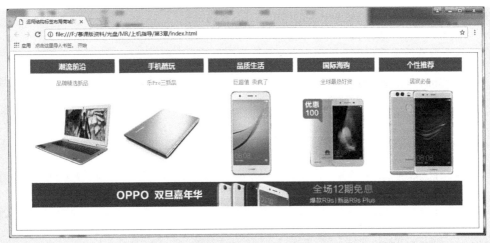

图 3-15　运用<th>属性和表格标签制作商城页面

整个页面结构分为三部分，表首、表主体和表尾，程序开发步骤如下：

（1）新建一个 HTML 文件，创建一个表格，代码如下：

```
<table class="mr-shop" cellspacing="12">
    <thead bgcolor="#fff" align="center" valign="middle">
      <tr class="mr-th1">
        <th >潮流前沿</th>
        <th >手机酷玩</th>
        <th >品质生活</th>
        <th >国际海购</th>
        <th >个性推荐</th>
      </tr>
      <tr class="mr-th3">
        <td>品牌精选新品</td>
        <td>乐Pro三新品</td>
        <td>巨超值 卖疯了</td>
        <td>全球最热好货</td>
        <td>居家必备</td>
      </tr>
    </thead>
    <tbody align="right" bgcolor="#fff">
      <tr>
        <td><img src="images/1.jpg" alt=""></td>
        <td><img src="images/2.jpg" alt=""></td>
        <td><img src="images/3.jpg" alt=""></td>
        <td><img src="images/4.jpg" alt=""></td>
        <td><img src="images/5.jpg" alt=""></td>
      </tr>
    </tbody>
    <tfoot>
      <tr>
        <td colspan="5" width="800"><img src="images/6.jpg"></td>
      </tr>
    </tfoot>
  </table>
```

（2）通过 CSS 选择器控制表头的样式，CSS 代码如下：

```
.mr-th1 th{                          /*表头样式*/
        text-align:center;
        font-size:18px;
        font-weight:700;
        font-family:"微软雅黑";
        color:#fff;
        }
.mr-shop tr th{
        width:238px;
        height:36px;
        background:#DD2727;          /*表头背景色*/
        }
.mr-th3{
        height:10px;
        }
```

（3）通过 CSS 选择器设置表主体中单元格的样式，代码如下：

```
.mr-th3 td{
        font-size:14px;
        color:#9688A5;
        padding-top:5px;             /*距离上边框的内边距为5px*/
        }
.mr-shop tr td{
        text-align:center;           /*单元格的水平对其方式是居中对齐*/
        }
```

（4）通过 CSS 选择器设置表尾的样式，代码如下：

```
tfoot img{
        width:100%;
        }
```

习 题

3-1　在 HTML 中，绘制一张表格通常需要使用哪几个标签？

3-2　在 HTML 中，如何为表格设置背景图片？

3-3　在 HTML 中，表头标签是什么？

3-4　HTML 提供了哪几个表格的结构标签？

3-5　HTML 提供了表格跨行和跨列的什么属性？

第4章

使用HTML5创建表单

本章要点：

- 表单的常用标签与属性
- 表单的基本标签
- 新增的表单标签与属性

■ 表单的用途很多,在制作网页特别是制作动态网页时常常会用到。表单主要用来收集客户端提供的相关信息,使网页具有交互的功能,它是用户与网站实现交互的重要手段。在网页的制作过程中,常常需要使用表单,例如在进行用户注册时,就必须通过表单填写用户的相关信息。本章将对HTML5中的表单进行详细讲解。

4.1　表单概述

表单概述

　　表单通常设计在一个 HTML 文档中，当用户填写完信息后进行提交操作，将表单的内容从客户端的浏览器传送到服务器上，经过服务器处理程序后，再将用户所需信息传送回客户端的浏览器上，这样网页就具有了交互性。HTML 表单是用户与网站实现交互的重要手段。

　　表单的主要功能是收集信息，具体说是收集浏览者的信息。例如，天猫商城的用户登录界面，就是通过表单填写用户的相关信息的，如图 4-1 所示。在网页中，最常见的表单形式主要包括文本框、单选按钮、复选框、按钮等。

图 4-1　用户登录界面

4.2　表单标签\<form>

　　表单是网页上的一个特定区域。这个区域是由一对\<form>标签定义的。在\<form>与\</form>之间的一切都属于表单的内容。

　　每个表单标签开始于\<form>标签，可以包含所有的表单控件，还有任何必需的伴随数据，如控件的标签、处理数据的脚本或程序的位置等。表单的\<form>标签还可以设置表单的基本属性，包括表单的名称、处理程序、传送方式等。一般情况下，表单的处理程序属性 action 和传送方式属性 method 是必不可少的。

4.2.1　处理程序属性——action

处理程序属性——
action

　　真正处理表单的数据脚本或程序在 action 属性里，这个值可以是程序或脚本的一个完整 URL。其语法如下：

```
<form action="表单的处理程序">
    ......
</form>
```

在该语法中，表单的处理程序定义的是表单要提交的地址，也就是表单中收集到的资料将要传递的程序地址。这一地址可以是绝对地址，也可以是相对地址，还可以是一些其他地址，例如 E-mail 地址等。

例如，将表单提交的地址设置为一个邮件地址，实现当程序运行后将表单中收集到的内容以电子邮件的形式发送出去，代码如下：

```
<html>
<head>
<title>设定表单的处理程序</title>
</head>
<body>
      <!--这是一个没有控件的表单-->
      <form action=" mingrisoft@mingrisoft.com">
      </form>
</body>
</html>
```

4.2.2　表单名称属性——name

name 属性用于给表单命名。这一属性不是表单的必需属性，但是为了防止将表单信息提交到后台处理程序时出现混乱，一般要设置一个与表单功能符合的名称，例如，登录的表单可以命名为 login。不同的表单尽量不用相同的名称，以避免混乱。其语法如下：

```
<form name="表单名称">
      ......
</form>
```

表单名称属性——name

表单名称中不能包含特殊符号和空格。例如，reg\和—login 都是不合法的。

例如，下面的代码就实现了将表单命名为 register。

```
<html>
<head>
<title>设定表单的名称</title>
</head>
<body>
      <!--这是一个没有控件的表单-->
      <form action=" mingrisoft@mingrisoft.com name="register">
      </form>
</body>
</html>
```

4.2.3　传送方法属性——method

表单的 method 属性用来定义处理程序从表单中获得信息的方式，可取值为 GET 或 POST，它决定了表单中已收集的数据是用什么方法发送到服务器的。其语法如下：

```
<form   method="传送方式">
      ......
```

传送方法属性——method

```
</form>
```

传送方式的值只有两种选择，即 GET 或 POST。

例如，将表单 register 的内容以 POST 方式通过电子邮件的形式传送出去，代码如下：

```
<html>
<head>
<title>设定表单的传送方式</title>
</head>
<body>
    <!--这是一个没有控件的表单-->
    <form action=" mingrisoft@mingrisoft.com " name="register" method="POST">
    </form>
</body>
</html>
```

> 说明
>
> method="GET"：使用这种方式提交表单时，表单数据会被视为 CGI 或 ASP 的参数发送，也就是来访者输入的数据会附加在 URL 之后，由用户端直接发送至服务器，所以速度上会比 POST 快，但缺点是数据长度不能太长。在没有指定 method 属性值的情形下，一般都会视 GET 为默认值。
>
> method="POST"：使用这种设置时，表单数据是与 URL 分开发送的，用户端的计算机会通知服务器来读取数据，所以通常没有数据长度上的限制，缺点是速度上会比 GET 慢。

4.2.4 编码方式属性——enctype

表单中的 enctype 属性用于设置表单信息提交的编码方式。其语法如下：

编码方式属性——
enctype

```
<form enctype="编码方式">
......
</form>
```

enctype 属性为表单定义了 MIME 编码方式，编码方式的取值如表 4-1 所示。

表 4-1 编码方式的取值

enctype **取值**	**取值的含义**
text/plain	以纯文本的形式传送
application/x-www-form-urlencoded	默认的编码形式
multipart/form-data	MIME 编码，上传文件的表单必须选择该项

例如，下面的代码就实现了将编码方式设置为以纯文本形式传送。

```
<html>
<head>
<title>设定表单的编码方式</title>
</head>
<body>
    <!--这是一个没有控件的表单-->
    <form action="mingrisoft@mingrisoft.com" name="register" method="POST"
    enctype="text/plain">
    </form>
</body>
</html>
```

这个实例将表单信息以纯文本的编码形式发送。

4.2.5 目标显示方式属性——target

target 属性用来指定目标窗口的打开方式。表单的目标窗口往往用来显示表单的返回信息，例如是否成功提交了表单的内容、是否出错等。其语法如下：

```
<form   target="目标窗口的打开方式">
     ......
</form>
```

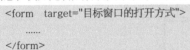

目标显示方式属性
——target

目标窗口的打开方式包含 4 个取值：_blank、_parent、_self 和_top。其中_blank 是指将返回的信息显示在新打开的窗口中；_parent 是指将返回信息显示在父级的浏览器窗口中；_self 则表示将返回信息显示在当前浏览器窗口；_top 表示将返回信息显示在顶级浏览器窗口中。

例如，下面的例子就是将返回信息在当前浏览器窗口打开。

```
<html>
<head>
<title>设定表单的编码方式</title>
</head>
<body>
     <!--这是一个没有控件的表单-->
     <form action=" mingrisoft@mingrisoft.com " name="register" method="POST"
     enctype="text/plain" target ="_self">
     </form>
</body>
</html>
```

在这个实例中，设置表单的返回信息将在同一窗口中显示。

以上所讲解的只是表单的基本构成标签，而表单的<form>标签只有和它所包含的具体控件相结合，才能真正实现表单收集信息的功能。下面就对表单中各种功能的控件的添加方法加以说明。

4.3 输入标签<input>

4.3.1 文本框——text

text 属性用来设定在表单的文本框中，输入任何类型的文本、数字或字母。输入的内容以单行显示。其语法如下：

```
<input type="text" name="控件名称" size="控件的长度" maxlength="最长字符数" value="文
字域的默认取值">
```

文本框——text

该语法包含了很多参数，它们的含义和取值方法不同。text 文本框的参数表如表 4-2 所示，其中 name、size、maxlength 参数一般是不会省略的参数。

表 4-2　text 文本框的参数表

参数类型	含义
name	文本框的名称，用于和页面中其他控件加以区别，命名时不能包含特殊字符，也不能以 HTML 预留作为名称
size	定义文本框在页面中显示的长度，以字符作为单位
maxlength	定义在文本框中最多可以输入的文字数
value	用于定义文本框中的默认值

【例4-1】 在51购商城的登录界面中，添加用于输入账号的文本框，效果如图4-2所示。

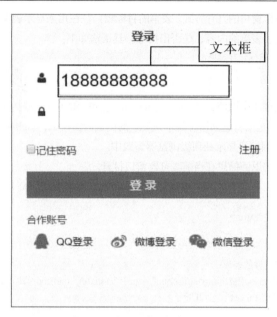

图4-2 在页面中添加文本框

新建一个HTML文件，然后通过将<input>标签的type属性的属性值设置为text，实现输入账号文本框，代码如下：

```
<html>
<head>
<meta charset="utf-8">
<title>51商城登陆界面</title>
<link href="css/mr-style.css" rel="stylesheet" type="text/css">
</head>
<body>
<div class="mr-content">
  <form>
    <input type="text" class="mr-username">        <!--文本框-->
  </form>
</div>
</body>
</html>
```

说明 上面的代码为了控制页面内容的位置，应用了 CSS 样式，关于 CSS 样式的详细内容请参见本书第9章。

4.3.2 密码域——password

在表单中还有一种文本域为密码域，输入到文本域中的文字均以星号"*"或圆点显示。其语法如下：

```
<input type="password" name="控件名称" size="控件的长度" maxlength="最长字符数" value="密码域的默认取值" />
```

该语法包含了很多参数，它们的含义和取值如表 4-3 所示。其中 name、size、maxlength 参数一般是不会省略的参数。

密码域——password

表 4-3　password 密码域的参数表

参数类型	含义
name	域的名称，用于和页面中其他控件加以区别，命名时不能包含特殊字符，也不能以 HTML 预留字作为名称
size	定义密码域的文本框在页面中显示的长度，以字符作为单位
maxlength	定义在密码域的文本框中最多可以输入的文字数
value	用于定义密码域的默认值，同样以 "*" 或圆点显示

【例 4-2】 在 51 购商城的登录界面中，添加用于输入密码的密码域，在页面中的密码域中输入密码，可以看到出现在文本框中的内容不是文字本身，而是圆点，效果如图 4-3 所示。

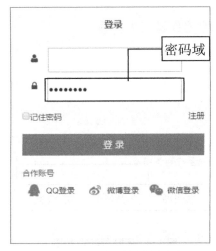

图 4-3　在密码域中输入文字

新建一个 HTML 文件，然后通过将<input>标签的 type 属性的属性值设置为 password，实现输入密码的密码域，代码如下：

```html
<html>
<head>
<meta charset="utf-8">
<title>51商城登陆界面</title>
<link href="css/mr-style.css" rel="stylesheet" type="text/css">
</head>
<body>
<div class="mr-content">
  <form>
    <input type="text" class="mr-username">          <!--密码域-->
  </form>
</div>
```

```
</body>
</html>
```

4.3.3 "单选"按钮——radio

"单选"按钮——radio

在网页中，"单选"按钮用来让浏览者进行单一选择，在页面中以圆框表示。在单选控件中必须设置属性 value 的值。而对于一个选择中的所用单选框来说，往往要设定同样的名称，这样在传递时才能更好地对某一个选择内容的取值进行判断。其语法如下：

```
<input type="radio" value="单选按钮的取值" name="单选按钮名称" checked="checked"/>
```

在该语法中，checked 属性表示"单选"按钮默认被选中，而在一个"单选"按钮组中只能有一项"单选"按钮控件设置为 checked。Value 属性则用来设置用户选中该项目后，传送到处理程序中的值。

【例 4-3】 在 51 购商城的购买页面中，添加用于选择颜色的"单选"按钮，效果如图 4-4 所示。

图 4-4 添加"单选"按钮

新建一个 HTML 文件，然后通过将<input>标签的 type 属性的属性值设置为 radio，实现"单选"按钮，并且设置"单选"按钮的 name 属性的属性值相等，代码如下：

```
<html>
<head>
<meta charset="utf-8">
<title>51商城商品选择颜色</title>
<link href="css/mr-style.css" rel="stylesheet" type="text/css">
</head>
<body>
<div class="mr-content">
  <form>
    <p class="mr-p1">琥珀灰</p>
    <input type="radio" name="color" class="mr-color1">        <!--单选按钮-->
    <p class="mr-p2">琥珀金</p>
    <input type="radio" name="color" class="mr-color2">
```

```
    <p class="mr-p2">陶瓷白</p>
    <input type="radio" name="color" class="mr-color2">
    <p class="mr-p2">玫瑰金</p>
    <input type="radio" name="color" class="mr-color2">
  </form>
</div>
</body>
</html>
```

4.3.4 复选框——checkbox

复选框——checkbox

浏览者填写表单时，有一些内容可以通过浏览者选择的形式实现。例如常见的网上
调查，首先提出调查的问题，然后让浏览者在若干个选项中进行选择。又例如收集个人
信息时，调查问卷要求浏览者在个人爱好的选项中进行选择等。复选框能够进行项目的
多项选择，以一个方框表示。其语法如下：

```
<input type="checkbox" value="复选框的值" name="名称" checked="checked" />
```

在该语法中，checkbox 属性表示该选项在默认情况下已经被选中，一个选择中可以有多个复选框被
选中。

【例 4-4】 在 51 购商城的购物车界面，添加用于选择要付款商品的复选框，效果如图 4-5 所示。

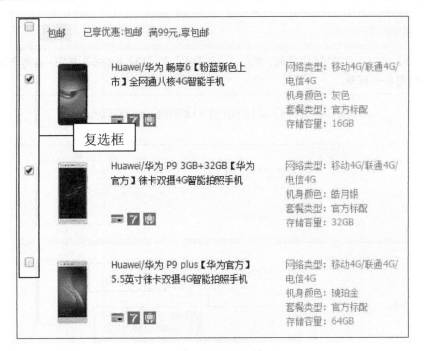

图 4-5　添加复选框的效果

新建一个 HTML 文件，然后通过将<input>标签的 type 属性的属性值设置为 checkbox，实现复选框，代
码如下：

```
<html>
<head>
<meta charset="utf-8">
<title>51商城购物车</title>
```

```
<link href="css/mr-style.css" rel="stylesheet" type="text/css">
</head>
<body>
<div class="mr-content">
  <form>
    <input type="checkbox" class="mr-shop1">          <!--复选框-->
    <br>
    <input type="checkbox" class="mr-shop2">
    <br>
    <input type="checkbox" class="mr-shop3">
    <br>
    <input type="checkbox" class="mr-shop3">
  </form>
</div>
</body>
</html>
```

4.3.5 "普通"按钮——button

在网页中"普通"按钮也很常见，"普通"按钮在提交页面、恢复选项时常常用到。"普通"按钮一般情况下要配合脚本来进行表单处理。其语法如下：

```
<input type="button" value="按钮的取值" name="按钮名" onclick="处理程序"/>
```

"普通"按钮——
button

在 button 中可以通过添加 onclink 属性来实现一些特殊的功能，onclick 属性是设置鼠标按下按钮时所进行的处理。

> 【例 4-5】 在 51 购商城购买页面，加入"立即购买"和"加入购物车"按钮，这两个属于"普通"按钮，效果如图 4-6 所示。

图 4-6 "普通"按钮

新建一个 HTML 文件，然后通过将<input>标签的 type 属性的属性值设置为 button，实现"普通"按钮，代码如下：

```
<html>
<head>
<meta charset="utf-8">
<title>51商城商品详情页面</title>
```

```
<link href="css/mr-style.css" rel="stylesheet" type="text/css">
</head>
<body>
<div class="mr-content">
  <form>
    <input type="button" class="mr-buy" value="立即购买">          <!--普通按钮-->
    <input type="button" class="mr-joincar" value="加入购物车">
  </form>
</div>
</body>
</html>
```

4.3.6 "提交"按钮——submit

"提交"按钮是一种特殊的按钮，不需要设置 onclick 属性，在单击该类按钮时可以实现表单内容的提交。其语法如下：

```
<input type="submit" name="按钮名" value="按钮的取值" />
```

"提交"按钮——
submit

在该语法中，value 属性用来设置按钮上显示的文字。

【例 4-6】 在 51 购商城购物车页面，添加"结算"按钮。它是一个"提交"按钮。用于将要购买的商品信息提交，并且跳转到付款界面，如图 4-7 所示。

图 4-7 设置"提交"按钮

新建一个 HTML 文件，然后通过将<input>标签的 type 属性的属性值设置为 submit，实现"提交"按钮，代码如下：

```
<html>
<head>
<meta charset="utf-8">
<title>51商城购物车结算</title>
<link href="css/mr-style.css" rel="stylesheet" type="text/css">
</head>
```

```
<body>
<div class="mr-content">
  <form action="">
    <input type="submit" class="mr-count" value="结算">          <!--结算安钮-->
  </form>
</div>
</body>
</html>
```

4.3.7 "重置"按钮——reset

单击"重置"按钮，可以清除表单的内容，恢复默认的表单内容设定。其语法如下：

```
<input type="reset" name="按钮名" value="按钮的取值" />
```

"重置"按钮——
reset

在该语法中，value 属性同样用来设置按钮上显示的文字。

【例 4-7】 在填写信息时，如果填写错误就可以使用"重置"按钮将内容都清空，如图 4-8 和图 4-9 所示。图 4-9 为单击"重置"按钮后的效果。

图 4-8　"重置"按钮的添加

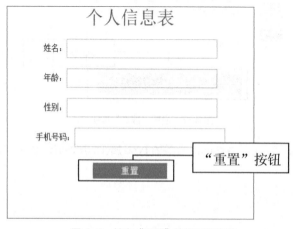

图 4-9　单击"重置"按钮后的效果

新建一个 HTML 文件，然后通过将<input>标签的 type 属性的属性值设置为 reset，实现"重置"按钮，代码如下：

```
<html>
<head>
<meta charset="utf-8">
<title>个人信息表的重置按钮</title>
<link href="css/mr-style.css" rel="stylesheet" type="text/css">
</head>
<body>
<div class="mr-content">
  <form>
    <label>个人信息表</label>
    <br>
    姓名：
    <input type="text" name="username" class="mr-id">
    <br>
    年龄：
    <input type="text" name="age">
    <br>
    性别：
    <input type="text" name="sexs">
    <br>
    手机号码：
    <input type="text" name="phone">
    <br>
    <input type="reset" name="button1" class="mr-register" value="重置"><!--重置按钮-->
  </form>
</div>
</body>
</html>
```

4.3.8 图像域——image

图像域是指可以用在"提交"按钮位置上的图片，这幅图片具有按钮的功能。使用默认的按钮形式往往会让人觉得单调，如果网页使用了较为丰富的色彩，或稍微复杂的设计，再使用表单默认的按钮形式会破坏整体的美感。这时，可以使用图像域，创建和网页整体效果相统一的"图像提交"按钮。其语法如下：

图像域——image

```
<input type="image" src="图像地址" name="图像域名称" />
```

在该语法中，图像地址可以是绝对地址或相对地址。

【例 4-8】 有时单调的按钮对页面来说可能不好看，这时就需要用到图像域来添加"图片"按钮。本例将实现商城的客服中心页面，如图 4-10 所示。在该页面中添加两个"和我联系"的"图片"按钮。

新建一个 HTML 文件，然后通过将<input>标签的 type 属性的属性值设置为 image，实现"图像"按钮，代码如下：

```
<html>
<head>
<meta charset="utf-8">
<title>51商城咨询客服按钮</title>
<link href="css/mr-style.css" rel="stylesheet" type="text/css">
```

```
    </head>
    <body>
    <div class="mr-content">
      <form action="">
        <input type="image" src="images/4-8img.jpg" class="mr-img1"> <!--图像按钮-->
        <br/>
        <input type="image" src="images/4-8img.jpg" class="mr-img2">
      </form>
    </div>
    </body>
    </html>
```

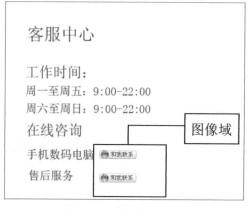

图 4-10　图像"提交"按钮

4.3.9　隐藏域——hidden

隐藏域在页面中对于用户是不可见的，在表单中插入隐藏域的目的在于收集或发送信息，以便被处理表单的程序所使用。浏览者单击"发送"按钮发送表单时，隐藏域的信息也被一起发送到服务器。其语法如下：

隐藏域——hidden

```
<input type="hidden" name="隐藏域名称" value="提交的值" />
```

说明

表单中的隐藏域主要用来传递一些参数，而这些参数不需要在页面中显示。例如隐藏用户的 id 值，写法如下。

```
<input type=" hidden name"="user_id" value="10001">
```

其中 user_id 是隐藏域的名称，10001 是用户的 id 值。

例如，下面一行代码实现的就是一个隐藏域。

```
<input type="hidden" name="from" value="invest" />
```

运行这段代码，隐藏域的内容并不能显示在页面中，但是在提交表单时，其名称 from 和取值"invest"将会同时传递给处理程序。

4.3.10　文件域——file

文件域在上传文件时常常用到，它用于查找硬盘中的文件路径，然后通过表单将选中的文件上传。在设置电子邮件的邮件、上传头像、发送文件时常常会看到这一控件。其语法如下：

文件域——file

```
<input type="file" name="文件域的名称" />
```

【例 4-9】　在商城的个人中心，创建一个用于上传头像的文件域，效果如图 4-11 所示。

图 4-11　添加文件域

新建一个 HTML 文件，然后通过将<input>标签的 type 属性的属性值设置为 file，实现文件域，代码如下：

```
<html>
<head>
<meta charset="utf-8">
<title>上传头像</title>
<link href="css/mr-style.css" rel="stylesheet" type="text/css">
</head>
<body>
<div class="mr-content">
  <form>
    <input type="file" class="mr-file">          <!--文件域-->
  </form>
</div>
</body>
</html>
```

4.4 文本域标签——textarea

在 HTML 中还有一种特殊定义的文本样式，称为文本域。它与文本框的区别在于可以添加多行文字，从而输入更多的文本。这类控件在一些留言板中最为常见。其语法如下：

```
<textarea name="文本域名称" value="文本域默认值" rows="行数" cols="列数">
</textarea>
```

语法中各属性的含义如表 4-4 所示。

表 4-4　文字域标签属性

文字域标签属性	描述
name	文本域的名称
rows	文本域的行数
cols	文本域的列表
value	文本域的默认值

【例 4-10】 在商城评价页面，添加用于输入评价的文本域，效果如图 4-12 所示。（实例位置：光盘 \MR\源码\第 4 章\4-10）

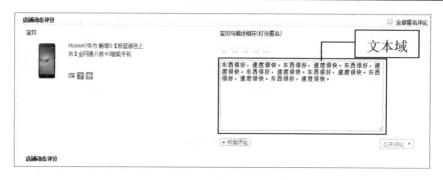

图 4-12　添加文本域的效果

新建一个 HTML 文件，然后通过<textarea>标签实现文件域，代码如下：

```
<html>
<head>
<meta charset="utf-8">
<title>51商城评价商品界面</title>
<link href="css/mr-style.css" rel="stylesheet" type="text/css">
</head>
<body>
<div class="mr-content">
    <form>
        <textarea cols="50" rows="10" class="mr-message"></textarea> <!--文本域-->
    </form>
</div>
</body>
</html>
```

4.5 列表/菜单标签

列表/菜单标签

菜单列表类的控件主要用来选择给定答案中的一种，这类选择往往答案比较多，使用"单选"按钮比较浪费空间。可以说，菜单列表类的控件主要是为了节省页面空间而设计的。菜单和列表都是通过<select>和<option>标签来实现的。

菜单是一种最节省空间的方式，正常状态下只能看到一个选项，单击按钮打开菜单后才能看到全部的选项。

列表可以显示一定数量的选项，如果超出了这个数量，会自动出现滚动条，浏览者可以通过拖动滚动条来观看各选项。其语法如下：

```
<select name="下拉菜单的名称">
    <option value="" selected="selected">选项显示内容</option>
    <option value="选项值">选项显示内容</option>
    ......
</select>
```

这些属性的含义如表 4-5 所示。

表 4-5 菜单和列表标签属性

菜单和列表标签属性	描述
name	列表/菜单标签的名称，用于和页面中其他控件加以区别，命名时不能包含特殊字符，也不能以 HTML 预留字作为名称
size	定义列表/菜单文本框在页面中显示的长度
value	用于定义列表/菜单的选项值
selected	默认选项

【例 4-11】 在添加收货地址页面，添加用于输入地区和电话号码的下拉菜单，效果如图 4-13 所示。

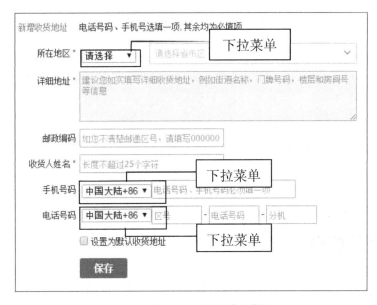

图 4-13 添加列表和菜单

新建一个 HTML 文件，然后通过<select>标签和<option>标签实现下拉菜单，代码如下：

```
<html>
<head>
<meta charset="utf-8">
<title>添加收货地址</title>
<link href="css/mr-style.css" rel="stylesheet" type="text/css">
</head>
<body>
<div class="mr-content">
  <form>
    <select class="mr-county">
      <option>请选择</option>
      <option>中国大陆</option>
      <option>马来西亚</option>
      <option>海外其他</option>
    </select>
    <!--下拉菜单-->
    <br>
    <select class="mr-mobile">
      <option>中国大陆+86</option>
      <option>香港+852</option>
      <option>澳门+886</option>
      <option>马来西亚+60</option>
      <option>韩国+82</option>
      <option>美国+1</option>
      <option>加拿大+1</option>
      <option>泰国+66</option>
    </select>
    <br>
    <select class="mr-telephone">
      <option>中国大陆+86</option>
      <option>香港+852</option>
      <option>澳门+886</option>
      <option>马来西亚+60</option>
      <option>韩国+82</option>
      <option>美国+1</option>
      <option>加拿大+1</option>
      <option>泰国+66</option>
    </select>
  </form>
</div>
</body>
</html>
```

4.6 新增表单属性

在创建 Web 应用程序时，免不了会用到大量的表单标签。HTML5 标准吸纳了 Web Forms 2.0 的标准，大幅度强化了针对表单标签的功能，使得关于表单的开发更快、更方便。

新增表单属性

1. placeholder 属性

当用户还没有输入值时，输入型控件可以通过 placeholder 属性向用户显示描述性说明或提示信息。使用 placeholder 属性只需要将说明性文字作为该属性值即可。除了普遍的文本输入框外，email、number、url 等其他类型的输入框也都支持 placeholder 属性。placeholder 属性的使用方法如下：

```
<label>text:<input type="text" placeholder="write me"></label>
```

在 Firefox4 等支持 placeholder 属性的浏览器中，属性值会以浅灰色的样式显示在输入框中，当页面焦点切换到输入框中，或者输入框中有值后，该提示信息就会消失。

在不支持 placeholder 属性的浏览器中运行时，此特性会被忽略，以输入型控件的默认方式显示。

类似地，在输入值时，placeholder 文本也不会出现。

2. autocomplete 属性

浏览器通过 autocomplete 属性能够知晓是否应该保存输入值以备将来使用。例如不保存的代码如下：

```
<input type="text" name="mr" autocomplete="off" />
```

autocomplete 属性应该用来保护敏感用户数据，避免本地浏览器对它们进行不安全地存储。对 autocomplete 属性，可以指定 "on" "off" 与 ""（不指定）这三种值。不指定时，使用浏览器的默认值（取决于各浏览器的决定）。把该属性值设为 on 时，可以显示指定候补输入的数据列表。使用<detailst>标签与 list 属性提供候补输入的数据列表，自动完成时，可以将该<detailst>标签中的数据作为候补输入的数据在文本框中自动显示。autocomplete 属性的使用方法如下：

```
<input type="text" name="mr" autocomplete="on" list="mrs"/>
```

3. autofocus 属性

给文本框、选择框或按钮控件加上该属性，当画面打开时，该控件自动获得光标焦点。目前为止要做到这一点需要使用 JavaScript。autofocus 属性的使用方法如下：

```
<input type="text" autofocus>
```

一个页面上只能有一个控件具有该属性。从实际角度来说，不能随便滥用该属性。

只有当一个页面是以使用某个控件为主要目的时，才对该控件使用 autofocus 属性，例如搜索页面中的搜索文本框。

4. list 属性

HTML5 为单行文本框增加了 list 属性，该属性的值为某个<datalist>标签的 id。<datalist>标签也是 HTML5 中新增标签，该标签类似于选择框（select），但是当用户想要设置的值不在选择列表之内时，允许其自行输入。该标签本身并不显示，而是当文本框获得焦点时以提示输入的方式显示。为了避免在没有支持该标签的浏览器上出现显示错误，可以用 CSS 等将它设定为不显示。list 属性的使用方法如下：

```
<html>
<head>
<meta charset="utf-8">
<title>无标题文档</title>
</head>

<body>
text：<input type="text" name="mr" list="mr">
<!--使用style="display:none;"将detalist标签设定为不显示-->
<datalist id="greetings" style="display: none;">
    <option value="明日科技">明日科技</option>
```

```
    <option value="欢迎你">欢迎你</option>
    <option value="你好">你好</option>
</datalist>

</body>
</html>
```

为可考虑兼容性，在不支持 HTML5 的浏览器中，可以忽略<datalist>标签，以便正常输入及用脚本编程的方式对<input>标签执行其他操作。

到目前为止，只有 Opera 10 浏览器支持 list 属性。

5. min 和 max 属性

通过设置 min 和 max 属性，可以将 range 输入框的数值输入范围限定在最低值和最高值之间。这两个特性既可以只设置一个，也可以两个都设置，还可以都不设置，输入型控件会根据设置的参数对值范围做出相应调整。例如，创建一个表示型大小的 range 控件，值的范围为 0%~100%，代码如下：

```
<input id="confidence" name="mr" type="range" min="0" max="100" value="0">
```

上述代码会创建一个最小值为 0、最大值为 100 的 range 控件。

默认的 min 为 0，max 为 100。

6. step 属性

对于输入型控件，设置其 step 特性能够制定输入值递增或递减的梯度。例如，按如下方式表示 range 控件的 step 属性梯度为 5。

```
<input id="confidence" name="mr" type="range" min="0" max="100" step="5" value="0">
```

设置完成后，控件可接受的输入值只能是初始值与 5 的倍数之和。也就是说只能输入 0、5、10……100，至于是输入框还是滑动条输入则由浏览器决定。

step 属性的默认值取决于控件的类型。对于 range 控件，step 默认值为 1。为了配合 step 特性，HTML5引入了 stepUp 和 stepDown 两个函数对其进行控制。这两个函数的作用分别是根据 step 特性的值来增加或减少控件的值。如此一来，用户不必输入就能调整输入型控件的值了，这就给开发人员节省了时间。

7. required 属性

一旦为某输入型控件设置了 required 属性，那么此项必填，否则无法提交表单。以文本输入框为例，要将其设置为必填项，按照如下方式添加 required 属性即可：

```
<input type="text" id="firstname" name="mr" required>
```

required 属性是最简单的一种表单验证方式。

8. email 类型

email 类型的<input>标签是一种专门用来输入 email 地址的文本框。提交时如果该文本框中内容不是 email 地址格式的文字,则不允许提交,但是它并不检查 email 地址是否存在,和所有的输入类型一样,用户可能提交带有空字段的表单,除非该字段加上了 required 属性。

email 类型的文本框具有一个 multiple 属性,它允许在该文本框中输入一串以逗号隔开的有效 email 地址。当然,这不要求用户使用该 email 地址列表,浏览器可能使用复选框从用户的邮件客户端或手机通讯录中很好地取出用户的联络人的列表。email 类型的<input>标签的使用方法如下:

```
<input type="email" name="email" value="mingrisoft@yahoo.com.cn"/>
```

9. url 输入类型

url 类型的<input>标签是一种专门用来输入 url 地址的文本框。提交时如果该文本框中内容不是 url 地址格式的文字,则不允许提交。例如,Opera 显示来自用户的浏览器历史、最近访问过的 url 的一个列表,并且自动在 url 的 "www" 开始处前面添加 "http://"。url 类型的 input 标签的使用方法如下:

```
<input name="url1" type="url" value="http://www.mingribook.com" />
```

10. date 类型

date 类型是比较受开发者欢迎的一种标签,用户经常看到网页中要求用户输入各种各样的日期,例如生日、购买日期、订票日期等。date 类型的 input 标签以日历的形式方便用户输入。在 Opera 浏览器中,当该文本框获得焦点时,显示日历,用户可以在日历中选择日期进行输入。date 类型的<input>标签的使用方法如下:

```
<input name="date1" type="date" value="2012-09-25"/>
```

11. time 类型

time 类型的<input>标签是一种专门用来输入时间的文本框,并且在提交时会对输入时间的有效性进行检查。它的外观取决于浏览器,可能是简单的文本框,只在提交时检查是否在其中输入了有效的时间,也可以以时钟形式出现,还可以携带时区。time 类型的<input>标签的使用方法如下:

```
<input name="time1" type="time" value="10:00" />
```

12. datatime 类型

datetime 类型的<input>标签是一种专门用来输入 UTC 日期和时间的文本框,并且在提交时会对输入的日期和时间进行有效性检查。datetime 类型的 input 标签的使用方法如下:

```
<input name="datetime1" type="datetime" />
```

13. datetime-local 类型

datetime-local 类型的<input>标签是一种专门用来输入本地日期和时间的文本框,并且在提交时会对输入的日期和时间进行有效性检查。datetime-local 类型的<input>标签的使用方法如下:

```
<input name="datetime-local" type="datetime-local" />
```

14. month 类型

month 类型的<input>标签是一种专门用来输入月份的文本框,并且在提交时会对输入月份的有效性进行检查。month 类型的<input>标签的使用方法如下:

```
<input name="month1" type="month" value="2012-09" />
```

15. week 类型

week 类型的<input>标签是一种专门用来输入周号的文本框,并且在提交时会对输入周号的有效性进行检查。它可能是一个简单的输入文本框,允许用户输入一个数字,也可能更复杂、更精确。

Opera 浏览器提供了一个辅助输入的日历,可以在该日历中选取日期,选取完毕,文本框会自动显示周号。week 类型的<input>标签的使用方法如下:

```
<input name="week1" type="week" value="2012-w39" />
```

16. number 类型

number 类型的<input>标签是一种专门用来输入数字的文本框,并且在提交时会检查其中的内容是否为数字。它与 min、max、step 属性能很好地协作。在 Opera 中, number 类型显示为一个微调器控件,它的值不能超出最大限制和最小限制（如果指定了的话）,并且根据 step 中指定的增量来增加,当然用户也可以输入一个值。number 类型的<input>标签的使用方法如下:

```
<input name="number1" type="number" value="54" min="10" max="100" step="5" />
```

17. range 类型

range 类型的<input>标签是一种只允许输入一段范围内数值的文本框。它具有 min 属性与 max 属性,可以设定最小值与最大值（默认为 0 与 100）;它还具有 step 属性,可以指定每次拖动的步幅。在 Opera 浏览器中, range 类型用滑动条的方式进行值的指定。range 类型的<input>标签的使用方法如下:

```
<input name="range1" type="range" value="25" min="0" max="100" step="5" />
```

18. search 类型

search 类型的<input>标签是一种专门用来输入搜索关键词的文本框。search 类型与 text 类型仅仅在外观上有区别。在 Safari4 浏览器中,它的外观为操作系统默认的圆角矩形文本框,但这个外观可以用 CSS 样式表进行改写。在其他浏览器中,它的外观暂与 text 类型的文本框外观相同,但可以用 CSS 样式表进行改写,使用方法如下:

```
input[type="search"]{-webkit-appearance:textfield;}
```

19. tel 类型

tel 类型的<input>标签被设计为用来输入电话号码的专用文本框。它没有特殊的校验规则,它甚至不强调只输入数字,因为很多电话号码常常带有额外的字符,例如 12-89564752。但是在实际开发中可以通过 pattern 属性来对输入的电话号码格式进行验证。

20. color 类型

color 类型的<input>标签用来选取颜色,它提供了一个颜色选取器。现在, color 类型只在 Black Berry 浏览器中被支持。

小 结

本章详细讲解了 HTML 表单,主要包括文本框、密码域、单选按钮、复选框、普通按钮、提交按钮、重置按钮、图像域、隐藏域、文件域、文本域和下拉菜单等。同时本章还讲解了新增的表单属性,主要包括 placeholder 属性、autocomplete 属性、autofocus 属性等。

上机指导

本实例利用前面所学的表单的不同属性来实现一个注册界面,这里将它们综合起来,效果如图 4-14 所示。

上机指导

图 4-14 51 商城注册界面

程序开发步骤如下：

新建一个 HTML 文档，写出注册界面的各表单，并进行合理布局，代码如下：

```
<html>
<head>
<meta charset="utf-8">
<title>51商城注册界面</title>
<link href="css/mr-style.css" rel="stylesheet" type="text/css">
</head>
<body>
<div class="contents">
<h1>51商城</h1>
<form action="#">
    <h2>欢迎注册</h2>
    <div class="out">
    设置账号：<input type="text" >
    </div>
    <div class="out">
    设置密码：<input type="password" >
    </div>
    <div class="out">
    确认密码：<input type="password" >
    </div>
    <div class="out">
    手机号码：<select>
      <option>中国+86</option>
        <option>台湾+886</option>
        <option>香港+852</option>
        <option>日本+81</option>
        <option>韩国+82</option>
        <option>美国+1</option>
    </select>
    <input type="text"   class="phone">
    </div>
    <div class="out">
    验证码：<input type="text"   class="verify">
    <span>47fa</span>
    </div>
```

```
            <div class="out">

            </div>
            <div class="out">
            <input type="submit" class="register" value="登录">
            </div>
        </form>
    </div>
</body>
</html>
```

习 题

4-1 简述表单的主要作用。

4-2 密码域中的文字以什么形式显示?

4-3 请写出设置一个单选按钮的简单代码（仅仅写出单选按钮代码）。

4-4 文本域标签 textarea 的主要作用是什么?

4-5 设置下拉菜单需要用到哪些标签?

4-6 HTML5 中的 number 类型和 range 类型有什么区别?

第5章

使用HTML5绘制图形

本章要点：

- Canvas元素的基本概念
- 如何在页面上放置一个Canvas元素
- 使用Canvas元素绘制出一个简单矩形
- 利用路径绘制出图形与多边形
- 在Canvas画布中使用图像的方法

■ HTML5 为用户提供了一个新增元素——Canvas 元素，以及伴随这个元素而来的一套编程接口——Canvas API。使用Canvas API可以在页面上绘制出任何用户想要的、非常漂亮的图形与图像，创造出更加丰富多彩、赏心悦目的 Web 页面。本章将对如何使用 Canvas 绘制图形进行详细讲解。

5.1 认识 HTML5 中的画布——Canvas

5.1.1 什么是 Canvas

Canvas 元素是 HTML5 中新增的一个重要元素，专门用来绘制图形。在页面上放置一个 Canvas 元素，就相当于在页面上放置了一块"画布"，可以在其中进行图形的描绘。

但是，在 Canvas 元素里进行绘画，并不是指拿鼠标来作画。在网页上使用 Canvas 元素时，它会创建一块矩形区域。默认情况下该矩形区域宽为 300 像素，高为 150 像素，用户可以自定义具体的大小或者设置 Canvas 元素的其他特性。在页面中加入了 Canvas 元素后，用户可以在其中添加图片、线条以及文字，也可以在其中进行绘图设置，还可以加入高级动画。

什么是 Canvas

5.1.2 在 HTML 里创建画布

在 HTML 页面输入以下代码，就可以在 HTML 页面中创建一块画布。

```
<canvas  width="200" height="200"> </canvas>
```

以上代码会在页面上显示一块 200×200 像素的空白区域。为了方便用户了解画布的位置，可以为画布添加边框。为了获取画布，还应该给画布设置一个 id 属性。例如下面的代码：

在 HTML 里创建画布

```
<canvas id="canvas" style="border: 1px solid;"  width="200" height="200"> </canvas>
```

上面的代码不但用 CSS 边框属性设置了边框，而且给画布设置了 id 属性为 "canvas"，这么做是为了在开发过程中可以通过 id 来快速找到该 Canvas 元素。对于任何 Canvas 元素来说，id 都是尤为重要的，这主要是因为对 Canvas 元素的所有操作都是通过脚本代码控制的，如果没有 id，想要找到要操作的 Canvas 元素会很难。

5.1.3 使用 Canvas 绘制图形实例

利用 Canvas 元素可以绘制出丰富多彩的 Web 页面，例如绘制开心刮刮奖活动的页面，效果如图 5-1 所示；再例如绘制游戏"侠盗"的场景以及人物，效果如图 5-2 所示。

使用 Canvas 绘制图形实例

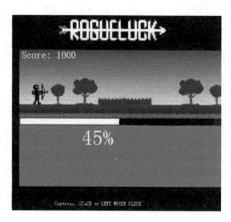

图 5-1 Canvas 元素实现的效果 1　　　　图 5-2 Canvas 元素实现的效果 2

5.2　绘制基本图形

绘制基本图形的主要步骤如下：

（1）在 HTML 页面中创建画布，并且设置 Id，代码如下：

```
<canvas id="mr-cav" width="800" height="500">
```

此时在浏览器中的效果如图 5-3 所示，图中的黑色方框为创建的画布。

图 5-3　在 HTML 中创建画布

（2）首先使用 document.getElementById( ) 方法取得 Canvas 元素，然后使用 Canvas 元素的 getContext( ) 方法来获得图形上下文。同时传入使用的 Canvas 元素的类型，这里传递的是"2d"，代码如下：

```
var cav=document.getElementById('mr-cav').getContext('2d');
```

（3）设置填充样式。使用 Canvas 元素绘制图形时，有两种方式——填充（fill）与绘制边框（stroke）。填充是指填满图形内部；绘制边框是指不填满图形内部，只绘制图形的外框。Canvas 元素结合使用这两种方式来绘制图形。

（4）设定绘图样式（style）。在进行图形绘制时，首先要设定好绘图的样式（style），主要有 strokSstyle( ) 线条样式和 fillStyle( ) 填充样式，然后调用有关方法进行图形的绘制。所谓绘图的样式，主要是针对图形的颜色而言的，但是并不限于图形的颜色，本书后面将会介绍如何设定颜色以外的样式。

（5）指定颜色值。绘图时填充的颜色或边框的颜色分别通过 fillStyle 属性与 strokeStyle 属性来指定。颜色值使用的是普通样式表中使用的颜色值，例如"red"与"blue"这种颜色名，或"#EEEEFF"这种十六进制的颜色值。

另外，也可以通过 rgb（红色值、绿色值、蓝色值）或 rgba（红色值、绿色值、蓝色值、透明度）函数来指定颜色的值。

（6）绘制图形。Canvas 元素提供了不同的方法来绘制不同的图形，例如，要绘制矩形，可以调用 rect( ) 方法实现。具体内容请参见 5.2.1~5.2.8 节。

5.2.1　绘制直线

绘制直线时，一般会用到 moveTo( ) 与 lineTo( ) 两种方法。而在绘制图形时，需要对绘制图形的样式等进行设置。下面对有关方法和属性进行介绍。

1. moveTo ( ) 方法

moveTo( ) 方法的作用是将光标移动到指定坐标点(x, y)，绘制直线时以这个坐标点

绘制直线

为起点。其语法如下：

```
moveTo(x,y)
```

2. lineTo( )方法

lineTo( )方法在 moveTo( )方法中指定的直线起点与参数中指定的直线终点(x,y)之间绘制一条直线。其语法如下：

```
lineTo(x,y)
```

简而言之，上面两个函数的区别在于：moveTo( )就像是提起画笔，移动到新位置，而 lineTo( )指定 Canvas 元素用画笔在纸的旧坐标和新坐标之间画条直线。

3. closePath( )方法

closePath( )方法用于在当前点与起始点之间绘制一条路径，使图形成为封闭图形。其语法如下：

```
closePath( )
```

4. fillStyle 属性和 strokeStyle 属性

上面两个重要的属性都可以做到对图形添加颜色，它们对颜色的表示方式相同。fillStyle 属性和 strokeStyle 属性区别在于：fillStyle 属性对图形的内部填充颜色；strokeStyle 给图形的边框添加颜色。其语法如下：

```
fillStyle = color
strokeStyle = color
```

color 可以是表示 CSS 颜色值的字符串、渐变对象或者图案对象。渐变和图案对象将在后面的章节中进行讲解。默认情况下，线条和填充颜色都是黑色（CSS 颜色值为 #000000）。这里需要注意的是，如果自定义颜色则应该保证输入符合 CSS 颜色值标准的有效字符串。下面的代码是符合标准的颜色表示方式，都表示同一种颜色（橙色）。

```
context.fillStyle = "orange";
context.fillStyle = "#FFA500";
context.fillStyle = "rgb(255,165,0)";
context.fillStyle = "rgba(255,165,0,1)";
```

5. 线型 Line styles

设置线型的属性主要有以下 3 个。

（1）lineWidth

该属性用于设置当前绘线的粗细，属性值必须为正数，默认值是 1.0。线宽是指给定路径的中心到两边的粗细。换句话说就是在路径的两边各绘制线宽的一半。因为画布的坐标并不和像素直接对应，当需要获得精确的水平或垂直线时要特别注意。

（2）lineCap

该属性决定了线段端点显示的样子。它的值有 3 种：butt、round 和 square，默认是 butt。图 5-4 展示了这 3 种端点的区别。

（3）lineJoin

该属性值决定了图形中两线段连接处所显示的样子。它可以取值为：round、bevel 和 miter。默认是 miter。

无论是 moveTo(x,y)还是 lineTo(x,y)，都不会直接绘制图形，只是定义路径的位置。只有在调用了 fill( )或者 stroke( )方法时才会绘制图形。

一旦设置了 strokeStyle 或者 fillStyle 的值，那么这个新值就会成为新绘制图形的默认值。如果想要给每个图形都上不同的颜色，就需要重新设置 fillStyle 或 strokeStyle 的值。

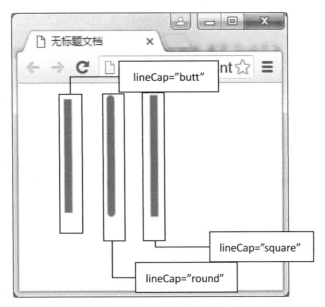

图 5-4　lineCap 的属性区别

5.2.2　绘制矩形

绘制矩形时，一般会用到 rect( )方法。其语法如下：

```
rect(x,y,w,h)
```

参数说明：

- ❑　x：矩形左上角定点的横坐标。
- ❑　y：矩形左上角定点的纵坐标。
- ❑　w：矩形的长度。
- ❑　h：矩形的高度。

绘制矩形

说明

绘制矩形还可以调用 fillRect( )方法和 strokeRect( )方法。前者用来绘制没有边框只有填充色的矩形；后者用来绘制没有填充色只有边框的矩形。这两个方法的 4 个参数与 rect( )的参数含义相同。

5.2.3　绘制曲线

贝塞尔曲线有二次方和三次方的形式，常用于绘制复杂而有规律的形状。

绘制贝塞尔三次方曲线主要使用 bezierCurveTo( )方法。该方法是 lineTo( )的曲线版，将从当前坐标点到指定坐标点中间的贝塞尔曲线追加到路径中。其语法如下：

绘制曲线

```
bezierCurveTo(cp1x, cp1y, cp2x, cp2y, x, y)
```

bezierCurveTo( )方法的参数说明如表 5-1 所示。

表 5-1　bezierCurveTo( ) 方法的参数说明

参数名称	参数含义	参数名称	参数含义
cp1x	第一个控制点的横坐标	cp2y	第二个控制点的纵坐标
cp1y	第一个控制点的纵坐标	x	贝塞尔曲线的终点横坐标
cp2x	第二个控制点的横坐标	y	贝塞尔曲线的终点纵坐标

绘制贝塞尔二次方曲线，使用的方法是 quadraticCurveTo( )。其语法如下：

quadraticCurveTo(cp1x, cp1y, x, y)

参数说明：

❑ cp1x：第一个控制点的横坐标。

❑ cp1y：第一个控制点的纵坐标。

❑ x：贝塞尔曲线的终点横坐标。

❑ y：贝塞尔曲线的终点纵坐标。

quadraticCurveTo( )方法和 bezierCurveTo( )方法的区别如图 5-5 所示。它们都是一个起点一个终点（起点由 moveTo( )方法设定），贝塞尔二次方曲线只有一个（红色）控制点），而贝塞尔三次方曲线有两个。

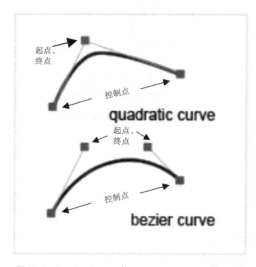

图 5-5　bezierCurve 与 quadraticCurve 的区别

5.2.4　绘制圆形

绘制圆形时，一般会用到 arc( )方法。其语法如下。

绘制圆形

arc(x,y,radius,startAngle,endAngle,anticlockwise)

rect( )方法的参数解释如表 5-2 所示。

表 5-2　rect( )方法的参数解释

参数名称	参数解释
x	所绘制圆形的圆形的横坐标
y	所绘制圆形的圆心的纵坐标
radius	所绘制圆心的半径
startAngle	绘制圆形的起始弧度
endAngle	绘制圆形的终止弧度
anticlockwise	圆形的绘制方向。值有 true 和 false，true 为逆时针，false 为顺时针

【例 5-1】 在 Canvas 画布中绘制一个机器人。实例效果如图 5-6 所示。

图 5-6 绘制机器人的效果

其实现的主要步骤如下：

（1）创建画布，在 HTML 页面添加以下代码：

```
<canvas id="mr-cav" width="800" height="500"></canvas>
```

（2）绘制机器人头部，将头部设为矩形，眼睛和嘴分别设为黑色圆形和黑色三角形。创建 JavaScript 文件，并且在 JavaScript 页面添加以下代码：

```
var cav=document.getElementById('mr-cav').getContext('2d');
cav.beginPath();
cav.fillStyle='#de8200';        //设定填充色为#de8200
cav.rect(300,50,115,90);//从（300,50）坐标为起点绘制一个宽为115，高为90的矩形
cav.fill();                     //绘制头部
cav.beginPath();
cav.fillStyle='#000';           //眼睛设置为黑色
cav.arc(335,80,10,0,Math.PI*2,true);
cav.fill();                     //绘制左眼
cav.beginPath();
cav.arc(375,80,10,0,Math.PI*2,true);
cav.fill();                     //绘制右眼
cav.beginPath();
cav.moveTo(355,105);
cav.lineTo(338,115);
cav.lineTo(372,115);
cav.fill();                     //嘴巴黑色
```

（3）绘制机器人身体，由不同大小的矩形组成，代码如下：

```
cav.fillStyle='#bd6400';
cav.rect(328,230,65,30)
cav.fill();                     //绘制肚子
cav.beginPath();
cav.fillStyle='#b15e02';
cav.rect(335,260,20,60)
cav.fill();                     //绘制左腿
cav.beginPath();
```

```
cav.fillStyle='#b15e02';
cav.rect(365,260,20,60)
cav.fill();//绘制右腿
```

（4）绘制手机，代码如下：

```
cav.beginPath();
cav.lineWidth='2';
cav.strokeStyle='#000';
cav.fillStyle='#ccc';
cav.rect(455,120,25,35);        //绘制手机框架
cav.fill();
cav.stroke();                   //绘制手机
cav.beginPath();
cav.moveTo(466,124);
cav.lineTo(472,124)
cav.stroke();                   //绘制手机听筒
cav.beginPath();
cav.lineWidth='1';
cav.fillStyle='#000';
cav.rect(460,127,16,16);
cav.fill();                     //绘制手机屏幕
cav.beginPath();
cav.arc(468,147,2,0,Math.PI*2,true);
cav.stroke();                   //绘制Home键
```

（5）绘制机器人肩膀和胳膊，代码如下：

```
cav.beginPath();
cav.fillStyle='#b15e02';
cav.rect(405,150,80,20);
cav.rotate(Math.PI/6);
cav.translate(-165,-175);
cav.fill();                     //绘制右胳膊
cav.beginPath();
cav.fillStyle='#b15e02';
cav.arc(515,148,8,0,Math.PI*2,true)
cav.fill();                     //绘制左肩膀
cav.beginPath();
cav.fillStyle='#b15e02';
cav.rect(497,150,20,60);
cav.rotate(5*Math.PI/3);        //将左胳膊旋转5*Math.PI/3弧度
cav.fill();                     //绘制左胳膊
```

 说明 绘制圆形的方法还可以用于绘制扇形和圆弧，只需改变起始弧度和终止弧度以及绘制的方向等。希望读者能灵活运用公式。

5.2.5 绘制渐变图形

使用 fillStyle 属性可以在填充时指定填充的颜色。使用该属性，除了指定颜色之外，还可以用来指定填充的对象。

渐变是指在填充时从一种颜色慢慢过渡到另外一种的颜色。渐变分为几种，下面先介绍最简单的两点之间的线性渐变。

绘制渐变图形

绘制线性渐变时，需要使用 LinearGradient 对象。使用图像上下文对象的 createLinearGradient( )方法创建该对象。其语法如下：

```
createLinearGradient(xStart,yStart,xEnd,yEnd)
```

参数说明：

- ❑ xStart：渐变起始地点的横坐标。
- ❑ yStart：渐变起始地点的纵坐标。
- ❑ xEnd：渐变结束地点的横坐标。
- ❑ yEnd：渐变结束地点的纵坐标。

使用该方法，创建了一个使用两个坐标点的 LinearGradient 对象。那么，渐变的颜色该怎么设定呢？可以在使用 LinearGradient 对象后，使用 addColorStop( )方法进行设定，该方法的定义如下：

```
context. addColorStop(offset,color)
```

参数说明：

- ❑ offset：所设定的颜色离开渐变起始点的偏移量。该参数的值是一个范围为 0~1 的浮点值，代表延渐变线简便的距离有多远。渐变起始点的偏移量为 0，渐变结束点的偏移量为 1。
- ❑ color：开发人员希望在偏移位置填充的颜色。

【例 5-2】 使用 Canvas 元素绘制基本图形,效果如图 5-7 所示。

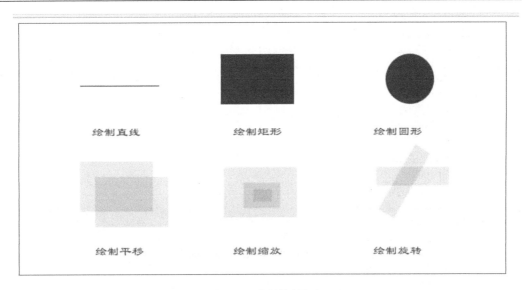

图 5-7　绘制基本图形

（1）创建画布，在 HTML 页面添加以下代码：

```
<canvas id="cav" width="800" height="400" style="border:#F00 1px solid"></canvas>
```

（2）绘制直线，创建 JavaScript 文件，并且在 JavaScript 页面添加以下代码：

```
var cav = document.getElementById('cav').getContext('2d');
cav.font='20px 隶书';              //设定字体大小为20像素，字体为隶书
cav.strokeStyle='#000';           //设定总体线条颜色为#000
cav.fillStyle='#f00';             //设定填充颜色为#f00
//绘制直线
cav.beginPath();
cav.moveTo(100,100);              //设定直线的起点坐标为（100,100）
cav.lineTo(230,100);             //设定直线终点为（230,100）
```

```
        cav.stroke();                                    //开始绘制
        cav.beginPath();
        cav.fillText('绘制直线',120,180,150);          //绘制文字
        cav.stroke();
```

（3）绘制矩形，代码如下：

```
        cav.beginPath();
        cav.rect(330,50,120,80);      //绘制一个左上角顶点坐标为（350,180）宽为120，高为80的矩形
        cav.fill();                                  //绘制填充色的矩形
        cav.beginPath();                          //绘制边框矩形
        cav.fillText('绘制矩形',350,180,150);
        cav.stroke();
```

（4）绘制圆形，代码如下：

```
        cav.beginPath();
        cav.arc(640,90,40,0,Math.PI*2,false);//绘制一个圆心坐标为（640,90）半径为40的圆形
        cav.fill();
        cav.beginPath();
        cav.fillText('绘制圆形',580,180,150);
        cav.stroke();
```

（5）绘制平移图形，代码如下：

```
        cav.beginPath();
        cav.fillStyle='rgba(0,255,0,0.25)';
        // 绘制左上角顶点坐标为（100，220）宽为120，高为80的矩形
        cav.fillRect(100,220,120,80);
        cav.translate(25,25);                   //将坐标原点向x,y方向各移动25像素
        cav.fillRect(100,220,120,80);           //重复绘制矩形
        cav.translate(25,25);
        cav.beginPath();
        cav.fillStyle='#f00';
        cav.fillText('绘制平移',75,320,150);
        cav.stroke();
```

（6）绘制缩放效果的图形，代码如下：

```
        cav.beginPath();
        cav.fillStyle='rgba(0,255,0,0.25)';
        cav.fillRect(285,180,120,80);
        cav.scale(0.5,0.5);                      //将矩形的x,y方向各缩小一半
        cav.fillRect(635,410,120,80);            //继续绘制
        cav.scale(0.5,0.5);                      //在上一个图形的基础上继续缩放
        cav.fillRect(1335,860,120,80);
        cav.beginPath();
        cav.fillStyle='#f00';
        cav.scale(4,4);
        cav.fillText('绘制缩放',300,320,150);
        cav.stroke();
```

（7）绘制旋转图形，代码如下：

```
        cav.beginPath();
        cav.fillStyle='rgba(0,255,0,0.25)';
        cav.fillRect(535,180,120,30);
        cav.rotate(-Math.PI/3);//将图形顺时针旋转Math.PI/3弧度
        cav.translate(-480,180);
        cav.fillRect(535,410,120,30);
```

5.2.6　绘制平移效果的图形

　　例 5-2 已经提到了图形的平移、缩放以及旋转。下面将对此知识点依次进行讲解。
移动图形的绘制主要是通过 translate ( )方法来实现的。其语法如下：

translate(x, y)

　　参数说明：

绘制平移效果的图形

- ❑　x：表示将坐标轴原点向左移动多少个单位，默认情况下为像素。
- ❑　y：表示将坐标轴原点向下移动多少个单位。

5.2.7　绘制缩放效果的图形

　　使用图形上下文对象的 scale( )方法将图形缩放。其语法如下：

scale(x,y);

　　参数说明：

绘制缩放效果的图形

- ❑　x：是水平方向的放大倍数。取值范围为 0~1 时为缩小，大于 1 时为扩大。
- ❑　y：是垂直方向的放大倍数。取值范围及方法同上。

5.2.8　绘制旋转效果的图形

　　使用图形上下文对象的 rotate( )方法将图形进行旋转。其语法如下：

rotate(angle)

　　参数说明：

绘制旋转效果的图形

　　angle：指旋转的角度，旋转的中心点是坐标轴的原点。旋转是以顺时针方向进行
的，要想逆时针旋转，将 angle 设定为负数即可。

　　【例 5-3】　在 Canvas 画布中绘制手机图片的特效。运行效果如图 5-8 所示。

图 5-8　图形的平移旋转和缩放

（1）创建画布，在 HTML 页面添加以下代码：

```
<canvas id="cav" width="1000" height="750"></canvas>
<img src="images/phone.png" alt="" id="pic">
```

（2）获取画布，并且绘制原图，创建 JavaScript 文件，并且在 JavaScript 文件中添加以下代码：

```
window.onload=function showpic(){
var cav = document.getElementById('cav');
var ctx=cav.getContext('2d');
var pic=document.getElementById('pic');
ctx.beginPath();//绘制手机图片，原图
//图片的起始坐标为（500，400）宽为88高为150
ctx.drawImage(pic,500,400,88,150);
```

（3）将原点坐标平移至画布中心，绘制第一个旋转的手机，代码如下：

```
ctx.beginPath();
ctx.rotate(2*Math.PI/5);//将手机旋转2*Math.PI弧度
ctx.translate(600,-400);//将坐标原点平移至（600，-400）
ctx.drawImage(pic,100,90,88,150);
```

（4）每一个手机图片在上一个旋转手机的基础上继续旋转 Math.PI 弧度，并且横向缩放 0.85 倍，纵向缩放 0.75 倍。代码如下：

```
ctx.rotate(2*Math.PI/5);//在上一张图的基础上继续旋转
ctx.scale(0.85,0.75);//在上一张图的基础上横向缩放0.85倍，纵向缩放0.75倍
ctx.drawImage(pic,100,90,88,150);
ctx.beginPath();
ctx.rotate(2*Math.PI/5);
ctx.scale(0.85,0.75);//原理同上
ctx.drawImage(pic,100,90,88,150);
ctx.beginPath();
ctx.rotate(2*Math.PI/5);
ctx.scale(0.85,0.75);
ctx.drawImage(pic,100,90,88,150);
ctx.beginPath();
ctx.rotate(2*Math.PI/5);
ctx.scale(0.85,0.75);
ctx.drawImage(pic,100,90,88,150);
```

当画布中使用平移、旋转或缩放时，后面所有的图形都会发生变化。望读者绘制图形时多多观察，合理地利用这 3 种变化。

5.3 使用图像

5.3.1 引入图像

在 HTML5 中，不仅可以使用 Canvas 元素来绘制图形，还可以读取磁盘或网络中的图像文件，然后使用 Canvas 元素将图像绘制在画布中。

绘制图像需要使用 drawImage( )方法。drawImage( )方法可以用以下 3 种方法定义。

引入图像

（1）设定 3 个参数，可以在绘制图像时设定图像的位置。其语法如下：

```
drawImage(image, x, y)
```

参数说明：

❑ Image：可以是一个 img 元素、一个 video 元素，或者一个 JavaScript 中的 image 对象，用该参数代表的实际对象来装载图像文件。

❑ x：绘制时该图像在画布中的起始坐标的横坐标。

❑ y：绘制时该图像在画布中的起始坐标的纵坐标。

（2）设定 5 个参数，可以在绘制图像时不仅设定图像的位置。还可以设置图像大小。其语法如下：

```
drawImage(image, x, y, width, height)
```

参数说明：

❑ image,x,y：与上一种方法中的使用方法一样。

❑ width：绘制时图像的宽度。

❑ height：绘制时图像的高度。

（3）设定 9 个参数，既可以用来将画布中已绘制的图像的全部或者局部区域复制到画布中的另一个位置也可以实现图片的局部放大和缩小。其语法如下：

```
drawImage(image, sx, sy, sWidth, sHeight, dx, dy, dWidth, dHeight)
```

drawImage( )的参数解释如表 5-3。

表 5-3　drawImage( )的参数解释

image	被复制的图像文件
sx	源图像的被复制区域在画布中的起始横坐标
sy	源图像的被复制区域在画布中的起始纵坐标
sWidth	被复制区域的宽度
sHeight	被复制区域的高度
dx	复制后的目标图像在画布中的起始横坐标
dy	复制后的目标图像在画布中的起始纵坐标
dWidth	复制后的目标图像的宽度
dHeight	复制后的目标图像的高度

5.3.2　平铺图像

绘制图像有一个非常重要的功能，就是图像平铺技术。所谓图像平铺就是用按一定比例缩小后的图像将画布填满。该技术有两种实现方法，一种是使用前面所介绍的 drawImage 方法，另一种是使用图形上下文对象的 createPattern( )方法。createPattern( )方法的语法如下：

平铺图像

```
context.createPattern(image,type);
```

该方法使用两个参数，image 参数为要平铺的图像，type 参数的值必须是下面的字符串之一：

❑ no-repeat：不平铺。

❑ repeat-x：横方向平铺。

❑ repeat-y：纵方向平铺。

❑ repeat：全方向平铺。

5.3.3 裁剪图像

使用 Canvas 元素绘制图像时，有时需要对图像实现裁剪，剪去多余的内容，这时只需要使用 Canvas 元素自带的图像裁剪功能。

裁剪图像

Canvas 元素的图像裁剪功能是指，在画布内使用路径，只绘制该路径所包括区域内的图像，不绘制路径外部的图像。

使用图形上下文对象的不带参数的 clip( )方法来实现 Canvas 元素的图像裁剪功能。该方法使用路径来对 Canvas 画布设置一个裁剪区域。因此，用户必须先创建好路径，路径创建完成后，才能调用 clip( )方法设置裁剪区域。

> 【例 5-4】 在 51 购商城的商品详情页面中，实现商品图片局部放大效果，即放大镜效果，效果如图 5-9 所示。

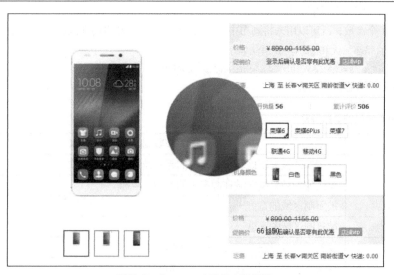

图 5-9　Canvas 实现放大镜效果

（1）创建画布，在 HTML 页面添加以下代码：

```
<div class="mr-bg">
    <dl>
        <dt>
            <canvas id="imgcan" width="300" height="400"></canvas>
        </dt>
        <dd>
            <div class="mr-left"><img src="images/xhw41.jpg" alt=""></div>
            <div><img src="images/xhw42.jpg" alt=""></div>
            <div><img src="images/xhw43.jpg" alt=""></div>
        </dd>
    </dl>
<canvas id="glasscan" width="200" height="200"></canvas>
</div>
```

（2）获取画布上下文并且在画布中绘制原图，在 JavaScript 页面添加以下代码：

```
var imgcan = document.getElementById("imgcan"),//获取绘制图片的画布
    glasscan = document.getElementById("glasscan"),//获取装图片的放大镜部分的画布
```

```
        imgContext = imgcan.getContext("2d");
        glassContext = glasscan.getContext("2d");
        img = new Image( ),                        //创建图片对象，以便绘制图片
        mouse = captureMouse(imgcan);
        img.src = "images/sj.png";
        img.onload = function( ){
            imgContext.drawImage(img,50,50);       //绘制图片
        }
```

（3）获取画布内的鼠标位置，由于这部分应用了 JavaScript 相关知识，具体解析参照本书第 14 章。代码如下：

```
        function captureMouse(element){
            var   mouse = {x:0 , y:0};
            element.addEventListener('mousemove' , function(event){
                var x , y;
                if(event.pageX || event.pageY){
                    x = event.pageX;        //使用文档坐标而非窗口坐标
                    y = event.pageY;
                }else{
                    x = event.clientX + (document.body.scrollLeft ||
                            document.documentElement.scrollLeft);
                    y = event.clientY + (document.body.scrollTop ||
                            document.documentElement.scrollTop);
                }
                //event.clientX   鼠标相对于浏览器窗口可视区的横坐标，可视区不包括工具栏和滚动条
                //document.body.scrollLeft滚动条滚动到右侧时，隐藏在滚动条左侧的宽度
                x -= element.offsetLeft;
                y -= element.offsetTop;
                mouse.x = x-60;
                mouse.y = y-60;
            } , false)
            return mouse;
        }
```

（4）给画布绑定鼠标移动事件。当鼠标移入画布时，实现放大效果，代码如下：

```
        imgcan.onmousemove = function( ){
//在坐标原点出绘制一个和glasscan大小重合的矩形
glassContext.clearRect(0,0,glasscan.width,glasscan.height);
glasscan.style.left = mouse.x + 550 + 'px';
//glasscan的位置为鼠标位置向右550像素、向上20像素
            glasscan.style.top = mouse.y -20 + 'px';
            glasscan.style.display = "block";
            var drawWidth = 50,
            drawHeight = 50;

glassContext.drawImage(img,mouse.x-drawWidth/4,mouse.y-drawHeight/4,drawWidth,
drawHeight,0,0,drawWidth*4,drawHeight*4);        //实现放大镜
        };
```

（5）绑定鼠标移出事件，当鼠标移出画布时，将放大镜效果隐藏，代码如下：

```
        imgcan.onmouseout = function( ){
            glasscan.style.display = "none";
        }
```

5.4　绘制文字

在 HTML5 中，用户可以使用 Canvas 元素进行文字的绘制，也可以指定绘制文字的字体、大小、对齐方式，还可以进行文字的纹理填充等。

5.4.1　绘制轮廓文字

strokeText( )方法用轮廓方式绘制字符串。其语法如下。

```
strokeText(text,x,y,maxWidth);
```

参数说明：

- ❑　text：表示要绘制的文字。
- ❑　x：表示绘制文字的起点横坐标。
- ❑　y：表示绘制文字的起点纵坐标。
- ❑　maxWidth：可选参数，表示显示文字时的最大宽度，可以防止文字溢出。

绘制轮廓文字

5.4.2　绘制填充文字

fillText( )方法用填充方式绘制字符串，该方法的定义如下。

```
void fillText(text,x,y,[maxWidth]);
```

该方法参数功能与 fillText 方法相同。

绘制填充文字

5.4.3　文字相关属性

在使用 Canvas API 进行文字的绘制之前，需要先对该对象的有关文字绘制的属性进行设置，主要有如下几个属性：

- ❑　font 属性：设置文字字体。
- ❑　textAlign 属性：设置文字水平对齐方式，属性值可以为 start、end、left、right、center。默认值为 start。
- ❑　textBaseline 属性：设置文字垂直对齐方式，属性值可以为 top、hanging、middle、alphabetic、ideographic、bottom。默认值为 alphabetic。

文字相关属性

【例 5-5】下面通过 Canvas 实现动态打字效果,为读者展示有关绘制文字的应用,效果如图 5-10 所示。

图 5-10　使用 Canvas 元素实现动态打字效果

程序开发步骤如下：

（1）在 HTML 页面添加以下代码：

```
<canvas id="cav" width="800" height="500">
```

（2）绘制第一行文字。创建 JavaScript 文件，在 JavaScript 页面添加以下代码：

```
var cav = document.getElementById('cav').getContext('2d');//获取画布上下文
var txt1=['降','价','促','销'];            //将第一行文字定义成一个数组
var i=0;
var ds=setInterval(function (){          //使用定时器，使文字逐个出现
cav.font='60px 隶书';                    //设定字体大小为60像素，字体为隶书
cav.fillStyle='#fef200';                 //设定字体颜色为#fef200
cav.beginPath();                         //开始绘制
cav.fillText(txt1[i],270,270);           //绘制第i个文字
cav.translate(70,0);                     //将文字向右平移70像素
cav.fill();
i++;
if(i==txt1.length)
{clearInterval(ds)}                      //文字全部绘制时，取消定时器
},90);
```

（3）绘制第二行文字，代码如下：

```
setTimeout(txtt,1000)
function txtt(){
var txt2=['哪','家','强'];
var j=0;
var ds1=setInterval(function (){
cav.font='60px 隶书';
cav.fillStyle='#fef200';
cav.beginPath();
cav.fillText(txt2[j],320,340);
cav.translate(70,0);
cav.fill();
j++;
if(j==txt2.length)
{clearInterval(ds1)}
},90);
cav.translate(-300,0);
}}
```

小　结

　　本章重点讲解了 HTML5 新增的画布——Canvas 功能，以及伴随这个元素而来的一套编程接口
——Canvas API。其中，本章详细讲解了如何使用 Canvas API 绘制各种图形，并在讲解实例的
同时对绘制中应用的各种属性进行了详细的阐述。在讲解完绘制图形后，本章继续讲解了如何在画
布中使用图像。希望读者能了解并熟练掌握 HTML5 新增的 Canvas 元素，以此来创造出更加丰富
多彩、赏心悦目的 Web 页面。

上机指导

　　幸运转盘现已跻身各类网页和各种庆祝活动。下面通过 Canvas 元素实现幸运大转盘的绘制，效果如图 5-11 所示。

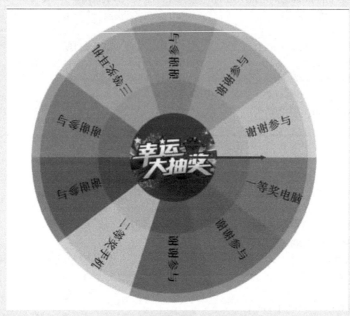

图 5-11　制作幸运大转盘

　　程序开发步骤如下：

　　（1）创建 Canvas 画布。在 HTML 页面中添加以下代码：

上机指导

```
<div class="mr-can">
    <div style="width:800px;height:550px;margin:auto;">
      <canvas id="canvas1" width="800px" height="500px" style="position:
absolute;"> 您的浏览器不支持canvas！ </canvas>
        <canvas id="canvas2" width="800px" height="500px" style="position:
absolute;"> 您的浏览器不支持canvas！ </canvas>
    </div>
    <input type="button" id="flyBtn" value="转起" onclick="doFly()" />
</div>
```

　　（2）创建 JavaScript 文件，并且定义画布、圆心坐标、指针位置坐标等变量。在 JavaScript 页面添加以下代码：

```
        var t = null;
        var centerX = 400;         //圆心X坐标
        var centerY = 250;         //圆心Y坐标
        var ctx = null;            //定义绘制转盘的画布
        var ctx2 = null;           //定义绘制转盘指针的画布
    //定义指针位置的横坐标。因为会多次应用这个数字，为便于修改，在此定义变量
        var lineLen = 150;
        var myCanvas2 = null;
    //创建画图对象
```

　　（3）获取画布的上下文，并且调用绘制图形的函数，代码如下：

```
window.onload = function(){
        var myCanvas = document.getElementById("canvas1");
        ctx = myCanvas.getContext("2d");
        myCanvas2 = document.getElementById("canvas2");
        ctx2 = myCanvas2.getContext("2d");
        createCircle2();          //绘制中间层转盘圆环
        createCircle1();          //绘制最内层转盘圆环
        createCircle();           //绘制最外层转盘圆环
        createCirText();          //绘制转盘上的字
        createpics();             //绘制转盘上的图片
        ctx2.translate(centerX,centerY);
        initPoint();              //绘制转盘指针
}
```

（4）绘制一个由 10 等分扇形组成的圆形，圆形半径为 155，代码如下：

```
function createCircle2(){//绘制最外层转盘圆环
var color = ["rgba(209,66,120,0.6)","rgba(149,63,174,0.6)",
"rgba(88,104,55,0.6)","rgba(199,199,111,0.6)","rgba(175,39,41,0.6)","rgba(58,156,118,0.6)","rgba(204,
165,64,0.6)","rgba(89,152,254,0.6)","rgba(82,219,83,0.6)","rgba(254,184,52,0.6)"];//圆环上的颜色
var startAngle = 0;           //定义起始弧度变量
 var endAngle = 0;            //定义终止弧度变量
        for (var i = 0; i< 10; i++){//画一个由10等份扇形组成的空心圆形
        ctx.save();           //保存当前绘画状态，以便画完这副画，再恢复到这个状态，画另一副画
        ctx.beginPath(); //开始绘制
        startAngle = Math.PI*(2/10)*i;///起始弧度
        endAngle = Math.PI*(2/10)*(i+1);///终止弧度
//逐个绘制扇形，半径为155
        ctx.arc(centerX, centerY, 155, startAngle, endAngle, false);ctx.lineWidth = 180.0;//定义线宽
        ctx.strokeStyle =   color[i];   //给扇形的边框添加颜色样式
        ctx.stroke();             //绘制空心圆
        ctx.restore();            //回复之前保存的状态
        }
}
```

（5）绘制一个由 10 等分扇形组成的圆形，半径为 150，线宽为 160。代码与步骤（4）大致相同，只需要修改以下代码：

```
ctx.arc(centerX, centerY, 150, startAngle, endAngle, false);
ctx.lineWidth = 160.0;
```

（6）绘制一个由 10 等分扇形组成的圆形，半径为 55，线宽为 150。代码与步骤（4）大致相同，只需要修改以下代码：

```
ctx.arc(centerX, centerY, 55, startAngle, endAngle, false);
ctx.lineWidth = 150.0;
```

（7）在转盘的圆心处添加图片，在 JavaScript 页面添加以下代码：

```
function createpics(){                //绘制圆心处的背景图片
 var images = new Image();            //创建图片对象
 images.src="img/choujia.png";        //引入图片路径
 images.onload=function(){
//当图片被加载时，绘制图片
ctx.drawImage(images,centerX-75,centerY-75,150,150)}
ctx.restore();
        }
```

（8）在转盘上添加文字，代码如下：

```
function createCirText(){
    var info=["一等奖电脑","谢谢参与","谢谢参与","二等奖手机","谢谢参与","谢谢参与","三等奖耳机","谢
谢参与","谢谢参与","谢谢参与"];//定义数组逐个保存转盘上的文字
        ctx.font = "Bold 20px Arial";          // 设置字体
        ctx.textAlign='start';                 //文本水平对齐方式
        ctx.textBaseline='middle';             //文本垂直方向，基线位置
        ctx.fillStyle = "#000";                // 设置填充颜色
        var step = 2*Math.PI/10; ///1/10圆的弧度
        for ( var i = 0; i < 10; i++) {
    //保存当前绘画状态，以便我们画完这个副画，再恢复到这个状态，画另一副画
        ctx.save();
        ctx.beginPath();
        ctx.translate(centerX,centerY);        //平移到圆心
        ctx.rotate(i*step+step/2);             //从时钟15点处开始旋转弧度i*step+step/2
        ctx.fillText(info[i],130,0);
        ctx.restore();
        }
        }
```

（9）在 ctx2 画布中绘制指针，代码如下：

```
function initPoint(){
        //直线加箭头
        ctx2.beginPath();         //开始绘制
        ctx2.moveTo(0,2);         //起始位置
        ctx2.lineTo(lineLen,2);   //终点位置
        ctx2.lineTo(lineLen,4);
        ctx2.lineTo(lineLen+10,0);  //箭头的长度
        ctx2.lineTo(lineLen,-4);
        ctx2.lineTo(lineLen,-2);
        ctx2.lineTo(0,-2);
        ctx2.fillStyle = "#C01020";
        ctx2.fill();
        ctx2.closePath();
        }
```

（10）添加函数，当单击按钮"转起"时指针开始转动，代码如下：

```
function doFly(){//点击按钮开始旋转
        myCanvas2.width = 800;
        ctx2.translate(centerX,centerY);         //先将坐标原点平移至画布中心
        if(t){
            return;
        }
        var step = 50 +Math.random()*10;         //随机生成一个范围在50~60内的数字
        var angle = 0;//旋转的角度
        t = setInterval(function(){
            step *= 0.95;
            if(step <= 0.1){
                clearInterval(t);
                t = null;
            }else{
                ctx2.restore();                  //回复之前的状态
```

```
            ctx2.save();                          //保存状态
            ctx2.rotate(angle * Math.PI/180);     //旋转
            ctx2.clearRect(-5,-5, 170, 18);       //先清除数据
            angle+=step;                          //如果角度大于一圈，则将角度减去一圈
            if(angle > 360){
                    angle -=360;
            }
            ctx2.restore();                       //再次恢复状态
            ctx2.save();                          //再次保存状态
            ctx2.rotate(angle * Math.PI/180);
            initPoint();                          //调用指针
        }
    },60);                                        //设定指针旋转的时间
}
```

习　题

5-1　简单描述 Canvas 的主要作用。

5-2　简述使用路径绘制图形的一般步骤。

5-3　moveTo( )方法与 lineTo( )方法有什么区别？

5-4　对坐标的变换处理有哪几种方式？

5-5　绘制曲线有几种形式，分别是什么？

5-6　如何绘制扇形？

第6章

走进HTML5的多媒体世界

本章要点：

- 了解滚动文字的标签和属性
- \<audio\>标签与\<video\>标签概述
- 如何在页面中添加\<audio\>标签与\<video\>标签
- 掌握\<audio\>标签与\<video\>标签的属性
- 掌握\<audio\>标签与\<video\>标签的方法
- 掌握\<audio\>标签与\<video\>标签的事件

在 HTML5 出现之前，要在网络上展示视频、音频、动画，除了使用第三方开发的播放器之外，使用最多的工具就是 Flash，但是它需要在浏览器中安装插件才能使用，并且有时速度很慢。HTML5 的出现改变了这个问题。HTML5 提供了音频视频的标准接口，通过 HTML5 中的相关技术，视频、音频、动画等多媒体播放再也不需要安装插件，只要一个支持 HTML5 的浏览器就可以了。

6.1 设置滚动文字

网页的多媒体标签一般包括动态文字、动态图像、声音以及动画等，其中最简单的就是添加一些滚动文字。

6.1.1 滚动文字标签——marquee

使用<marquee>标签可以将文字设置为动态滚动的效果。其语法如下：

滚动文字标签——
marquee

```
<marquee>滚动文字</marquee>
```
只要在标签之间添加要进行滚动的文字即可，而且可以在标签之间设置这些文字的
字体、颜色等。

例如，要做一个含有诗句"少壮不努力，老大徒伤悲"的滚动文字，可以使用下面
的代码。

```
<html>
<head>
<meta http-equiv="Content-Type" content="text/html; charset=gb2312" />
<title>设置滚动文字</title>
</head>
<body>
<marquee>
      <font face="隶书" color="#0066FF" size="5">少壮不努力，老大徒伤悲</font>
</marquee>
</body>
</html>
```

6.1.2 滚动方向属性——direction

默认情况下文字只能从右向左滚动，而在实际应用中常常需要不同滚动方向的文
字，这可以通过 direction 属性来设置。其语法如下：

滚动方向属性——
direction

```
<marquee direction="滚动方向">滚动文字</marquee>
```
该语法中的滚动方向可以包含 4 个值，分别为 up、down、left 和 right，它们分别
表示文字向上、向下、向左和向右滚动。其中向左滚动 left 的效果与默认效果相同，而
向上滚动的文字则常常出现在网站的公告栏中。

例如，要做一个含有诗句"执子之手"向下滚动，含有诗句"与子偕老"向上滚动的滚动文字。可以使用
下面的代码。

```
<html>
<head>
<title>设置滚动方向</title>
</head>
<body>
<marquee direction="down" >
      <font color="#FF3333"face="楷体" size="+4">执子之手</font>
</marquee>
<marquee direction="up" >
      <font color="#99FF00" face="隶书" size="+5">与子偕老</font>
</marquee>
</body>
```

```
</html>
```

6.1.3 滚动方式属性——behavior

除了可以设置文字的滚动方向外，还可以为文字设置滚动方式，如往复运动等。这一功能可以通过添加 behavior 属性来实现。其语法如下：

```
<marquee behavior="滚动方式">滚动文字</marquee>
```

滚动方式属性——
behavior

在这里，滚动方式 behavior 的取值可以设置为表 6-1 所示的某个值，不同取值的滚动效果也不同。

表 6-1　滚动方式的设置

Behavior **的取值**	滚动方式的设置
Scroll	循环滚动，默认效果
Slide	只滚动一次就停止
Alternate	来回交替进行滚动

【例 6-1】 实现从不同方向、以不同方式滚动的商城的促销信息展示，效果如图 6-1 所示。

图 6-1　商城滚动促销消息

首先新建一个 HTML 文件，然后通过滚动文字技术实现滚动显示商城的促销信息。这里主要通过设置滚动文字的滚动方向属性和滚动方式属性来实现，具体代码如下：

```
<html>
<head>
<meta charset="utf-8">
<title>51商城滚动促销消息</title>
<link href="css/mr-style.css" rel="stylesheet" type="text/css">
</head>
<body>
<div class="mr-out">
  <div class="mr-roll">
    <marquee direction="right" behavior="scroll">
    重要通知：华为新年促销
    </marquee>
    <!--添加了滚动方向属性和滚动方式属性-->
    <marquee direction="left" behavior="slide">
    全场七折起
    </marquee>
```

```
<marquee direction="left" behavior="alternate">
满2000更有神秘豪礼
</marquee>
  </div>
</div>
</body>
</html>
```

说明　上面的代码为了控制页面内容的位置，应用了 CSS 样式，关于 CSS 样式的详细内容请参见本书第 9 章。

6.1.4　滚动速度属性——scrollamount

滚动速度属性——scrollamount

scrollamount 属性能够调整文字滚动的速度。其语法如下：

```
<marquee scrollamount="滚动速度">滚动文字</marquee>
```

在该语法中，滚动文字的速度实际上是设置滚动文字每次移动的长度，以像素为单位。

例如，下面的例子就用到了滚动速度这一属性，具体代码如下：

```
<html>
<head>
<title>设置滚动速度</title>
</head>
<body>
<marquee scrollamount="3">一步一步慢慢的走</marquee>
<marquee scrollamount="10">看我悠哉的跑</marquee>
<marquee scrollamount="50">小豹子的速度</marquee>
</body>
</html>
```

6.1.5　滚动延迟属性——scrolldelay

滚动延迟属性——scrolldelay

scrolldelay 属性可以设置滚动文字滚动的时间间隔。其语法如下：

```
<marquee scrolldelay="时间间隔">滚动文字</marquee>
```

scrolldelay 的时间间隔单位是毫秒，也就是千分之一秒。这一时间间隔的设置为滚动两步之间的时间间隔，如果设置的时间比较长，会产生走走停停的效果。

如果与 scrollamount 属性结合使用，效果更明显，代码如下：

```
<html>
<head>
<title>设置滚动延迟</title>
</head>
<body>
<marquee scrollamount="100" scrolldelay="10">看我不停脚步得走</marquee>
<marquee scrollamount="100" scrolldelay="100">看我走走停停</marquee>
<marquee scrollamount="100" scrolldelay="500">我要走一步停一停</marquee>
</body>
</html>
```

6.1.6 滚动循环属性——loop

设置滚动文字后，在默认情况下会不断循环下去，如果希望文字滚动几次停止，可以使用 loop 参数来进行设置。其语法如下：

```
<marquee loop="循环次数">滚动文字</marquee>
```

滚动循环属性——
loop

【例 6-2】 实现以不同的滚动速度、滚动延迟以及滚动循环次数的商城的促销信息展示，效果如图 6-2 所示。

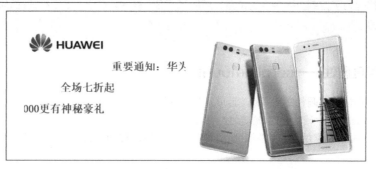

图 6-2 商城滚动促销消息

首先新建一个 HTML 文件，然后通过滚动文字技术实现滚动显示商城的促销信息。这里主要通过设置滚动文字的滚动速度属性、滚动延迟属性和滚动循环属性来实现，具体代码如下：

```
<html>
<head>
<meta charset="utf-8">
<title>51商城滚动促销信息</title>
<link href="css/mr-style.css" rel="stylesheet" type="text/css">
</head>
<body>
<div class="mr-out">
  <div class="mr-roll">
    <marquee scrollamount="5" scrolldelay="10" loop="1">
    重要通知：华为新年促销
    </marquee>
    <!--添加了滚动速度属性、滚动延迟属性和滚动循环属性-->
    <marquee scrollamount="10" scrolldelay="100" loop="3">
    全场七折起
    </marquee>
    <marquee scrollamount="30" loop="10">
    满2000更有神秘豪礼
    </marquee>
  </div>
</div>
</body>
</html>
```

6.1.7 滚动范围属性——width、height

如果不设置滚动背景的面积，那么默认情况下，水平滚动的文字背景与文字同高、与浏览器窗口同宽，使用 width 和 height 参数可以调整其水平和垂直的范围。其语法如下：

```
<marquee width="" height="">滚动文字</marquee>
```

此处设置宽度和高度的单位均为像素。

例如，下面这个例子就应用了滚动范围属性，代码如下：

```
<html>
<head>
<title>设置滚动范围</title>
</head>
<body>
<marquee behavior="alternate" bgcolor="#66FFFF">王勃</marquee><br /><br />
<marquee behavior="alternate" bgcolor="#66CCFF" width="500" height="50">
老当益壮,宁知白首之心;穷且益坚,不坠青云之志
</marquee>
</body>
</html>
```

6.1.8 滚动背景颜色属性——bgcolor

在网页中，为了突出某部分内容，常常使用不同背景色来显示。滚动文字也可以单独设置背景色。其语法如下：

```
<marquee bgcolor="颜色代码">滚动文字</marquee>
```

文字背景颜色设置为 16 位颜色码。

【例 6-3】 要实现以不同的滚动范围、滚动背景颜色的商城的促销信息展示，效果如图 6-3 所示。

图 6-3　商城滚动促销消息

首先新建一个 HTML 文件，然后通过滚动文字技术实现滚动显示商城的促销信息。这里主要通过设置滚动文字的滚动范围属性以及滚动背景颜色属性来实现，具体代码如下：

```
<html>
<head>
<meta charset="utf-8">
<title>51商城滚动促销消息</title>
<link href="css/mr-style.css" rel="stylesheet" type="text/css">
</head>
<body>
<div class="mr-out">
  <div class="mr-roll">
    <marquee width="450" height="30" bgcolor="#FFBFFF" class="mr-mq1">
    重要通知：华为新年促销
```

```
    </marquee>
    <!--添加了滚动范围属性和滚动背景颜色属性-->
    <marquee width="450" height="50" bgcolor="#C0C0C0" class="mr-mq2">
    全场七折起
    </marquee>
    <marquee width="450" height="70" bgcolor="#808080" class="mr-mq3">
    满2000更有神秘豪礼
    </marquee>
  </div>
</div>
</body>
</html>
```

6.1.9 滚动空间属性——hspace、vspace

在滚动文字的四周，可以设置水平空间和垂直空间。其语法如下：

`<marquee hspace="水平范围" vspace="垂直范围">滚动文字</marquee>`

该语法中水平和垂直范围的单位均为像素。

例如，下面的例子用到的就是滚动空间属性，代码如下：

滚动空间属性——
hspace、vspace

```
<html>
<head>
<title>设置滚动文字</title>
</head>
<body>
不设置空白空间的效果：
<marquee behavior="alternate" bgcolor="#FFCC33">明日科技欢迎您！</marquee>
明日科技致力于编程的发展！！ <br />
<hr color="#0099FF" /><br />
设置水平为90像素、垂直为50像素的空白空间：
<marquee behavior="alternate" bgcolor="#CCCC00" hspace="90" vspace="50">明日科技欢迎您！</marquee>
明日科技致力于编程的发展！！
</body>
</html>
```

6.2 \<audio\>标签和\<video\>标签

HTML5 新增了两个标签——\<audio\>标签与\<video\>标签。\<audio\>标签专门用来播放网络上的音频数据，而\<video\>标签专门则用来播放网络上的视频或电影。使用这两个标签，就不再需要使用其他任何插件，只要使用支持 HTML5 的浏览器即可。表6-2 介绍了目前浏览器对\<audio\>标签与\<video\>标签的支持情况。

\<audio\>标签和
\<video\>标签

表6-2 目前浏览器对\<audio\>标签与\<video\>标签的支持情况

浏览器	支持情况
Chrome	3.0 及以上版本支持
Firefox	3.5 以上版本支持
Opera	10.5 及以上版本支持
Safari	3.2 及以上版本支持

这两个标签的使用方法都很简单，首先以<audio>标签为例，只要把播放音频的 URL 指定给标签的 src 属性就可以了。<audio>标签使用方法如下：

```
<audio src="http://mingri/demo/test.mp3">
您的浏览器不支持audio标签!
</audio>
```

通过这种方法，可以把指定的音频数据直接嵌入网页，其中"您的浏览器不支持<audio>标签!"为在不支持<audio>标签的浏览器中所显示的替代文字。

<video>标签的使用方法也很简单，只要设定好标签的长、宽等属性，并且把播放视频的 URL 地址指定给该标签的 src 属性就可以了。<video>标签的使用方法如下：

```
<video width="640" height="360" src=" http://mingri/demo/test.mp3">
您的浏览器不支持<video>标签!
</video>
```

另外，还可以通过使用<source>标签来为同一个媒体数据指定多个播放格式与编码方式，以确保浏览器可以从中选择一种自己支持的播放格式进行播放。浏览器的选择顺序为代码中的书写顺序，它会从上往下判断自己对该播放格式是否支持，直到选择到自己支持的播放格式。<source>标签的使用方法如下：

```
<video width="640" height="360">
<!-- 在Ogg theora格式、Quicktime格式与MP4格式之间选择自己支持的播放格式。 -->
<source src="demo/sample.ogv" type="video/ogg; codecs='theora, vorbis'"/>
<source src="demo/sample.mov" type="video/quicktime"/>
</video>
```

<source>标签具有以下两个属性：

src 属性：播放媒体的 URL 地址。

type 属性：媒体类型，其属性值为播放文件的 MIME 类型。该属性中的 codecs 参数表示所使用的媒体的编码格式。

因为各浏览器对各种媒体类型及编码格式的支持情况各不相同，所以使用<source>标签来指定多种媒体类型是非常有必要的。各浏览器对媒体类型及编码格式的支持情况如下：

- ❑ IE：只支持 MP4 视频编码格式；只支持 MP3 音频编码格式。
- ❑ Firefox：支持 MP4、Ogg 和 WebM 视频编码格式；支持 MP3、Ogg 和 WAV 音频编码格式。
- ❑ Chrome ：支持 MP4、Ogg 和 WebM 视频编码格式；支持 MP3、Ogg 和 WAV 音频编码格式。

6.3　多媒体标签的基本属性及使用

6.3.1　多媒体标签基本属性

常用的多媒体标签主要有两个，分别是<audio>标签和<video>标签。下面进行详细介绍。

多媒体标签基本属性

1. src 属性和 autoplay 属性

src 属性用于指定媒体数据的 URL 地址。

autoplay 属性用于指定媒体是否在页面加载后自动播放，使用方法如下：

```
<video src="sample.mov" autoplay="autoplay"></video>
```

2. preload 属性

该属性用于指定视频或音频数据是否预加载。如果使用预加载，则浏览器会预先将视频或音频数据进行缓冲，这样可以加快播放速度，因为播放时数据已经预先缓冲完毕。该属性有三个可选值，分别是 none、metadata

和 auto，其默认值为 auto。

- □ none 值：表示不进行预加载。
- □ metadata：表示只预加载媒体的元数据（媒体字节数、第一帧、播放列表和持续时间等）。
- □ auto：表示预加载全部视频或音频。

该属性的使用方法如下：

```
<video src="sample.mov" preload="auto"></video>
```

3. poster（<video>标签独有属性）和 loop 属性

当视频不可用时，可以使用<poster>标签向用户展示一幅替代用的图片。当视频不可用时，最好使用 poster 属性，以免展示视频的区域出现一片空白。该属性的使用方法如下：

```
<video src="sample.mov" poster="cannotuse.jpg"></video>
```

loop 属性用于指定是否循环播放视频或音频，其使用方法如下：

```
<video src="sample.mov" autoplay="autoplay" loop="loop"></video>
```

4. controls 属性、width 属性和 height 属性（后两个为<video>标签独有属性）

controls 属性指定是否为视频或音频添加浏览器自带的播放用的控制条。控制条中具有播放、暂停等按钮。其使用方法如下：

```
<video src="sample.mov" controls="controls"></video>
```

图 6-4 所示为 Chrome 浏览器自带的播放视频时的控制条。

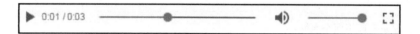

图 6-4　Chrome 浏览器自带的播放视频时用的控制条

说明

> 开发者也可以在脚本中自定义控制条，而不使用浏览器默认的控制条。

width 属性与 height 属性用于指定视频的宽度与高度（以像素为单位），使用方法如下：

```
<video src="sample.mov" width="500" height="500"></video>
```

5. error 属性

在读取、使用媒体数据的过程中，在正常情况下，该属性为 null，但是任何时候只要出现错误，该属性将返回一个 MediaError 对象，该对象的 code 属性返回对应的错误状态。其可能的值如下：

- □ MEDIA_ERR_ABORTED（数值 1）：媒体数据的下载过程由于用户的操作原因而被终止。
- □ MEDIA_ERR_NETWORK（数值 2）：确认媒体资源可用，但是在下载时出现网络错误，媒体数据的下载过程被终止。
- □ MEDIA_ERR_DECODE(数值 3)：确认媒体资源可用，但是解码时发生错误。
- □ MEDIA_ERR_SRC_NOT_SUPPORTED（数值 4）：媒体资源不可用，媒体格式不被支持。

error 属性为只读属性。

读取错误状态的代码如下：

```
<video id="videoElement" src="mingri.mov">
<script>
var video=document.getElementById("video Element");
video.addEventListener("error",function(){
{
    var error=video.error;
```

```
        switch (error.code)
            {
                case 1:
                    alert("视频的下载过程被中止。");
                    break;
                case 2:
                    alert("网络发生故障，视频的下载过程被中止。");
                    break;
                case 3:
                    alert("解码失败。");
                    break;
                case 4:
                    alert("不支持播放的视频格式。");
                    break;
                default:
                    alert("发生未知错误。");
            }
    },false);
</script>
```

6. networkState 属性

该属性在媒体数据加载过程中读取当前网络的状态，其值如下：

❑ NETWORK_EMPTY（数值 0）：标签处于初始状态。

❑ NETWORK_IDLE（数值 1）：浏览器已选择好用什么编码格式来播放媒体，但尚未建立网络连接。

❑ NETWORK_LOADING（数值 2）：媒体数据加载中。

❑ NETWORK_NO_SOURCE（数值 3）：没有支持的编码格式，不执行加载。

networkState 属性为只读属性，读取网络状态的代码如下：

```
<script>
var video = document.getElementById("video");
video.addEventListener("progress", function(e)
{
    var networkStateDisplay-document.getElementById("networkState");
    if(video.networkState==2)
    {
     networkStateDisplay.innerHTML="加载中...["+e.loaded+"/"+e.total+"byte]";
    }
    else if(video.networkState==3)
    {
     networkStateDisplay.innerHTML="加载失败";
    }
},false);
</script>
```

7. currentSrc 属性和 buffered 属性

currentSrc 属性用来读取播放中的媒体数据的 URL 地址，该属性为只读属性。

buffered 属性返回一个实现 TimeRanges 接口的对象，以确认浏览器是否已缓存媒体数据，该属性为只读属性。TimeRanges 对象表示一段时间范围，在大多数情况下，该对象表示的时间范围是一个单一的以 "0" 开始的范围。但是如果浏览器发出 Range Requests 请求，这时 TimeRanges 对象表示的时间范围是多个时间范围。

TimeRanges 对象具有一个 length 属性，表示有多少个时间范围，多数情况下存在时间范围时，该值为 1；不存在时间范围时，该值为 0。该对象有两个方法：start(index) 和 end(index)，多数情况下将 index 设置为 0 就可以了。当用 element.buffered 语句来实现 TimeRanges 接口时，start(0) 表示当前缓存区内从媒体数据的什么时间开始进行缓存，end(0) 表示当前缓存区内的结束时间。

8. readyState 属性

该属性返回媒体当前播放位置的就绪状态，其值如下：

❑ HAVE_NOTHING（数值 0）：没有获取到媒体的任何信息，当前播放位置没有可播放数据。

❑ HAVE_METADATA（数值 1）：已经获取到了足够的媒体数据，但是当前播放位置没有有效的媒体数据（也就是说，获取到的媒体数据无效，不能播放）。

❑ HAVE_CURRENT_DATA（数值 2）：当前播放位置已经有数据可以播放，但没有获取到可以让播放器前进的数据。当媒体为视频时，表示当前帧的数据已获得，但还没有获取到下一帧的数据，或者当前帧已经是播放的最后一帧。

❑ HAVE_FUTURE_DATA（数值 3）：当前播放位置已经有数据可以播放，而且也获取到了可以让播放器前进的数据。当媒体为视频时，表示当前帧的数据已获取，而且也获取到了下一帧的数据。当前帧是播放的最后一帧时，readyState 属性不可能为 HAVE_FUTURE_DATA。

❑ HAVE_ENOUGH_DATA（数值 4）：当前播放位置已经有数据可以播放，同时也获取到了可以让播放器前进的数据，而且浏览器确认媒体数据以某一种速度进行加载，可以保证有足够的后续数据进行播放。

readyState 属性为只读属性。

9. seeking 属性和 seekable 属性

seeking 属性返回一个布尔值，表示浏览器是否正在请求某一特定播放位置的数据，true 表示浏览器正在请求数据，false 表示浏览器已停止请求。

seekable 属性返回一个 TimeRanges 对象，该对象表示请求到的数据的时间范围。当媒体为视频时，表示开始时间为请求到视频数据第一帧的时间，结束时间为请求到视频数据最后一帧的时间。

这两个属性均为只读属性。

10. currentTime 属性、startTime 属性和 duration 属性

currentTime 属性用于读取媒体的当前播放位置，也可以通过修改 currentTime 属性来修改当前播放位置。如果修改的位置上没有可用的媒体数据时，将抛出 INVALID_STATE_ERR 异常；如果修改的位置超出了浏览器在一次请求中可以请求的数据范围时，将抛出 INDEX_SIZE_ERR 异常。

startTime 属性用来读取媒体播放的开始时间，通常为 "0"。

duration 属性来读取媒体文件总的播放时间。

11. played 属性、paused 属性和 ended 属性

played 属性返回一个 TimeRanges 对象，从该对象中可以读取媒体文件的已播放部分的时间段。开始时间为已播放部分的开始时间，结束时间为已播放部分的结束时间。

paused 属性返回一个布尔值，表示是否暂停播放，true 表示媒体暂停播放，false 表示媒体正在播放。

ended 属性返回一个布尔值，表示是否播放完毕，true 表示媒体播放完毕，false 表示还没有播放完毕。

12. defaultPlaybackRate 属性和 playbackRate 属性

defaultPlaybackRate 属性用来读取或修改媒体默认的播放速率。

playbackRate 属性用于读取或修改媒体当前的播放速率。

13. volume 属性和 muted 属性

volume 属性用于读取或修改媒体的播放音量，范围为 0~1，0 为静音，1 为最大音量。

muted 属性用于读取或修改媒体的静音状态，该值为布尔值，true 表示处于静音状态，false 表示处于非静音状态。

使用<audio>标签播放音频

6.3.2 使用<audio>标签播放音频

我们可以使用<audio>标签播放音频，例如可以在 51 商城的商品详情页面中播放音乐。

【例6-4】 应用<audio>标签实现 51 购商城商品详情页面的音乐播放，效果如图 6-5 所示。

图 6-5 <audio>标签的使用

首先新建一个 HTML 文件，然后通过<audio>标签以及它的属性实现音频的播放，代码如下：

```
<html>
<head>
<meta charset="utf-8">
<title>商品详情里的音乐</title>
<link href="css/mr-style.css" rel="stylesheet" type="text/css">
</head>
<body>
<div class="mr-content">
    <audio src="media/6-4.mp3" autoplay="autoplay" poster="images/6-4a.jpg" loop controls width="100"
height="30"></audio>        <!--添加音频文件-->
</div>
</body>
</html>
```

6.3.3 使用<video>标签播放视频

使用<video>标签播放视频

视频是很神奇的，现在我们可以简单地使用<video>标签播放视频。

【例6-5】 使用<video>标签播放一段广告视频，效果如图 6-6 所示。

首先新建一个 HTML 文件，然后通过<video>标签以及它的属性实现视频的播放，代码如下：

```
<html>
<head>
<meta charset="utf-8">
<title>视频的播放</title>
```

```
<link href="css/mr-style.css" rel="stylesheet" type="text/css">
</head>
<body>
<div class="mr-content">
    <video src="media/6-5.mp4" autoplay poster="images/6-4a.jpg" loop controls width="500" height="400"
class="mr-vedio"></video>                <!--添加视频文件-->
</div>
</body>
</html>
```

图 6-6　<video>标签的使用

6.3.4　设置背景音乐——bgsound

在网页中，除了可以嵌入普通的声音文件外，还可以为某个网页设置背景音乐。作为背景音乐的可以是音乐文件，也可以是声音文件。其语法如下：

```
<bgsound src="背景音乐的地址">
```

作为背景音乐的文件还可以是 MP3 文件等音乐文件。

设置背景音乐——
bgsound

例如，要在页面中插入背景音乐可以使用下面的代码。

```
<html>
<head>
<title>设置背景音乐</title>
</head>
<body>
<bgsound src="music/zj.mp3"/>
</body>
</html>
```

6.4　多媒体标签的方法

在多媒体中还可以加入方法，这些方法如下：

❑　media.play( )方法：使用该方法播放视频，并将 media.paused 的值强行设为 false。

多媒体标签的方法

❑　media.pause( )方法：使用该方法暂停视频，并将 media.paused 的值强行设为 true。

❑　media.load( )方法：使用该方法重新载入视频，并将 media.playbackRate 的值强行设为
media.defaultPlaybackRate 的值，强行将 media.error 的值设为 null。
　　下面来看一个媒体播放的实例。在实例首先通过<video>标签加载一段视频文件，然后调用多媒体标签的
相关方法来控制视频的播放。这里并不应用浏览器自带的控制条来控制视频的播放。

　　【例 6-6】　实现通过多媒体标签提供的方法控制视频的播放，主要通过添加"播放"与"暂停"按钮来
控制视频文件的播放与暂停，以及添加"重载"按钮来控制视频的重载，效果如图 6-7 所示。

图 6-7　媒体播放实例

（1）首先新建一个 HTML 文件，然后应用<video>标签加载要播放的视频，最后添加 3 个<button>标签，
并且通过它们的 onclick 属性，调用不同的方法，控制视频的播放，代码如下：

```html
<html>
<head>
<meta charset="utf-8">
<title>"方法"控制视频的播放</title>
<link href="css/mr-style.css"" rel="stylesheet" type="text/css">
<script src="js/6-6.js"></script>
</head>
<body onload="init( )">
<div   class="mr-content">
    <video id="video1"   src="media/6-6.mp4" class="mr-vedio" width="500" height="400"> </video>
    <button onclick="play( )">播放</button>                <!—调用play( )方法-->
    <button onclick="pause( )">暂停</button>                <!—调用pause( )方法-->
    <button onclick="load( )">重载</button>                <!—调用load( )方法-->
</div>
</body>
</html>
```

（2）新建一个 JS 文件，编写自定义的 JavaScript 函数 init( )、play( )、pause( )和 load( )，通过用 media.play( )、
media.pause( )和 media.load( )方法实现视频的播放、暂停和重载，代码如下：

```javascript
var video;                                    /*声明变量*/
function init( )
{
    video = document.getElementById("video1");
    video.addEventListener("ended", function( )        /*监听视频播放结束事件*/
```

```
    {
        alert("播放结束。");
    }, true);
}
function play()
{
    video.play();                                    /*播放视频*/
}
function pause()
{
    video.pause();                                   /*暂停视频*/
}
function load()
{
    video.load()                                     /*重载视频*/
    }
```

使用 canPlayType 方法测试浏览器是否支持指定的媒介类型，该方法的定义如下：

```
var support=videoElement.canPlayType(type);
```

videoElement 表示页面上的<video>标签或<audio>标签。该方法使用一个参数 type，该参数的指定方法与<source>标签的 type 参数的指定方法相同，都用播放文件的 MIME 类型来指定，可以在指定的字符串中加上表示媒体编码格式的 codes 参数。

canPlayType 方法有如下 3 个可能返回的值（均为浏览器判断的结果）。

- ❑ 空字符串：浏览器不支持此种媒体类型。
- ❑ maybe：浏览器可能支持此种媒体类型。
- ❑ probably：浏览器确定支持此种媒体类型。

6.5 多媒体标签的事件

6.5.1 事件处理

事件处理

在利用<video>标签或<audio>标签读取或播放媒体数据时，会触发一系列事件，如果用 JavaScript 脚本来捕捉这些事件，就可以对这些事件进行处理。对这些事件的捕捉及其处理，可以按两种方式来进行。

一种是监听的方式。用 addEventListener("事件名",处理函数,处理方式)方法来对事件的发生进行监听，该方法的定义如下：

```
videoElement.addEventListener(type,listener,useCapture);
```

videoElement 表示页面上的<video>标签或<audio>标签。type 为事件名称；listener 表示绑定的函数。useCapture 是一个布尔值，表示该事件的响应顺序，该值如果为 true，则浏览器采用 Capture 响应方式，如果为 false，浏览器采用 bubbing 响应方式。useCapture 一般采用 false，即默认情况下为 false。

另一种是直接赋值的方式。事件处理方式为 JavaScript 脚本中常见的获取事件句柄的方式。

6.5.2 事件介绍

事件介绍

接下来介绍浏览器在请求媒体数据、下载媒体数据、播放媒体数据一直到播放结束这一系列过程中，到底会触发哪些事件?

□ loadstart 事件：浏览器开始请求媒介。

□ progress 事件：浏览器正在获取媒介。

□ suspend 事件：浏览器非主动获取媒介数据，但没有加载完整个媒介资源。

□ abort 事件：浏览器在完全加载前中止获取媒介数据，但是并不是由错误引起的。

□ error 事件：获取媒介数据出错。

□ emptied 事件：媒介标签的网络状态突然变为未初始化；可能引起的原因有两个：载入媒体过程中突然发生一个致命错误；浏览器正在选择支持的播放格式时，又调用了 load 方法重新载入媒体。

□ stalled 事件：浏览器获取媒介数据异常。

□ play 事件：即将开始播放，当执行了 play 方法时触发，或数据下载后标签被设为 autoplay（自动播放）属性。

□ pause 事件：暂停播放，当执行 pause 方法时触发。

□ loadedmetadata 事件：浏览器获取完媒介资源的时长和字节。

□ loadeddata 事件：浏览器已加载当前播放位置的媒介数据。

□ waiting 事件：播放由于下一帧无效（例如未加载）而已停止（浏览器确认下一帧会马上有效）。

□ playing 事件：已经开始播放。

□ canplay 事件：浏览器能够开始媒介播放，但估计以当前速率播放不能直接将媒介播放完（播放期间需要缓冲）。

□ canplaythrough 事件：浏览器估计以当前速率直接播放可以直接播放整个媒介资源（期间不需要缓冲）。

□ seeking 事件：浏览器正在请求数据（seeking 属性值为 true）。

□ seeked 事件：浏览器停止请求数据（seeking 属性值为 false）。

□ timeupdate 事件：当前播放位置（currentTime 属性）改变，可能是播放过程中的自然改变，也可能是被人为地改变，或由于播放不能连续而发生的跳变。

□ ended 事件：播放由于媒介结束而停止。

□ ratechange 事件：默认播放速率（defaultPlaybackRate 属性）改变或播放速率（playbackRate 属性）改变。

□ durationchange 事件：媒介时长（duration 属性）改变。

□ volumechange 事件：音量（volume 属性）改变或静音（muted 属性）。

小 结

本章主要讲述了 HTML 5 中的多媒体技术，主要包括设置滚动文字、音频和视频。其中滚动文字有滚动方向、滚动方式、滚动速度、滚动延迟、滚动循环、滚动范围和滚动背景颜色等属性。音频和视频除了有很多属性，还有方法和事件，也需要读者掌握。

上机指导

本实例通过< marquee >标签和<audio>标签实现音乐播放界面，效果如图 6-8 所示。

程序开发步骤如下：

（1）新建一个 HTML 文件，该文件利用< marquee >标签实现滚动歌词，代码如下：

```
<html>
<head>
<meta charset="utf-8">
<title>音乐播放界面</title>
<link href="css/mr-style.css" rel="stylesheet" type="text/css">
</head>
<body>
<div class="mr-content">
<h1>绝口不提爱你</h1>
<marquee behavior="slide">闭上眼睛忍住呼吸</marquee>
<marquee behavior="slide">暂时要和世界脱离</marquee>
<marquee behavior="slide">就快学会不再想你</marquee>
<marquee behavior="slide">却听见不断跳动的心</marquee>
<marquee behavior="slide">我允许了你</marquee>
<marquee behavior="slide">让爱的自由还给你</marquee>
<marquee behavior="slide">我允许了自己</marquee>
<marquee behavior="slide">承受这悲伤到天明</marquee>
<marquee behavior="slide">我不愿放弃却要默默允许</marquee>
<marquee behavior="slide">我答应自己爱你的心绝口不提</marquee>
<marquee behavior="slide">总是以为终究化作云淡风轻</marquee>
<marquee behavior="slide">爱你到底</marquee>
<marquee behavior="slide">痛了自己</marquee>
</div>
</body>
</html>
```

（2）利用<audio>标签播放音频，代码如下：

```
<audio src="media/6love.mp3" class="mr-audio" autoplay="autoplay" loop controls width="100" height="30">
```

图 6-8　音乐播放界面

上机指导

习　题

6-1　用于控制播放媒体音量大小的属性是什么？

6-2　简单描述 canPlayType 方法的主要作用。

6-3　可以通过哪个标签来为同一个媒体数据指定多个播放格式与编码方式？

6-4　捕捉并处理<video>标签或<audio>标签触发事件的方式有几种？

6-5　play 事件和 playing 事件有什么区别？

第7章

CSS3概述

本章要点：

■ 了解CSS3的发展史

■ CSS3概述

■ 了解主流浏览器对CSS3的支持

■ 使用CSS3美化网页

■ CSS3 是早在几年前就问世的下一代样式表语言，至今还没有完成所有规范化草案的制定。虽然最终的、完整的、规范权威的 CSS3 标准还没有尘埃落定，但是各主流浏览器已经开始支持其中的绝大部分特性。如果想成为前卫的高级网页设计师，就应该从现在开始积极学习和实践。本章将对 CSS3 的新特性及常用的几种CSS3 选择器进行详细讲解。

7.1 CSS 的发展史

CSS 的发展史

20 世纪 90 年代初，HTML 语言诞生，各种形式的样式表也开始出现。各种不同的浏览器结合自身的显示特性，开发了不同的样式语言，以便于用户自己调整网页的显示效果。注意，此时的样式语言仅供用户使用，而非供设计师使用。

早期的 HTML 语言只含有很少量的显示属性，用来设置网页和字体的效果。随着 HTML 的发展，为了满足网页设计师的要求，HTML 不断添加了很多用于显示的标签和属性。由于 HTML 的显示属性和标签比较丰富，其他用来定义样式的语言就越来越没有意义了。

下面从总体上介绍 CSS 的发展历史。

1. CSS1

1996 年 12 月，CSS1（Cascading Style Sheets，level 1）正式推出。这个版本已经包含了 font 的相关属性、颜色与背景的相关属性、文字的相关属性、box 的相关属性等。

2. CSS2

1998 年 5 月，CSS2（Cascading Style Sheets，level 2）正式推出。这个版本开始使用样式表结构。

3. CSS2.1

2004 年 2 月，CSS2.1（Cascading Style Sheets，level 2 revision 1）正式推出。它在 CSS2 的基础上略微做了改动，删除了许多诸如 text-shadow 等不被浏览器所支持的属性。

现在所使用的 CSS 基本上是在 1998 年推出的 CSS2 的基础上发展而来的。10 年前在 Internet 刚开始普及时，就能够使用样式表来对网页进行视觉效果的统一编辑，确实是一件可喜的事情。但是在这 10 年间，CSS 可以说基本上没有什么变化，一直到 2010 年终于推出了一个全新的版本——CSS3。

7.2 CSS3 概述

CSS3 概述

与 CSS 以前的版本相比较，CSS3 的变化是革命性的，而不是仅限于局部功能的修订和完善。尽管 CSS3 的一些特性还不能被很多浏览器支持，或者说支持得还不够好，但是它依然让我们看到了网页样式的发展方向和使命。

简单地说，CSS3 使得很多以前需要使用图片和脚本才能实现的效果，如今只需要几行代码就能实现，这不仅简化了设计师的工作，而且还能加快页面载入速度。下面就来领略一下 CSS3 的主要新特性。

1. 功能强大的选择器

CSS3 的选择器在 CSS2.1 的基础上进行了增强，它允许设计师在标签中指定特定的 HTML 元素，而不必使用多余的类、ID 或者 JavaScript 脚本。

选择器是 CSS3 中一个重要的内容。使用它可以大幅度提高开发人员书写或修改样式表的工作效率。选择器的使用可以避免在标签中添加大量的 class 和 id 属性，并让设计师更方便地维护样式表。

2. 半透明效果的实现

RGBA 和 HSLA 不仅可以设定色彩，还能设定元素的透明度。另外，还可以使用 opacity 属性定义元素的不透明度。

3. 多栏布局

CSS3 让网页设计师不必使用多个 div 标签就能实现多栏布局。浏览器能解释多栏布局属性并生成多栏，让文本实现纸质报纸的多栏结构。

4. 多背景图

CSS3 允许背景属性设置多个属性值，如 background-image、background-repea、background-size、background-position、background-originand、background-clip 等，这样就可以在一个元素上添加多层背景图片。如果要设计复杂的网页效果（如圆角、背景重叠等），就不用再为 HTML 文档添加多个无用的标签，使用该属性还可以优化网页文档的结构。

5. 文字阴影

text-shadow 在 CSS2 中就已经存在，但并没有被广泛应用。CSS3 采用了该特性，并重新进行了定义。该属性提供了一种新的跨浏览器的方案，使文字看起来更醒目。

6. 开放字体类型

@font-face 是最被期待的 CSS3 特性之一，它在 CSS2 中就已经被引入，但是它在网站上仍然没有像其他 CSS3 属性那样被广泛普及。这主要受阻于字体授权和版权问题，潜入的字体很容易从网站上下载到，这也是字体厂商的主要顾虑。

7. 圆角边框

border-radius 属性可以不使用背景图片也能给 HTML 元素添加圆角。它可能是现在使用的最多的 CSS3 属性，之所以该属性这么受欢迎，其主要是使用圆角比较美观，而且不会与设计、可用性产生冲突。它不同于添加 JavaScript 或多个 HTML 标签，仅需要添加一些 CSS 属性即可。这个属性简洁有效，可以让开发人员免于花费更多得时间来寻找精巧的浏览器方案和基于 JavaScript 的圆角。

8. 边框图片

border-image 属性允许在元素的边框上设定图片，这使得原本单调的边框样式变得丰富起来。该属性给设计师提供了一个很好的工具，用它可以方便地定义和设计元素的边框样式，比 background-image 属性和一些枯燥的默认边框样式更好用。有了 border-image 属性，就可以明确地定义一个边框应该如何缩放或平铺。

9. 盒子阴影

box-shadow 属性可以为 HTML 元素添加阴影，而不需要使用额外的标签或背景图片。

10. 媒体查询

CSS3 中加入了 Media Queries 模块，该模块中允许添加媒体查询（media query）表达式，用以指定媒体类型，然后根据媒体类型来选择应该使用的样式。简单说，就是允许在不改变内容的情况下，在样式表中选择一种页面的布局以精确地适应不同的设备，从而改善用户体验。

7.3 主流浏览器对 CSS 的支持

CSS 给我们带来了众多全新的设计体验，但是并不是所有浏览器都完全支持它。各主流浏览器都定义了自己的私有属性，以便让用户体验 CSS 的新特性。

主流浏览器对CSS的
支持

这种"各自为政"的方法固然可以避免不同浏览器在解析相同属性时出现冲突，但是它也给设计师带来了诸多不便，因为这种方法不仅需要使用更多的 CSS 样式代码，而且非常容易导致同一个页面在不同的浏览器之间表现不一致。

当然，网页不需要在所有浏览器中看起来都严格一致，有时候在某个浏览器中使用私有属性来实现特定的效果是可行的。

Webkit 类型的浏览器（如 Safari、Chrome）的私有属性以-webkit-为前缀；Gecko 类型的浏览器（如 Firefox）的私有属性以-moz-为前缀；Konqueror 类型的浏览器的私有属性以-khtml-为前缀。Opera 浏览器的私有属性以-o-为前缀；Internet Explorer 浏览器的私有属性以-ms-为前缀（目前只有 IE 8+支持-ms-前缀）。在 Windows 系统下，各主流浏览器对 CSS 各模块的支持情况如表 7-1 所示。

表 7-1　各主流浏览器主流版本对 CSS 模块的支持

模块	Chrome 25	Safari 6	Firefox 15	Opera 12	IE 10
RGBA	✓	✓	✓	✓	✓
HSLA	✓	✓	✓	✓	✓
Multiple Backgrounds	✓	✓	✓	✓	✓
Border Image	✓	✓	✓	✓	✗
Border Radius	✓	✓	✓	✓	✓
Box Shadow	✓	✓	✓	✓	✓
Opacity	✓	✓	✓	✓	✓
CSS Animations	✓	✓	✓	✓	✓
CSS Columns	✓	✓	✓	✓	✓
CSS Gradients	✓	✓	✓	✓	✓
CSS Reflections	✓	✓	✗	✗	✗
CSS Transforms	✓	✓	✓	✓	✓
CSS Transforms 3D	✗	✓	✓	✗	✓
CSS Transitions	✓	✓	✓	✓	✓
CSS FontFace	✓	✓	✓	✓	✓

7.4　一个简单的 CSS3 示例

在网页中背景图片的切换以及鼠标滑过的各种动画是很常见的。下面通过一个具体的实例演示 CSS3 的基本应用。

一个简单的 CSS3 示例

【例 7-1】　本实例实现一个简单的背景切换和鼠标滑过展开图片的效果。网页运行时显示图 7-1 所示的效果；当鼠标滑过中间的手机图片时，将显示图 7-2 所示的效果。

图 7-1　打开页面时效果

图 7-2　鼠标滑过中间图片时效果

本实例主要使用 CSS3 来制作网页的背景切换，并且将伪类选择器与 CSS3 动画结合完成鼠标滑过图片展开图片的效果，具体步骤如下：

（1）新建一个 index.html 页面，在该页的<body>部分添加手机图片，当鼠标悬停在中间图片上时，分别保持不动、左移和右移，代码如下：

```
<div class="mr-bakg">
  <div class="picbom">
    <div class="pic"><img src="images/phone1.png" alt="" /></div>
    <div class="picright"><img src="images/phone2.png" alt="" /></div>
    <div class="picleft"><img src="images/phine3.png" alt="" /></div>
  </div>
</div>
```

（2）新建 CSS 文件，在 CSS 文件中设置背景的样式，代码如下：

```
.mr-bakg {
    margin: 0 25%;
    width: 800px;
    height: 400px;
    border: 1px #f00 solid;
    background: url(../images/01.jpg);
    animation: cs1 10s linear normal infinite;
}
```

（3）创建背景图片切换的动画，代码如下：

```
/* 创建背景图片切换的动画 */
@keyframes cs1 {
 25% {
background:url(../images/01.jpg)
}
 50% {
background:url(../images/02.jpg)
}
 75% {
background:url(../images/03.jpg)
```

```
}
    100% {
background:url(../images/01.jpg)
}
}
```

（4）将3个图片放到页面中间同一位置。代码如下：

```
.picbom {
        position: relative;
        margin: 0px 320px;
        padding-top: 120px;
        width: 220px;
        height: 220px;
}
.picleft, .picright {
        position: absolute;
        top: 120px;
        left: 0;
}
```

（5）设置动画，实现当鼠标移入图片时，左边图片向左平移，右边图片向右平移，代码如下：

```
.picbom:hover .picright {
        transform: translateX(240px); /* 鼠标滑过中间图片，右边图片向右移动240像素 */
        display: block;
        transition: all 1s ease;
}
.picbom:hover .picleft {
        transform: translateX(-240px); /* 鼠标滑过中间图片，左边图片向左移动240像素 */
        display: block;
        transition: all 1s ease;
}
```

小 结

　　本章介绍了 CSS 样式的发展史和新增的功能，以及各主流浏览器对 CSS 新增样式的支持性。CSS 样式在网站的设计过程中起到了关键的作用，尤其是网站前台的设计人员，必须掌握 CSS 样式的编写。另外，本章最后还通过一个简单的 CSS 制作的动画为大家展示 CSS 样式的运用。

习 题

7-1　概述 CSS 的发展过程。

7-2　CSS3 新增了哪些功能？并说明其用途。

7-3　五大主流浏览器对 CSS3 模块支持最多的是哪几个浏览器？

7-4　IE 10 浏览器不支持的 CSS3 属性有哪些？

7-5　利用 CSS3 创建动画主要有几个步骤？

第8章

CSS3中的选择器

本章要点：

- 选择器概述
- 选择器能实现什么效果
- 基础选择器的使用
- 通用兄弟元素选择器的使用
- 伪类选择器的使用

■ 本章针对 CSS3 中使用的各种选择器进行详细介绍。通过选择器的使用，读者不再需要在设置边界样式时使用多余的以及没有任何语义的 class 属性，而是可以直接将样式与元素绑定起来，从而节省在网站或 Web 应用程序完成后又要修改样式所需花费的大量时间。

8.1 选择器概述

选择器概述

选择器是 W3C 在 CSS 工作草案中独立引入的一个概念，这些选择器基本上能够满足 Web 设计师常规的设计需求。

为了便于初学者了解选择器的一个发展方向，这里先简单介绍 CSS1 以及 CSS2 中的选择器。CSS1 中定义的选择器如表 8-1 所示。

表 8-1　CSS 1 中定义的选择器

选择器	类型	说明
E{...}	元素选择器	指定该 CSS 样式对所有 E 元素起作用
E#myid	ID 选择器	选择匹配 E 的元素，且匹配元素的 id 属性值等于 myid。注意，E 选择符可以省略，表示选择指定 id 属性值等于 myid 的任意类型的元素
E.warning	类选择器	选择匹配 E 的元素，且匹配元素的 class 属性值等于 warning。注意，E 选择符可以省略，表示选择指定 class 属性值等于 warning 的任意类型的任意多个元素
E F	包含选择器	选择匹配 F 的元素，且该元素被包含在匹配 E 的元素内。注意，E 和 F 不仅仅是指类型选择器，可以是任意合法的选择符组合
E:link	链接伪类选择器	选择匹配 E 的元素，且匹配元素被定义了超链接并未被访问。例如，a:link 选择器能够匹配已定义 URL 的 a 元素
E:visited	链接伪类选择器	选择匹配 E 的元素，且匹配元素被定义了超链接并已被访问。例如，a:visited 选择器能够匹配已被访问的 a 元素
E:active	用户操作伪类选择器	选择匹配 E 的元素，且匹配元素被激活
E:hover	用户操作伪类选择器	选择匹配 E 的元素，且匹配元素正被鼠标经过
E:focus	用户操作伪类选择器	选择匹配 E 的元素，且匹配元素获取了焦点
E::first-line	伪元素选择器	选择匹配 E 的元素内的第一行文本
E::first-letter	伪元素选择器	选择匹配 E 的元素内的第一个字符

CSS1 中的选择器的功能是非常弱的，覆盖范围也非常有限。例如，表 8-1 的最后 3 个选择器在 CSS2 中已经被重新定义，目的是规范和增强这些选择器的功能。升级到 CSS2 后，选择器的类型和功能都获得了极大的扩充和增强，以便 Web 设计师在复杂结构中能自由渲染页面。CSS2 中定义的选择器如表 8-2 所示。

表 8-2　CSS 2 中定义的选择器

选择器	类型	说明
*	通配选择器	选择文档中所有的元素
E[foo]	属性选择器	选择匹配 E 的元素，且该元素定义了 foo 属性。注意，E 选择符可以省略，表示选择定义了 foo 属性的任意类型的元素
E[foo="bar"]	属性选择器	选择匹配 E 的元素，且该元素将 foo 属性值定义为"bar"。注意，E 选择器可以省略，用法与上一个选择器类似

续表

选择器	类型	说明
E[foo|="en"]	属性选择器	选择匹配 E 的元素，且该元素定义了 foo 属性，foo 属性值是一个用连字符（-）分割的列表，值开头的字符为"en"。注意，E 选择符可以省略，用法与上一个选择器类似
E:first-child	结构伪类选择器	选择匹配 E 的元素，且该元素为父元素的第一个子元素
E:lang(fr)	:lang( )伪类选择器	选择匹配 E 的元素，且该元素显示内容的语言类型为 fr
E::before	伪元素选择器	在匹配 E 的元素前面插入内容
E::after	伪元素选择器	在匹配 E 的元素后面插入内容
E > F	子包含选择器	选择匹配 F 的元素，且该元素为所匹配 E 的元素的子元素。注意，E 和 F 不仅仅是指类型选择器，可以是任意合法的选择符组合
E + F	相邻兄弟选择器	选择匹配 F 的元素，且该元素位于所匹配 E 的元素后面相邻的位置。注意，E 和 F 不仅仅是指类型选择器，可以是任意合法的选择符组合

8.2　基础选择器

8.2.1　元素选择器

最常见的 CSS 选择器是元素选择器。换句话说，文档的元素就是最基本的选择器。如果设置 HTML 样式，选择器通常是某个 HTML 元素，比如 b、h1、a，甚至可以是 HTML 本身。其语法如下：

元素选择器

```
html{color:black;}
h1{color:red;}
a{color:yellow;}
```

也可以将某个样式从一个元素切换到另一元素。例如将上面的红色 h1 元素里面的文字设置为红色的段落文本，代码如下：

```
html{color:black;}
p{color:red;}
a{color:yellow;}
```

8.2.2　类选择器

类选择器允许以一种独立于文档元素的方式来指定样式，类选择器可以单独使用，也可以与其他元素结合使用。类选择器前面有一个 "."。

类选择器

只有适当地标注文档后，才能使用该选择器，所以使用该选择器之前通常需要先做一些构想和计划。要应用样式而不考虑具体设计的元素，最常用的方法就是使用类选择器。

在使用类选择器之前，需要修改具体的文档标记，以便类选择器正常工作。为了将类选择器与元素关联，必须为 class 属性指定一个适当的值。请看下面的 HTML 代码。

```
<p class="red">
我是红色。
</p>
```

8.2.3 ID 选择器

在某些方面，ID 选择器类似于类选择器，不过也有一些重要差别。

第一个区别是 ID 选择器前面有一个 "#" 号，也称为棋盘号或井号。其语法如下：

```
#intro{color:red;}
```

第二个区别是 ID 选择器不引用 class 属性的值，毫无疑问，它要引用 id 属性中的值。

以下是一个实际 ID 选择器的小例子。

```
<p id="little">
我很小!
</p>
```

ID 选择器

8.2.4 属性选择器

在 HTML 中，通过各种各样的属性，可以给元素增加很多附加信息。例如，通过 height 属性，可以指定 div 元素的宽度；通过 id 属性，可以将不同的 div 元素进行区分，并且通过 JavaScript 来控制这个 div 元素的内容和状态。

属性选择器

例如，在一个 HTML 页面中，具有很多 div 元素，每个 div 元素之间用 id 属性进行区分，代码如下：

```
<div id="mr1">编程图书</div>
<div id="mr1-1">PHP编程</div>
<div id="mr1-2">Java编程</div>
<div id="mr2">当代文学</div>
<div id="mr2-1">盗墓笔记</div>
<div id="mr2-2">明朝那些事</div>
```

接下来，再看一下 CSS 中对 div 元素使用样式的方法。如果要将 id 属性值为 "mr1" 的 div 元素的背景色设定为红色，要先追加样式，代码如下：

```
<style type="text/css">
#mr1{background:red}
</style>
```

然后指定 id 属性值为 "mr1" 的这个 div 元素的 class 属性，代码如下：

```
<div id="mr1" class="divRed">编程图书</div>
```

在使用属性选择器时，需要声明属性与属性值，声明方法如下：

```
[att=val]
```

其中 att 代表属性，val 代表属性值。例如，要将 id 属性值为 "mr1" 的 div 元素的背景色设定为红色，那么只要加入下面所示的样式代码。

```
<style type="text/css">
[id=mr1]{
    background-color:red;
    }
</style>
```

【例 8-1】 实现 51 购商城首页的手机风暴版块，效果如图 8-1 所示。

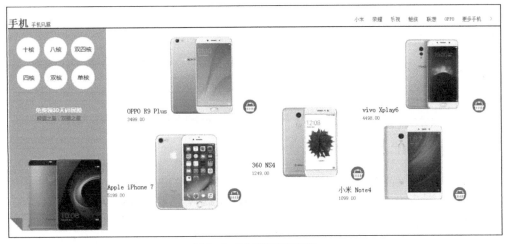

图 8-1　商城首页手机版块

（1）新建一个 HTML 文件，通过<img>标签添加 5 张手机图片，并且通过<div> 标签对页面进行布局，代码如下：

```
<div id="mr-content">
  <div class="mr-top">
    <h2>手机</h2>                                       <!--通过<h2>标签添加二级标题-->
    <p class="mr-p1">手机风暴</p>                        <!--通过<p>标签添加文字-->
    <p class="mr-p2">>></p>
    <p class="mr-p2">更多手机</p>
    <p class="mr-p2">OPPO</p>
    <p class="mr-p2">联想</p>
    <p class="mr-p2">魅族</p>
    <p class="mr-p2">乐视</p>
    <p class="mr-p2">荣耀</p>
    <p class="mr-p2">小米</p>
  </div>
  <img src="images/8-1.jpg" alt="" class="mr-img1">     <!--通过<img>标签添加图片-->
  <div class="mr-right">
    <img src="images/8-1a.jpg" alt="" att="a">
    <img src="images/8-1b.jpg" alt="" att="b"><br/>
    <img src="images/8-1c.jpg" alt="" att="c">
    <img src="images/8-1d.jpg" alt="" att="d">
    <img src="images/8-1e.jpg" alt="" att="e">
    <img src="images/8-1g.jpg" alt="" class="mr-car1">
    <img src="images/8-1g.jpg" alt="" class="mr-car2">
    <img src="images/8-1g.jpg" alt="" class="mr-car3">
    <img src="images/8-1g.jpg" alt="" class="mr-car4">
    <img src="images/8-1g.jpg" alt="" class="mr-car5">
    <p class="mr-price1">OPPO R9 Plus<br/><span>3499.00</span></p>
    <p class="mr-price2">vivo Xplay6<br/><span>4498.00</span></p>
    <p class="mr-price3">Apple iPhone 7<br/><span>5199.00</span></p>
    <p class="mr-price4">360 NS4<br/><span>1249.00</span></p>
    <p class="mr-price5">小米 Note4<br/><span>1099.00</span></p>
  </div>
</div>
```

（2）新建一个 CSS 文件，通过外部样式引入 HTML 文件，通过对元素选择器的使用，为\<h1>标签内的文本添加颜色，代码如下：

```
h2{                                  /*使用元素选择器设置二级标题字体颜色*/
      display:inline-block;
      color:#333333;
      }
span{                                /*使用元素选择器设置5个手机价格字体颜色以及大小*/
      font-size: 10px;
      color: #706A6A;
}
```

（3）通过对类选择器的使用，对页面进行布局，同时控制购物车小图标的位置，代码如下：

```
.mr-top{                             /*使用类选择器设置顶部版块标题的页面布局*/
      width:1200px;
      height:45px;
      border-bottom:2px solid;       /*设置边框*/
      margin:0 auto;                 /*设置外边距*/
      }
.mr-img1{                            /*使用类选择器设置图片浮动*/
      float:left;
      }
.mr-right{                           /*使用类选择器设置右侧手机图片展示区域的页面布局*/
      width:960px;                   /*设置宽度*/
      height:527px;                  /*设置高度*/
      float:left;                    /*设置浮动*/
      position:relative;             /*设置定位*/
      }
.mr-car1{                            /*使用类选择器设置第1个购物车小图标位置*/
      position:absolute;
      left:330px;
      top:170px;
      }
.mr-car2{                            /*使用类选择器设置第2个购物车小图标位置*/
      position:absolute;
      left:890px;
      top:170px;
      }
.mr-car3{                            /*使用类选择器设置第3个购物车小图标位置*/
      position:absolute;
      left:590px;
      top:330px;
      }
.mr-car4{                            /*使用类选择器设置第4个购物车小图标位置*/
      position:absolute;
      left:290px;
      top:380px;
      }
.mr-car5{                            /*使用类选择器设置第5个购物车小图标位置*/
      position:absolute;
      left:840px;
      top:380px;
```

```
    }
.mr-price1{                        /*使用类选择器设置第1个手机品牌文字的位置*/
    position: absolute;
    left:50px;
    top:170px;
}
.mr-price2{                        /*使用类选择器设置第2个手机品牌文字的位置*/
    position: absolute;
    left:620px;
    top:170px;
}
.mr-price3{                        /*使用类选择器设置第3个手机品牌文字的位置*/
    position: absolute;
    left:0p;
    top:350px;
}
.mr-price4{                        /*使用类选择器设置第4个手机品牌文字的位置*/
    position: absolute;
    left:350px;
    top:300px;
}
.mr-price5{                        /*使用类选择器设置第5个手机品牌文字的位置*/
    position: absolute;
    left:560px;
    top:360px;
}
```

（4）通过对 ID 选择器的使用，设置最外层的宽高等属性，代码如下：

```
#mr-content{                       /*使用ID选择器设置整体页面布局*/
    width:1200px;
    height:540px;
    border:1px solid red;
    margin:0 auto;
    text-align:left;               /*设置文本对齐方式*/
    }
```

（5）通过对属性选择器的使用，对 5 张手机图片的大小以及位置进行控制，代码如下：

```
[att=a]{                           /*使用属性选择器设置第1张手机图片位置及大小*/
    width:180px;                   /*设置宽度*/
    height:182px;                  /*设置高度*/
    position:absolute;             /*设置定位*/
    left:140px;
    top:40px;
    }
[att=b]{                           /*使用属性选择器设置第2张手机图片位置及大小*/
    width:180px;
    height:182px;
    position:absolute;
    left:700px;
    top:40px;
    }
[att=c]{                           /*使用属性选择器设置第3张手机图片位置及大小*/
```

```
            width:180px;
            height:182px;
            position:absolute;
            left:400px;
            top:200px;
            }
[att=d]{                        /*使用属性选择器设置第4张手机图片位置及大小*/
            width:180px;
            height:182px;
            position:absolute;
            left:100px;
            top:250px;
            }
[att=e]{                        /*使用属性选择器设置第5张手机图片位置及大小*/
            width:180px;
            height:182px;
            position:absolute;
            left:650px;
            top:250px;
            }
```

8.3 其他选择器

8.3.1 后代选择器

后代选择器又称为包含选择器，后代选择器可以选择作为某元素后代的元素。

我们可以定义后代选择器来创建一些规则，这些规则在某些文档结构中起作用，而在另一些结构中不起作用。

例如，只希望将 h1 元素后代 em 元素里的文本变为红色，而不改变其他 em 元素里文本的颜色，代码如下：

后代选择器

```
h1 em{color:red;}
```

上面这个规则会把 h1 元素后代 em 元素的文本变为红色，其他文本则不会被这个规则选中，代码如下：

```
<h1><em>我变红色</em></h1>
<p><em>我不变色</em></p>
```

在后代选择器中，规则左边的选择器一端包括两个或多个用空格分隔的选择器；选择器之间的空格是一种结合符。每个空格结合符可以解释为"……在……找到" "……作的……的一部分" "……作为……的后代"，但是要求必须从右向左读选择器。

8.3.2 子代选择器

与后代选择器相比，子代选择器只能选择作为某元素子元素的元素。子代选择器用大于号作为结合符。

如果用户不希望选择任意的后代元素，而是希望缩小范围，只选择某个元素的子元素，则需要使用子元素选择器。

子代选择器

例如，只想选择 h1 元素的子元素 strong 元素，代码如下：

```
h1>strong{color:red;}
```

这个规则会把第一个 h1 下面的 strong 变为红色，而第二个 h1 中的 strong 不受影响，代码如下：

```
<h1><strong>我变红色</strong></h1>
<h1><em><strong>我不变色</strong></em></h1>
```

8.3.3 相邻兄弟元素选择器

相邻兄弟元素选择器可选择紧接在另一元素后的元素，且二者有相同父元素，相邻兄弟元素选择器使用 "+" 作为结合符。

如果需要选择紧接在另一元素后的元素，而且二者有相同父元素，可以使用相邻兄弟元素选择器。

相邻兄弟元素选择器

例如，将紧接在 h1 元素后出现的段落变为黄色，代码如下：

```
h1+p{color:yellow;}
```

8.3.4 通用兄弟元素选择器

通用兄弟元素选择器用来指定位于同一个父元素之中的、某个元素之后的、所有其他某个种类的兄弟元素所使用的样式，通用兄弟选择器用 "~" 作为结合符。

通用兄弟元素选择器

例如，要使 h1 元素后的 p 元素都变为蓝色，代码如下：

```
h1~p{color:blue;}
```

【例 8-2】 实现一个商城首页的爆款特卖版块，效果如图 8-2 所示。

图 8-2　商城首页的爆款特卖版块

（1）新建一个 HTML 文件，在该文件中，首先通过<img>标签添加 4 张手机图片，然后通过<p>标签添加手机的价格、型号等文字，最后通过<div> 标签对页面进行布局，代码如下：

```
<html>
<head>
<meta charset="utf-8">
<title>css中的其他选择器</title>
<link href="css/mr-style.css" rel="stylesheet" type="text/css">
</head>
<body>
<div class="mr-content">
  <div class="mr-top">爆款特卖</div>
  <div class="mr-bottom">
    <div class="mr-block1"> <img src="images/8-2.jpg" alt="" class="mr-img">
    <!--添加手机图片-->
      <p>华为Mate8</p>                    <!--添加文字-->
```

```
        <div class="mr-price">
          <p>￥2998.00</p>
          <div class="mr-minute">秒杀</div>
        </div>
      </div>
      <div class="mr-block1"> <img src="images/8-2a.jpg" alt="" class="mr-img">
        <p>华为Mate8</p>
        <div class="mr-price">
          <p>￥2998.00</p>
          <div class="mr-minute">秒杀</div>
        </div>
      </div>
      <div class="mr-block1"> <img src="images/8-2b.jpg" alt="" class="mr-img">
        <p>华为Mate9</p>
        <div class="mr-price">
          <p>￥4798.00</p>
          <div class="mr-minute">秒杀</div>
        </div>
      </div>
      <div class="mr-block1"> <img src="images/8-2c.jpg" alt="" class="mr-img">
        <p>华为Mate9</p>
        <div class="mr-price">
          <p>￥4798.00</p>
          <div class="mr-minute">秒杀</div>
        </div>
      </div>
    </div>
  </div>
</body>
</html>
```

（2）新建一个 CSS 文件，通过外部样式引入 HTML 文件，然后通过对后代选择器的使用，控制页面里每个小板块以及手机图片的大小和位置等，关键代码如下：

```
.mr-content .mr-block1{                   /*使用后代选择器对下面4个并列的版块页面进行布局*/
    width:287px;                          /*设置宽度*/
    height:300px;                         /*设置高度*/
    float:left;                           /*设置浮动*/
    margin-left:10px;                     /*设置外边距*/
    background:#FFF;                       /*设置背景*/
    }
.mr-content .mr-block1 .mr-img{           /*使用后代选择器设置手机图片大小及位置*/
    width:100px;
    height:178px;
    padding:30px 0 0 82px;
    }
```

（3）通过对子代选择器的使用，控制页面各部分的大小和位置，同时对价格的位置和字体的颜色、大小进行控制，关键代码如下：

```
.mr-content>.mr-top{                      /*使用子代选择器对页面栏目标题进行布局*/
    width:1073px;
    height:75px;
    padding:20px 0 0 125px;               /*设置内边距*/
```

```
        color:#8a5223;                          /*设置字体颜色*/
        font-size:36px;                         /*设置字体大小*/
        font-weight:bolder;                     /*设置内字体粗细*/
    }
.mr-content>.mr-bottom{                          /*使用子代选择器对页面进行布局*/
    width:1200px;
    height:336px;
    }
.mr-content .mr-block1 .mr-price>p{              /*使用子代选择器设置文字的大小、颜色以及位置等*/
    display:block;
    float:left;
    padding:5px 0 0 24px;
    color:#f52e1f;
    font-size:18px;
    font-weight:bolder;
    }
```

（4）通过对相邻兄弟选择器的使用，控制手机型号的字体以及位置和颜色等，关键代码如下：

```
.mr-content .mr-block1 .mr-img+p{               /*使用相邻兄弟选择器设置页面文字颜色等*/
    width:85px;
    height:14px;
    padding:37px 0 0 24px;
    color:#666;
    }
```

（5）通过对通用兄弟选择器的使用，控制"秒杀"的位置、大小以及背景颜色等，关键代码如下：

```
.mr-content .mr-block1 .mr-img+p~div{           /*使用通用兄弟选择器对页面4个并列版块底部进行布局*/
    width:287px;
    height:40px;
    }
.mr-content .mr-block1 .mr-price>p~div{         /*使用通用兄弟选择器对页面底部的"秒杀"进行布局*/
    width:48px;
    height:30px;
    line-height:30px;
    float:left;
    margin-left:100px;
    background:#f52e1f;
    color:#FFF;
    text-align:center;
    }
```

8.4 伪类选择器及伪元素

8.4.1 伪类选择器

了解 CSS 的程序员都知道，在 CSS 中，可以使用类选择器把相同的元素定义成不同的样式。例如针对一个 p 元素，可以做如下定义。

```
p.right{text-align:right}
p.center{text-align:right}
```

然后在页面上对 p 元素使用 class 属性，来把定义好的样式指定给具体的 p 元素，

伪类选择器

127

代码如下：

```
<p class="right">文字</p>
<p class="center">文字</p>
```

在 CSS 中，除了上面所述的类选择器之外，还有一种伪类选择器。伪类选择器与类选择器的区别是：类选择器可以随便起名，例如上面的 "p.right" 与 "p.center"，也可以命名成 "p.class1" 与 "p.class2"，然后在页面上使用 "class=" class1 "" 与 "class=" class 2""；伪类选择器是 CSS 已经定义好的选择器，不能随便起名。在 CSS 中最常用的伪类选择器是使用在 a（锚）元素上的几种选择器，它们的使用方法如：

```
a:link{color:#009; text-decoration:none}
a:visited{color:#000066; text-decoration:none}
a:hover{color:#0099FF; text-decoration:underline}
a:active{color:#0000CC; text-decoration:underline}
```

8.4.2　伪元素选择器

伪元素选择器并不是针对真正的元素使用的选择器，伪元素选择器只能针对 CSS 中已经定义好的伪元素使用。伪元素选择器的使用方法如下：

```
选择器:伪元素{属性: 值}
```

伪元素选择器也可以与类配合使用，使用方法如下：

```
选择器 类名:伪元素{属性:值}
```

在 CSS 中提供的伪元素选择器有 4 个，分别如下：

❑　first-letter：该选择器对应的 CSS 样式对指定对象内的第一个字符起作用。

❑　first-line：该选择器对应的 CSS 样式对指定对象内的第一行内容起作用。

❑　before：该选择器与内容相关的属性结合使用，用于在指定对象内部的前端插入内容。

❑　after：该选择器与内容相关的属性结合使用，用于在指定对象内部的尾端添加内容。

下面介绍 first-letter 伪元素选择器的用法。first-letter 选择器仅对块元素（如<div.../>、<p.../>、<section.../>等元素）起作用。如果想对内联元素（如<span...>等元素）使用该属性，必须先设定对象的 height、width 属性，或者设定 position 属性为 absolute，或者设定 display 属性为 block。也就是说如果内联对象要使用该伪对象，必须先将其设置为块级对象。通过 first-letter 伪元素选择器配合 font-size、float 属性可制作首字下沉效果。

【例 8-3】 利用前面学的伪类选择器实现下面的商城分类版块界面，效果如图 8-3 所示。

图 8-3　商城分类版块

（1）新建一个 HTML 文件，通过<ul>标签和<li>标签对页面进行布局，并且通过<p>标签添加文字，关键代码如下：

```
<div class="mr-header">
  <div class="mr-header1">
    <div class="mr-hout" > 你好，请登录 </div>
    <nav>
      <ul>                                              /*使用列表*/
        <li class="mr-li">我的订单</li>
        <li class="mr-li">我的商城</li>
        <li class="mr-li">商城会员</li>
        <li class="mr-li">企业采购</li>
        <li class="mr-li">客户服务</li>
        <li class="mr-li">网站导航</li>
        <li class="mr-li">手机商城</li>
      </ul>
    </nav>
  </div>
</div>
<div class="mr-content">
  <div class="mr-block1 mr-block">美妆会场</div>
  <div class="mr-block2 mr-block">女装会场</div>
  <div class="mr-block3 mr-block">男装会场</div>
  <div class="mr-block4 mr-block">首饰会场</div>
  <div class="mr-block5 mr-block">零食会场</div>
  <div class="mr-block6 mr-block">家居会场</div>
  <div class="mr-block7 mr-block">珠宝会场</div>
  <div class="mr-block8 mr-block">电子会场</div>
</div>
```

（2）首先新建一个 CSS 文件，通过外部样式引入 HTML 文件，然后通过伪类选择器，为页面的导航以及各分会场版块添加鼠标滑过效果，关键代码如下：

```
.mr-content .mr-block:hover{                   /*伪类选择器*/
    opacity:0.5;                               /*设置透明度*/
    color:#000;                                /*设置字体颜色*/
    }
nav .mr-li:hover{
    background:#646464;                        /*设置背景*/
    color:#FFF;
    }
```

小 结

本章主要讲述了 CSS3 中的选择器，主要包括元素选择器、类选择器、ID 选择器、属性选择器、兄弟选择器、后代选择器、子代选择器、伪类选择器等。通过对各个选择器的使用，用户可以直接将样式与元素绑定起来，这样操作起来更加方便快捷。

上机指导

利用前面所学习的伪类选择器，实现一个商城华为手机展示版块，效果如图 8-4 所示。

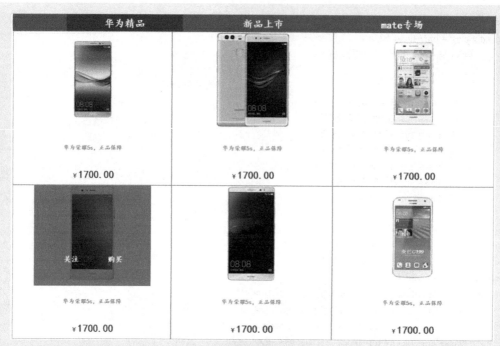

图 8-4　商城华为手机展示版块

（1）首先新建一个 HTML 文件，通过<img>标签添加手机图片，然后通过<p>标签添加手机价格及手机型号文字，最后通过<div> 标签对页面进行布局，关键代码如下：

```
<div class="mr-content">
  <div class="mr-daohang">
    <ul>
    <li class="mr-hov1">华为精品   <!--导航文字-->
      <div class="mr-pic1">
        <dl>
          <dt> <img src="images/z6.jpg" alt="">       <!--添加手机图片-->
            <div class="mr-shad">               <!--鼠标滑过手机图片区域时出现的版块-->
              <div class="mr-guanzhu"><a href="#">关注</a></div>
              <div class="mr-goumai"><a href="#">购买</a></div>
            </div>
          </dt>
          <dd>
            <p class="mr-txt"><a href="#">华为荣耀5s，正品保障</a></p>
            <!--添加手机型号文字-->
            <p class="mr-price"><span> ¥ </span>1700.00</p>
            <!--添加手机价格文字-->                <</dd>
        </dl>
        <dl>
          <dt> <img src="images/z7.jpg" alt="">
            <div class="mr-shad">
              <div class="mr-guanzhu"><a href="#">关注</a></div>
              <div class="mr-goumai"><a href="#">购买</a></div>
            </div>
          </dt>
          <dd>
```

上机指导

```
        <p class="mr-txt"><a href="#">华为荣耀5s，正品保障</a></p>
        <p class="mr-price"><span>¥</span>1700.00</p>
      </dd>
  </dl>
  <dl>
    <dt> <img src="images/z8.jpg" alt="">
      <div class="mr-shad">
        <div class="mr-guanzhu"><a href="#">关注</a></div>
        <div class="mr-goumai"><a href="#">购买</a></div>
      </div>
    </dt>
    <dd>
      <p class="mr-txt"><a href="#">华为荣耀5s，正品保障</a></p>
      <p class="mr-price"><span>¥</span>1700.00</p>
    </dd>
  </dl>
  <dl>
    <dt><img src="images/z4.jpg" alt="">
      <div class="mr-shad">
        <div class="mr-guanzhu"><a href="#">关注</a></div>
        <div class="mr-goumai"><a href="#">购买</a></div>
      </div>
    </dt>
    <dd>
      <p class="mr-txt"><a href="#">华为荣耀5s，正品保障</a></p>
      <p class="mr-price"><span>¥</span>1700.00</p>
    </dd>
  </dl>
  <dl>
    <dt> <img src="images/z3.jpg" alt="">
      <div class="mr-shad">
        <div class="mr-guanzhu"><a href="#">关注</a></div>
        <div class="mr-goumai"><a href="#">购买</a></div>
      </div>
    </dt>
    <dd>
      <p class="mr-txt"><a href="#">华为荣耀5s，正品保障</a></p>
      <p class="mr-price"><span>¥</span>1700.00</p>
    </dd>
  </dl>
  <dl>
    <dt> <img src="images/z2.jpg" alt="">
      <div class="mr-shad">
        <div class="mr-guanzhu"><a href="#">关注</a></div>
        <div class="mr-goumai"><a href="#">购买</a></div>
      </div>
    </dt>
    <dd>
      <p class="mr-txt"><a href="#">华为荣耀5s，正品保障</a></p>
      <p class="mr-price"><span>¥</span>1700.00</p>
    </dd>
```

```
          </dl>
        </div>
      </li>
      ...<!-- 此处省略第二行手机图片内容的布局-->
    </ul>
  </div>
</div>
```

 说明　此处省略了除了伪类选择器以外其他选择器的代码，详见光盘/MR/上机指导/第 8 章部分。

（2）新建一个 CSS 文件，通过外部样式引入 HTML 文件，通过伪类选择器及元素选择器的使用，为页面的导航条部分、手机图片以及文字添加鼠标滑过效果，关键代码如下：

```
.mr-shad a:hover {              /*通过伪类选择器设置文字颜色*/
color: #cc0000;                 /*鼠标滑过时改变字体颜色*/
}
.mr-content a:hover {           /*通过伪类选择器设置文字颜色*/
color: #D01;
}

li:hover {                      /*通过伪类选择器设置各列表项的样式*/
background: #D01;               /*鼠标滑过时改变背景颜色*/
display: block;                 /*鼠标滑过时显示*/
}
.mr-hov1:hover .mr-pic1 {       /*通过伪类选择器设置划过导航"华为精品"时的样式*/
display: block;                 /*鼠标滑过时显示*/
}
.mr-hov2:hover .mr-pic2 {       /*通过伪类选择器设置划过导航"新品上市"时的样式*/
display: block;                 /*鼠标滑过时显示*/
}
.mr-hov3:hover .mr-pic3 {       /*通过伪类选择器设置划过导航"mate专场"时的样式*/
display: block;                 /*鼠标滑过时显示*/
}
```

习 题

8-1　CSS 中的常用选择器有哪几类？

8-2　简单描述属性选择器的作用。

8-3　什么是通用兄弟元素选择器？

8-4　常用的伪类选择器有哪几种？

第9章

CSS3常用属性

本章要点：

- 使用text-shadow属性给文字添加阴影
- 文本相关的属性应用
- 如何使用定位
- 使用浮动的控制页面布局

■ 本章将会详细介绍 CSS3 中字体和文本的相关属性，这些属性是 HTML 网页上使用最多的属性，我们经常需要控制 HTML 网页上的字体颜色、字体大小、字体粗细等，这些字体外观都是通过字体相关属性控制的。除此之外，文本的对齐方式、文本的换行风格等都是通过文本相关属性来控制的。本章将对 CSS3 中字体、文本以及定位和布局相关属性进行讲解。

9.1 文本相关属性

文本相关属性用于控制整个段或整个<div…/>元素的显示效果，包括文字的缩进、段落内文字的对齐等显示方式。本节将对常用的几种文本属性进行介绍。

9.1.1 字体

CSS 中的字体属性主要包括字体综合设置、字体大小、字体风格、字体加粗、字体英文大小写转换等。下面将详细地为读者进行介绍。

字体

文字是网页设计最基础的部分，一个标准的文字页面可以起到传达信息的作用。对文字的格式化，通常可以使用以下两种方式：

- ❑ 直接使用标签<h1>（标题 1）将一行文本设置为标题 1 格式，或是使用<b>（粗体标签）将选中的文本字符设置为加粗格式。
- ❑ 使用 CSS，即层叠样式表。CSS 是一种对文本进行格式化操作的高级技术，它从一个较高的级别上对文本进行控制。其特点是可以对文本的格式进行精确控制，而且可以在文档中实现格式的自动更新。利用 CSS，可以对现有的标签格式进行重新定义，也可以自行将某些格式组合定义为新的样式，甚至可以将格式信息定义于文档之外。

1. 字体设置

在 HTML 语言中，文字的字体是通过<font face="字体名称">来设置的，而在 CSS 中字体是通过 font-family 属性进行控制的。例如：

```
<style>
p{
font-family: SimSun, Microsoft YaHei;
}
</style>
```

以上语句声明了 HTML 页面中 p 标记的字体名称，同时声明了两个字体名称，分别是 SimSun（宋体）和 Microsoft YaHei（微软雅黑）。声明的字体名称的含义是告诉浏览器，首先在访问者的计算机中寻找 SimSun 字体，若没有 SimSun 字体，则寻找 Microsoft YaHei 字体，如果两种字体都没有，则使用浏览器的默认字体显示。font-family 属性可以同时声明多种字体，字体之间用逗号分隔。

说明

不要输入中文（全角）的双引号，而要使用英文（半角）的双引号。

2. 设置文字大小

在网页中通过文字的大小来突出主题是很常用的方法，CSS 通过 font-size 属性来控制文字大小，该属性的值可以使用很多种长度单位。

（1）长度单位 px

px 是一个长度单位，表示在浏览器上 1 个像素的大小。因为不同访问者的显示器的分辨率不同，而且每个像素的实际大小也不同，所以 px 被称为相对单位，也就是相对于 1 个像素的比例。在 CSS 中，除了可以使用 px 作为长度单位，还可以使用以下 5 种单位设置大小（包括文字、div 的高度和宽度等），这 5 种单位都被称为绝对长度单位，它们不会随显示器的变化而变化。绝对单位及其含义如表 9.1 所示。

表 9-1 绝对单位及其含义

长度单位	说明
in	inch，英寸
cm	centimeter，厘米
mm	millimeter，毫米
pt	point，印刷的点数，在一般的显示器中 1pt 相当于 1/72inch（英寸）
pc	pica，1pc=12pt

（2）长度单位 em 和 ex

此外还有两个比较特殊的长度单位：em 和 ex。它们和 px 类似，也是相对长度单位。1em 表示的是其父元素中字母 m 的标准宽度，1ex 则表示字母 x 的标准高度。当父元素的文字大小变化时，使用这两个单位的子元素的大小会同比例变化。

在文字排版时，有时会要求第一个字母比其他字母大很多，并下沉显示，就可以使用这个单位。例如，对 <p> 标签设置 firstLetter 样式，然后编写 CSS 样式代码，代码如下：

```
.firstLetter{
    font-size:3em;
    float:left;
}
```

此时，首字母就变为标准大小的 3 倍，并且因为设置了向左浮动而实现下沉显示。

3. 设置文字颜色

在 HTML 页面中，颜色统一采用 RGB 格式，也就是通常人们所说的"红绿蓝"三原色模式。每种颜色都由这 3 种颜色的不同比重组成，分为 0~255 档。当红绿蓝 3 个分量都设置为 255 时就是白色，例如，rgb(100%,100%,100%) 和 #FFFFFF 都指白色，其中"#FFFFFF"为十六进制的表示方法，前两位为红色分量，中间两位是绿色分量，最后两位是蓝色分量。"FF"即为十进制中的 255。

文字的各种颜色配合其他页面元素组成了整个五彩缤纷的页面。在 CSS 中文字颜色是通过 color 属性设置的。例如：

```
h3{color:blue;}
h3{color:#0000ff;}
h3{color:#00f;}
h3{color:rgb(0,0,255);}
h3{color:rgb(0%,0%,100%);}
```

第 1 种方式使用颜色的英文名称作为属性值。

第 2 种方式是最常用的十六进数值表示。

第 3 种方式是第 2 种方式的简写方式，形如#aabbcc 的颜色值，就可以简写#abc。

第 4 种方式是分别给出红绿蓝 3 个颜色分量的十进制数值。

第 5 种方式是分别给出红绿蓝 3 个颜色分量的百分比。

 如果读者对颜色的表示方法还不熟悉，或者希望了解各种颜色的具体名称，建议在互联网上继续检索相关信息。

4. 设置文字的水平对齐方式

在 CSS 中，文字的水平对齐是通过属性 text-align 来控制的，text-align 的值可以设置为左、中、右和两端对齐等。控制段落文字的对齐方式就像在 Word 中一样方便。例如，下面的代码将使 h1 标题的文字居中对齐。

```
h1{text-align:center}
```

要想左对齐或者右对齐，只需将 text-align 属性设置为 left 或 right；如果要设置两端对齐，就将 text-align
属性设置为 jusify。

5. 段首缩进设置

在 CSS 中，段首缩进是通过 text-indent 属性设置的，直接将缩进距离作为数值即可。对于中文的网页，
将缩进距离设置为 "2em" 即可。代码如下：

```
p{text-indent:2em}
```

【例 9-1】 制作商城的商品抢购页面，效果如图 9-1 所示。

图 9-1　商品抢购页面

新建一个 HTML 文件，在该文件中，通过设置字体的大小、颜色字体风格等实现商品抢购页面，代
码如下：

```
.mr-img {    /*图片样式*/
    width: 329px;
    float: left;
    margin-left: 42px;
    margin: 42px;
}
.mr-font1 {
    width: 585px;
    font-size: 60px;
    font-weight: bolder;    /*字体粗细*/
    margin-left: 65px;      /*外边距*/
    text-align: center;     /*文字对齐方式*/
}
.mr-font1 span {
    margin-left: 15px;
```

```
        font-size: 55px;    /*字体大小*/
}
.mr-font2 {
        float: left;
        margin-left: 221px;
        font-size: 41px;
        margin-top: -64px;
}
.mr-font3 {
        float: left;
        margin-left: 234px;
        font-size: 16px;
        margin-top: -34px;
        color: #A00501;
        font-weight: 600;
}
.mr-font4 {
        float: left;
        margin-left: 170px;
        font-size: 54px;
        margin-top: 20px;
        color: #A00501;
        font-weight: lighter;
}
.mr-font4 span font {
        font-size: 12px;
}
.mr-font4 span {
        margin-left: 30px;
}
.mr-buy {                           /*购买图标的样式*/
        margin-top: 134px;
        margin-left: -253px;
        height: 44px;
        width: 221px;
        background: #A00501;            /*背景色*/
        text-align: center;
        line-height: 44px;
        color: #fff;
}

<div class="mr-box">
   <div class="mr-img"><img src="images/1.jpg"></div>
   <p class="mr-font1">HUAWEI<span>Mate</span><span>9</span><span>Pro</span></p>
   <p class="mr-font2">进步，再进一步</p>
   <p class="mr-font3">每周一、周三、五10:08限量抢购</p>
   <p class="mr-font4"><span><font>￥</font>4699</span><span><font>￥</font>5299</span></p>
   <p class="mr-buy">立即购买</p>
</div>
```

> **说明** 在上面的代码中，为了控制页面布局和字体的样式，应用了 CSS 样式，应用的 CSS 样式表文件的具体代码请参见本书配套资源\源码\第 9 章\9-1\css\mr-style.css。

9.1.2 文本

1. 文本自动换行

当 HTML 元素不足以显示它里面的所有文本时，浏览器会自动换行以显示它里面的所有文本。浏览器默认换行规则是：对于西方文字来说，浏览器只会在半角空格、连字符的地方进行换行，不会在单词中间换行；对于中文来说，浏览器可以在任何一个中文字符后换行。

有时，用户希望浏览器可以在西方文字的单词中间换行，此时可借助 word-break 属性。如果把 word-break 属性设为 break-all，即可让浏览器在单词中间换行。

> **【例 9-2 】** 本实例演示 word-break 属性的功能，效果如图 9-2 所示。

图 9-2 在单词中换行

新建一个 HTML 文件，添加两个<div>标签，内容如图 9-2 所示，并且为两个<div>标签分别设置不同的 word-break 属性值，代码如下：

```
<style>
div{
width:192px;
height:50px;
border:1px solid red;
}
</style>
<body>
<!-- 不允许在单词中换行 -->
word-break:keep-all <div style="word-break:keep-all">
```

Behind every successful man there is a lot unsuccessful yeas. </div>

<!-- 指定允许在单词中换行 -->

word-break:break-all <div style="word-break:break-all">

Behind every successful man there is a lot unsuccessful yeas. </div>

</body>

 说明 到目前为止，Firefox 和 Opera 两个浏览器都不支持 word-break 属性，而 Internett Explorer、Safari、Chrome 都支持该属性。

2. 长单词和 URL 地址换行

对于西方文字来说，浏览器在半角空格或连字符的地方进行换行。因此，浏览器不能给较长的单词自动换行。当浏览器窗口比较窄时，文字会超出浏览器的窗口，浏览器下部出现滚动条，让用户通过拖动滚动条的方法来查看没有在当前窗口显示的文字。

但是，这种比较长的单词出现的机会不是很大，而大多数超出当前浏览器窗口的情况是出现显示比较长的 URL 地址。因为在 URL 地址中没有半角空格，所以如果 URL 地址中没有连字符，浏览器在显示时会将其视为一个比较长的单词。

在 CSS3 中，使用 word-wrap 属性来实现长单词与 URL 地址的自动换行。该属性可以使用的属性值为 normal 与 break-word。使用 normal 属性值时浏览器保持默认处理，只在半角空格或连字符的地方进行换行；使用 break-word 属性值时浏览器可在长单词或 URL 地址内部进行换行。

例如，在页面中添加两个<div>标签，并设置不同的 word-wrap 属性值，代码如下：

```
<!DOCTYPE html>
<html>
<head>
    <meta http-equiv="Content-Type" content="text/html; charset=GBK" />
    <title>文本相关属性设置</title>
    <style type="text/css">
    /* 为div元素增加边框 */
    div{
     border:1px solid #000000;
     height: 55px;
     width:140px;
    }
    </style>
</head>
<body>
<!-- 允许在长单词、URL地址中间换行 -->
word-wrap:normal <div style="word-wrap:normal;">
Our domain is http://www.mingribook.com</div>
<!-- 允许在长单词、URL地址中间换行 -->
word-wrap:break-word <div style="word-wrap:break-word;">
Our domain is http://www.mingribook.com</div>
</body>
</html>
```

在浏览器中浏览该页面，可以看到图 9-3 所示的效果。

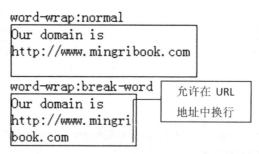

图 9-3　在 URL 地址中换行

需要指出的是，word-break 与 word-wrap 属性的作用并不相同，它们的区别如下：

（1）word-break：将该属性设为 break-all，可以让组件内每一行文本的最后一个单词自动换行。

（2）word-wrap：该属性会尽量让长单词、URL 地址不换行。即使将该属性设为 break-word，浏览器也会尽量让长单词、URL 地址单独占用一行，只有当一行文本不足以显示这个长单词、URL 地址时，浏览器才会在长单词、URL 地址的中间换行。

9.1.3　设置超链接样式

能够设置超链接样式的 CSS 属性有很多种（如 color、font-family、background 等）。超链接的特殊性在于能够根据它们所处的状态来设置它们的样式。超链接的 4 种状态如下：

设置超链接样式

- ❑ a:link：普通的、未被访问的链接。
- ❑ a:visited：用户已访问的链接。
- ❑ a:hover：鼠标指针位于链接的上方。
- ❑ a:active：链接被单击的时刻。

CSS 为超链接的 4 种状态提供了对应的伪类选择器，用于为超链接的不同状态设置不同的样式。下面通过一个具体的实例介绍如何设置超链接样式。

【例 9-3】　实现为商品描述信息设置链接样式，效果如图 9-4 所示。

图 9-4　设置超链接样式

（1）添加商品描述信息，通过<a>标签将其设置为超链接，代码如下：

```
</head>
<body>
<div class="mr-box">
  <ul>
    <li> <img src="images/1.jpg"> <a href="#">Huawei/华为 Mate 9 6+128GB 麒麟960芯片 徕卡双镜头</a> <a
href="#"style="font-size:12px;">三际数码官方旗舰店  等更多商家</a> </li>
  </ul>
  <!—此处代码与上面相似，省略-->
</div>
```

（2）编写 CSS 代码，设置超链接的样式，代码如下：

```
li a:link {
        color: #E00A0D;
}        /* 未访问链接*/
li a:visited {
        color: #551A99;
} /* 已访问链接 */
li a:hover {
        color: #fff;
} /* 鼠标移动到链接上 */
li a:active {
        color: #10D0B5;
} /* 鼠标单击时 */
li a:link {
        text-decoration: none;
}
li a:visited {
        text-decoration: none;
}
li a:active {
        text-decoration: underline;
}
li a:link {
        background-color: #B2FF99;
}
</style>
```

说明 在上面的代码中，为了控制页面布局和标签样式，应用了 CSS 样式，应用的 CSS 样式表文件的具体代码请参见本书配套资源\源码\第 9 章\9-3\css\mr-style.css。

9.2 背景相关属性

　　使用 CSS 控制网页背景可以使网页的视觉效果更加丰富多彩，但是使用的背景图像和背景颜色一定要与网页中的内容相匹配。另外，背景图像和背景颜色还要能够传达网页的主体信息，并起到画龙点睛的作用。

9.2.1 背景常规属性

背景属性是给网页添加背景色或者背景图所用的 CSS 样式 它的能力远远超于 html 之上。其语法如下：

```
background-color: color|transparent
```

通常，我们给网页添加背景主要运用到以下几个属性：

- ❑ color：设置背景的颜色。它可以采用英文单词、十六进制、RGB、HSL、HSLA 和 RGBA。
- ❑ transparent：表示透明。
- ❑ background-image: none|url（url）。
- ❑ none：无图片背景。
- ❑ url(url)：使用绝对或相对地址指定背景图像。不仅可以输入本地图像文件的路径和文件名称，也可以用 URL 的形式输入其他网站位置的图像名称。

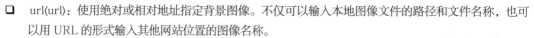

背景常规属性

页面中可以用 JPG 或者 GIF 图片作为背景图，这与向网页中插入图片不同，背景图像放在网页的最底层，文字和图片等都位于其上。

例如，使用 background-image 属性设置页面背景图像为 bg.gif 图片，代码如下：

```
body{background-image:url(bg.gif)}
background-repeat: inherit|no-repeat|repeat|repeat-x|repeat-y
```

参数说明：

- ❑ inherit：从父元素继承 background-repeat 属性的设置。
- ❑ no-repeat：背景图像只显示一次，不重复。
- ❑ repeat：在水平和垂直方向上重复显示背景图像
- ❑ repeat-x：只沿 x 轴水平方向重复显示背景图像。
- ❑ repeat-y：只 y 沿轴垂直方向重复显示背景图像。

```
background-attachment:scroll|fixed
```

- ❑ scroll：当页面滚动时，背景图像跟着页面一起滚动。
- ❑ fixed：将背景图像固定在页面的可见区域。

```
background-position: length|percentage|top|center|bottom|left|right
```

- ❑ 在 CSS 样式中，background-position 属性包含 7 个属性值，分别为 length（设置背景图像与页面边距水平和垂直方向的距离，单位为 cm、mm、px 等）、percentage（根据页面元素框的宽度和高度的百分比放置背景图像）、top（设置背景图像顶部居中显示）、center（设置背景图像居中显示）、bottom（设置背景图像底部居中显示）、left（设置背景图像左部居中显示）和 right（设置背景图像右部居中显示）。

【例 9-4 】 在 51 购商城的登录页面，为登录界面设置一张背景图片，效果如图 9-5 所示。

在登录界面，为<body>标签设置一张背景图片，代码如下：

```
.bg{
    width: 100%;
    height:465px;
    margin:0 auto;
    background-image: url("../images/1.jpg");
    background-position: 30% top;
    background-repeat: no-repeat;
    background-attachment: fixed;
```

```
        background-color: #fd7a72;
        border:2px solid red;
    }
```

图 9-5　为登录界面设置背景图片

 说明

在上面的代码中，为了控制页面内容的样式，应用了 CSS 样式，应用的 CSS 样式表文件的具体代码请参见光盘\MR\源码\第 9 章\9-5\css\mr-style.css。登录框部分知识点请参见第 4 章\4.3 节内容。

9.2.2　CSS3 新特性

CSS3 追加了一些与背景相关的属性，如表 9-2 所示。

CSS3 新特性

表 9-2　CSS3 追加了一些与背景相关的属性

属性	说明
background-clip	指定背景的显示范围
background-origin	指定绘制背景图像的起点
background-size	指定背景中图像的尺寸

Firefox 浏览器支持除了 background-size 属性之外的其他三个属性，在书写样式代码时需要在属性前面加上 "-moz-" 文字。但是在使用 background-break 属性时，在样式代码中不书写 "-moz-background-break"，而书写 "-moz-background-inline-policy"。

1. 指定背景的显示范围——background-clip

在 HTML 页面中，一个具有背景的元素通常由元素的内容(content)、内边距（padding）、边框（border）和外边框（margin）构成。它们的结构示意如图 9-6 所示。

元素背景的显示范围在 CSS 2 与 CSS 2.1、CSS 3 中并不相同。在 CSS 2 中，背景的显示范围是指内边距之内的范围，不包括边框；而在 CSS 2.1 乃至 CSS3 中，背景的显示范围是指包括边框的范围。在 CSS3 中，可以使用 background-clip 来指定背景的覆盖范围。如果将 background-clip 的属性值设定为 border-box，则背景的覆盖范围包括边框区域；如果设定为 padding-box，则不包括边框区域。

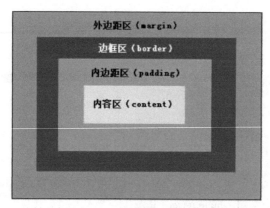

图 9-6　一个具有背景的元素结构示意图

background-clip 属性的语法格式如下：

```
background-clip: border-box | padding-box | content-box | text
```

参数说明：

- □　border-box：从 border 区域（不含 border）开始向外裁剪背景。
- □　padding-box：从 padding 区域（不含 padding）开始向外裁剪背景。
- □　content-box：从 content 区域开始向外裁剪背景。
- □　text：从前景内容的形状（比如文字）作为裁剪区域向外裁剪。使用该属性值可以实现使用背景作为填充色之类的遮罩效果。

【例 9-5】演示 background-clip 属性值间的区别，效果如图 9-7 所示。

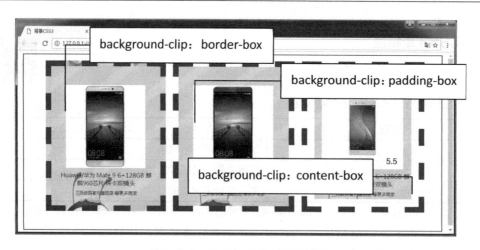

图 9-7　background-clip 的属性示例

创建 3 个<li>标签，并且为这 3 个<li>标签设置不同的 background-clip 属性，代码如下：

```
<div class="mr-box">
    <ul>
        <li class="mr-li1"> <img src="images/1.jpg"> <a href="#">Huawei/华为  Mate 9 6+128GB 麒麟960芯片  徕卡双镜头</a> <a href="#"style="font-size:12px;">三际数码官方旗舰店   等更多商家</a> </li>
    </ul>
<!--此处代码与上面相似，省略部分-->
</div>
```

在上面的代码中，为了控制页面内容的样式，应用了 CSS 样式，应用的 CSS 样式表文件的具体代码请参见光盘\MR\源码\第 9 章\9-5\css\mr-style.css。

2. 指定背景图像的起点——background-origin

在 CSS3 之前，背景图像的起点是从边框以内开始的，而 CSS 3 提供了 background-origin 属性，用于指定图像的起始点，也就是从哪里开始显示背景图像。

background-origin 属性的语法格式如下：

```
background-origin: border-box | padding-box | content-box
```

参数说明：

❑ border-box：从 border 区域（含 border）开始显示背景图像。

❑ padding-box：从 padding 区域（含 padding）开始显示背景图像。

❑ content-box：从 content 区域开始显示背景图像。

例如， 定义 3 个<div>标签，并且为这 3 个<div>标签设置不同的 background-origin 属性，代码如下：

```
<style>
div {
        background-image: url(9.jpg);              /*设置背景图像*/
        background-repeat: no-repeat;              /*背景图像不重复*/
        width: 250px;
        height: 120px;
        border: 8px dashed #333;                   /*设置虚线边框*/
        margin: 10px;                              /*设置外边距*/
        padding: 8px;                              /*设置内边距*/
}
.b1 {
        background-origin: border-box;             /*从border区域（不含border）开始向外裁剪背景*/
}
.b2 {
        background-origin: padding-box;            /*从padding区域（不含padding）开始向外裁剪背景*/
}
.b3 {
        background-origin: content-box;            /*从content区域开始向外裁剪背景*/
}
</style>
```

本实例的运行结果如图 9-8 所示。

3. 指定背景图像的尺寸——background-size

在 CSS 3 之前，设置的背景图像都是以原始尺寸显示的。不过，CSS 3 提供了用于指定背景图像的 background-size 属性。background-size 属性的语法格式如下：

```
background-size：[ <length> | <percentage> | auto ] | cover | contain
```

参数说明：

❑ <length>：由浮点数字和单位标识符组成的长度值，不可为负值。该参数可以设置一个值，也可以设置两个值。如果只设置一个值，那么为宽度值，图像将进行等比例缩放，否则分别为宽度值和高度值。

❑ <percentage>：取值为 0%～100%的值，不可为负值。该参数可以设置一个值，也可以设置两个值，如果只设置一个值，那么为宽度的百分比，图像将进行等比例缩放，否则分别为宽度的百分比和高度的百分比。

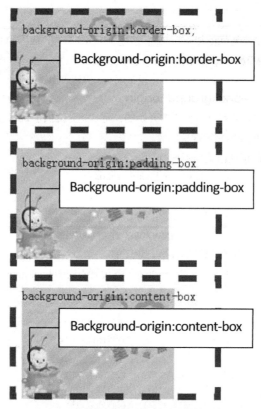

图 9-8　background-origin 的属性实例

- ❏　auto：背景图像的原始尺寸。
- ❏　cover：将背景图像等比缩放到完全覆盖容器，背景图像有可能超出容器。
- ❏　contain：将背景图像等比缩放到宽度或高度与容器的宽度或高度相等，背景图像始终包含在容器内。

例如，定义 3 个<div>标签，并且为这 3 个<div>标签设置不同的 background-size 属性，代码如下：

```css
<style>
div {
        background-image: url(9.jpg);            /*设置背景图像*/
        background-repeat: no-repeat;            /*背景图像不重复*/
        width: 250px;
        height: 120px;
        border: 8px dashed #333;                 /*设置虚线边框*/
        margin: 10px;                            /*设置外边距*/
        padding: 8px;                            /*设置内边距*/
}
.b1 {
        background-size: cover;                  /*将背景图像等比缩放到完全覆盖容器*/
}
.b2 {
        background-size: contain;                /*将背景图像等比缩放到宽度或高度与容器的宽度或高度相等*/
}
.b3 {
        background-size: 50%;                    /*将背景图像等比例缩放到容器宽度的50 %*/
```

```
}
</style>
```

本实例的运行结果如图 9-9 所示。

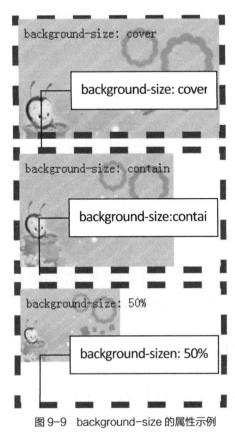

图 9-9 background-size 的属性示例

4. 多背景图片

在 CSS3 之前，一个容器只能设置一个背景图片，如果重复设置，那么后设置的背景图片将覆盖以前的背景。不过，CSS3 新增了允许同时指定多个背景图片的功能。

实际上，CSS3 并没有为实现多背景图片提供对应的属性，而是通过为 background-image、background-repeat、background-position 和 background-size 等属性提供多个属性值（各个属性值之间以英文逗号分隔）来实现。

例如，为页面中的<div>标签设置 3 张背景图片，其中一张为水平方向重复，两张不重复，并且显示其不同的显示位置，代码如下：

```
<style>
div{
    width:800px;                                                    /*设置宽度*/
    height:470px;                                                   /*设置高度*/
    background-image:url(android.png),url(mouse.png),url(background00.jpg);   /*设置背景图片*/
    background-repeat:repeat-x,no-repeat,no-repeat;                 /*设置重复方式*/
    background-position:top,center,left top;                        /*设置显示位置*/
}
</style>
<div></div>
```

本实例的运行结果如图 9-10 所示。

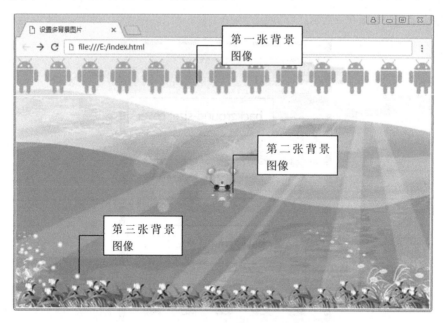

图 9-10　background-size 的属性实例

9.3　列表相关属性

HTML 语言提供了列表标记，通过列表标记可以将文字或其他 HTML 元素以列表的形式依次排列。为了更好地控制列表的样式，CSS 提供了一些属性，通过这些属性可以设置列表的项目符号种类、图片以及排列位置等。列表属性有很多种，在表 9-3 中只列出一些常用的列表属性。

列表相关属性

表 9-3　常用的列表属性（list）

字体标签	描述
list-style	简写属性。把所有用于列表的属性设置于一个声明中
list-style-image	将图像设置为列表项标志
list-style-position	将列表中列表项标志的位置
list-style-type	设置列表项标志的类型

下面通过一个具体的实例介绍列表属性的实际应用方法。

【例 9-6】 在商城的首页，运用无序列表<ul>标签制作导航栏，效果如图 9-11 所示。

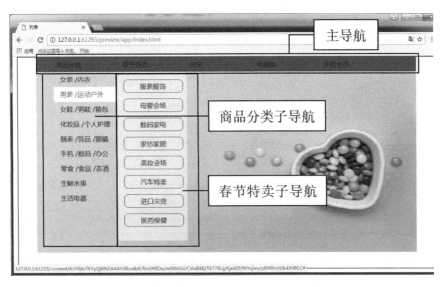

图 9-11　有序列表和无序列表的综合运用

　　页面运用了无序列表和有序列表，整个页面分为三部分：主导航、商品分类子导航、春节特卖子导航。具体操作步骤如下：

　　（1）新建一个 HTML 写出主导航的无序列表，代码如下：

```html
<div class="mr-nav">
    <ul>
        <li><a href="#">商品分类</a></li>
        <li class="mr-hover"><a href="#">春节特卖</a></li>
        <li><a href="#">会员</a></li>
        <li><a href="#">电器城</a></li>
        <li><a href="#">天猫会员</a></li>
    </ul>
</div>
```

　　（2）主导航代码写完后，给它添加样式，进行合理布局，控制主导航的 CSS 代码如下：

```css
.mr-nav>ul, ol {
    width: 93%;   /*宽度设为容器的93%*/
    margin: 0 auto;
}
.mr-nav {
    background: #DD2727;  /*背景颜色*/
    height: 37px;
    width: 1000px;
}
.mr-nav li {     /*导航栏的li的样式*/
    width: 176px;
    list-style: none;/*列表样式*/
    float: left;
    line-height: 37px;
}
.mr-hover:hover {   /*当鼠标移上去时导航栏变色*/
    background: rgba(255,255,255,0.1);
}
```

（3）在主导航部分为第一个<li>添加一个子元素，即商品分类部分的子导航栏，代码如下：

```
<div class="mr-item">
        <ol>
        <li><a href="#">女装 /内衣</a></li>
        <li><a href="#">男装 /运动户外</a></li>
        …    <!—此处省略了其他列表项的代码-->
        <li><a href="#">生活电器</a></li>
        </ol>
    </div>
        </ol>
    </li>
```

（4）运用 CSS 代码控制商品分类子导航栏，代码如下：

```
.mr-item li {
        width: 100%;/*设置宽度为容器的百分之百*/
}
.mr-item {
        background: #fff;/*设置背景颜色*/
}

.mr-item li a {
        font-size: 14px;
        color: #000;  /*字体颜色*/
}
.mr-item li:hover {
        background: #fff;  /*鼠标移上去时，背景色为白色*/
}
.mr-item li a:hover {
        color: #DD2727
}
```

（5）与步骤（3）类似，在主导航栏代码部分，为第二个 li 添加子元素，即春节特卖子导航，代码如下：

```
<li class="mr-hover"><a href="#">春节特卖</a>
        <ul>
        <div class="mr-shopbox">
          <ul>
          <li><a href="#">服装服饰</a></li>
          <li><a href="#">母婴会场</a></li>
          …    <!—此处省略了其他列表项的代码-->
          <li><a href="#">医药保健</a></li>
          </ul>
        </div>
        </ul>
    </li>
```

在上面的代码中，为了控制页面内容的样式，应用了 CSS 样式，应用的 CSS 样式表文件的具体代码请参见光盘\MR\源码\第 9 章\9-6\css\mr-style.css。

9.4 框模型

在进行页面设计时，经常需要为某些元素设置边框。例如，为图片、表格、<div>标签等添加边框。在 CSS3 之前，可以设置的边框特征包括边框的线宽、颜色和样式。不过 CSS3 新增加了用于设置边框图片、圆角半径、块阴影和倒影属性。下面分别进行介绍。

9.4.1 概述

框模型（Box model），也译作"盒模型"，是 CSS 非常重要的概念，也是比较抽象的概念。CSS 规定了元素框处理元素内容、内边距、边框和外边距的方式。

元素框的最内部分是实际的内容，直接包围内容的是内边距。内边距呈现了元素的背景。内边距的边缘是边框。边框以外是外边距，外边距默认是透明的，因此不会遮挡其后的任何元素。

概述

文档树中的元素都产生矩形的框（Box），这些框影响了元素内容之间的距离、元素内容的位置、背景图片的位置等。而浏览器根据视觉格式化模型（Visual formatting model）来将这些框布局成访问者看到的样子。

因此，要掌握使用 CSS 布局的技巧，就需要深入了解框模型和视觉格式化模型的原理。框模型如图 9-12 所示。

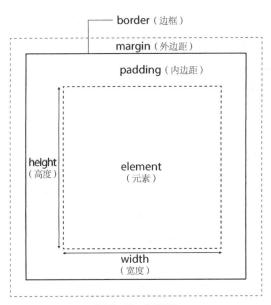

图 9-12　框模型

9.4.2 内外边距的相关属性

CSS 提供了设置对象内边距和外边距的一些属性，通过这些属性，可以设置对象与对象之间的距离，也可以设置对象与内容之间的距离。下面将分别介绍这些属性。

内外边距的相关属性

1. 设置内边距

内边距也就是对象的内容与对象边框之间的距离，它可以通过 padding 属性进行设置。该属性可指定 1~4

个属性值，各属性值以空格分隔。padding 属性的语法格式如下：

```
padding : length;
```

参数说明：

❑　length：百分比或是长度数值。百分数是基于父对象的宽度。

padding 属性可以通过以下 4 种方式设置对象的内边距。

❑　提供 4 个属性值，分别用于按照上、右、下、左的顺序依次指定内边距。

❑　只设置一个属性值，用于设置全部的内边距。

❑　提供两个属性值，第一个用于设置上、下方向内边距，第二个用于设置左、右方向的内边距。

❑　设置 3 个属性值，第一个用于设置上方的内边距，第二个用于设置左、右方向的内边距，第三个用于设置下方的内边距。

例如，应用 padding 属性设置<tb>标签的全部内边距均为 5px，代码如下：

```
<style>
td {
    padding: 5px;      /*设置单元格的内边距全部为5像素*/
}
</style>
</head>
<body>
<table width="60%" border="0" align="center" cellpadding="0" cellspacing="1" bgcolor="#3F873B">
  <tr bgcolor="#D9EE9F" align="center">
    <td width="14%">祝福对象</td>
    <td width="11%">祝福者</td>
    <td width="35%">字条内容</td>
  </tr>
  <tr bgcolor="#E8F3D1">
    <td align="center"> 琦琦</td>
    <td align="center">wgh</td>
    <td> 愿你健康、快乐的学习! </td>
  </tr>
```

</table>在 IE 浏览器的运行结果如图 9-13 所示。

祝福对象	祝福者	字条内容
琦琦	wgh	愿你健康、快乐的学习!

图 9-13　为<td>标签设置内边距

2. 设置外边距

外边距就是对象与对象之间的距离，它可以通过 margin 属性进行设置。该属性可指定 1~4 个属性值，各属性值以空格分隔。margin 属性的语法格式如下：

```
margin : auto | length;
```

参数说明：

❑　auto：表示默认的外边距。

❑　length：百分比或长度数值。

margin 属性可以通过以下几种方式设置对象的外边距：

❑　提供 4 个属性值，分别用于按照上、右、下、左的顺序依次指定外边距。

❑　只设置一个属性值，用于设置全部的外边距。

❑ 提供两个属性值，第一个用于设置上、下方向外边距，第二个用于设置左、右方向的外边距。

❑ 设置 3 个属性值，第一个用于设置上方的外边距，第二个用于设置左、右方向的外边距，第三个用于设置下方的外边距。

【例 9-7】 在商品详情页面，应用 padding 属性和 margin 属性设置<li>标签的内外边距，效果如图 9-14 所示。

图 9-14 为<li>标签设置内外边距

通过设置不同的 margin 值和 padding 值，页面呈现图 9-17 的效果，部分代码如下：

```
<style>
.mr-shop-box li {
    list-style: none;
    float: left;
    width: 230px;
    height: 230px;
    margin-left: 13px;        /*距左边外边距为13px*/
    padding: 10px 10px 10px 18px;    /*内边距上右下为10px左边为18px*/
    border: 1px solid #F1F1F1;
}
.mr-shop-box li:hover {
    border: 1px solid #FE6717;/*边框相关属性*/
}
</style>
<div class="mr-shop-box">
<ul>
  <li><a href="#"><img src="images/1.jpg"></a></li>
  <li><a href="#"><img src="images/2.jpg"></a></li>
  <li><a href="#"><img src="images/3.jpg"></a></li>
  <li><a href="#"><img src="images/4.jpg"></a></li>
</ul>
<div>
```

说明 在上面的代码中，为了控制页面内容的样式，应用了 CSS 样式，应用的 CSS 样式表文件的具体代码请参见本书配套资源\源码\第 9 章\9-7\css\mr-style.css。

说明
　CSS 样式还提供了 margin-top、margin-right、margin-bottom 和 margin-left 4 个属性，用于单独指定某一个方向的外边距。

9.4.3　边框

边框

　　设置边框的颜色需要使用 border-color 属性来实现。可以将 4 条边设置为相同的颜色，也可以设置为不同的颜色。border-color 属性的语法格式如下：

```
border-color:属性值;
```

　　该属性的属性值为颜色名称或是表示颜色的 RGB 值。建议使用#rrrggbb、#rgb、rgb()等表示的 RGB 值。例如，红色可以用 red 表示，也可以用#FF0000、#f00 或 rgb(255,0,0)表示。

　　border-color 属性可以通过以下 4 种方式设置边框的颜色。

- ❑　提供 4 个属性值，分别用于按照上、右、下、左的顺序设置 4 条边的颜色。
- ❑　只设置一个属性值，用于设置全部 4 条边的颜色。
- ❑　提供两个属性值，第一个用于设置上面和下面两条边的颜色，第二个用于设置左边和右边两条边的颜色。
- ❑　设置 3 个属性值，第一个用于设置上面边框的颜色，第二个用于设置左边和右边两条边的颜色，第三个用于设置下面边框的颜色。

 说明
　border-color 属性只有在设置了 border-style 属性，但不能将 border-style 属性值设置为 none，并且不能将 border-width 属性值设置为 0 像素时下才有效，否则不显示边框。

　　例如，通过 4 种不同的方式为<div>标签设置边框颜色，代码如下：

```
<style type="text/css">
div {
    border: solid 3px;              /*设置边框的宽度为3像素的直线*/
    width: 34px;                    /*设置<div>的宽度*/
    height: 34px;                   /*设置<div>的高度*/
    float: left;                    /*设置浮动在左侧*/
    margin: 6px;                    /*设置外边距*/
}
#a {
    border-color: #00FF00;   /*设置全部边框都为绿色*/
}
#b { /*设置上边框为黑色、右边框为红色、下边框为绿色、左边框为黄色*/
    border-color: #000000 #FF2200 #00FF00 #FFFF00;
}
#c {
    border-color: #00FF00 #FF0000;       /*设置上、下边框为绿色，左右边框为红色*/
}
#d {
    border-color: #000000 #FF2200 #FFFF00;/*设置上边框为黑色，左右边框为红色，下边框为黄色*/
}
```

```
</style>
</head>
<body>
<div id="a"></div>
<div id="b"></div>
<div id="c"></div>
<div id="d"></div>
</body>
```

运行本实例，在谷歌浏览器中将显示图 9-15 所示的运行结果。

图 9-15　设置不同的边框颜色

 说明　CSS 样式还提供了 border-top-color 、 border-right-color 、 border-bottom-color 和 border-left-color 四个属性用于单独指定某一个边框的颜色。

9.5　定位相关属性

CSS 提供了一些用于设置对象位置的属性。通过这些属性可指定对象的定位方式、层叠顺序，以及与其父对象顶部、底部、左侧和右侧的距离。下面将分别介绍这些属性。

9.5.1　概述

在一个文本中，任何一个元素都被文本限制了自身的位置。但是通过 CSS 可以使得这些元素改变自己的位置。CSS 定位简单来说就是利用 position 属性，使元素出现在用户定义的位置上。

定位的基本思想很简单，用户可以将元素框定义在其应该出现的位置，或者相对于其他元素，甚至用户想让它其出现的位置。

显然，这个功能非常强大，用户对 CSS2 中定位的支持远胜于对其它方面的支持，对此不应感到奇怪。

CSS 为定位提供了一些属性，利用这些属性，可以建立列式布局。将布局的一部分与另一部分重叠，还可以完成多年来通常需要使用多个表格才能完成的任务。

概述

9.5.2　设置定位方式

CSS 提供了用于设置定位方式的属性——position。position 属性的语法格式如下：

position : static / absolute / fixed / relative;

参数说明：

❑　static：无特殊定位，对象遵循 HTML 定位规则。使用该属性值时，top、right、bottom 和 left 等属性设置无效。

设置定位方式

❑ absolute：绝对定位，使用 top、right、bottom 和 left 等属性指定绝对位置。使用该属性值可以让对象漂浮于页面之上。

❑ fixed：绝对定位，且对象位置固定，不随滚动条移动而改变位置。Firefox 浏览器支持该属性值。

❑ relative：相对定位，遵循 HTML 定位规则，并由 top、right、bottom 和 left 等属性决定位置。

> **说明** 在上面的代码中，为了控制页面内容的样式，应用了 CSS 样式，应用的 CSS 样式表文件的具体代码请参见光盘\MR\源码\第 9 章\9-8\css\mr-style.css。

【例 9-8】 在商城主页，应用相对定位设置\<div\>标签的定位方式，当鼠标滑动到每个选项时，相应的内容就会呈现出来，效果如图 9-16 所示。

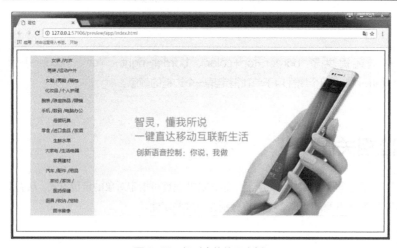

图 9-16　相对定位使用实例

在\<div\>标签上设置相对定位，并且在其父元素\<li\>标签上加相对定位，使页面呈现图 9-16 的效果，部分代码如下：

```
li {
        list-style-type: none;
        width: 202px;
        height: 31px;
        text-align: center;
        background: #ddd;
        line-height: 31px;
        font-family: "微软雅黑";
        font-size: 14px;
        position: relative;
}
.mr-shop li .mr-shop-items {    /*设置定位的<div>标签的样式*/
        width: 864px;
        height: 496px;
        background: #eee;
        position: relative;    /*为<div>设置相对定位*/
        left: 202px;
```

```
        top: 0;
        display: none;
    }
```

 说明 在上面的代码中，为了控制页面内容的样式，应用了 CSS 样式，应用的 CSS 样式表文件的具体代码请参见光盘\MR\源码\第 9 章\9-8\css\mr-style.css。

9.5.3 浮动

float 是 CSS 样式中的定位属性，用于设置标签对象（如<div>标签盒子、<span>标签、<a>标签、<em>标签等 html 标签）的浮动布局。浮动就是我们所说标签对象浮动居左靠左(float:left)和浮动居右靠右（float:right）。

浮动

【例 9-9】 在商品详情页面，为<li>标签设置向左浮动，如图 9-17 所示。

图 9-17 为<li>标签设置浮动属性

新建一个 HTML 文件，文件中使用无序列表，并为< li >标签设置浮动属性，呈现图 9-17 所示的页面，具体代码如下：

```
<style>
* {
    margin: 0;
    padding: 0;
}
.mr-shop {
    width: 1048px;
    margin: 0 auto;
    background: #f3f0f0;/*背景颜色*/
    height: 490px;
    border: 2px solid red;
}
.mr-shop-box {
    width: 1101px;
```

```
        height: 238px;
        margin: 0 auto;
        margin-left: 35px;
    }
    .mr-shop-box li {
        list-style: none;        /*列表属性*/
        float: left;             /*设置浮动方向为向左浮动*/
        width: 230px;
        height: 230px;
        margin-left: 13px;       /*距左边外边距为13px*/
    }
</style>
<body>
<div class="mr-shop">
<div class="mr-shop-box">
<ul>
  <li><a href="#"><img src="images/1.jpg"></a></li>
<!--此处代码和上面相似，省略-->
</ul>
<div> </div>
</body>
```

小 结

　　本章主要讲解了如何设置字体和文本以及页面布局等相关知识点，首先讲解了字体和文本的相关属性，接着介绍了背景图像的设置和列表的使用，并重点讲解了框模型，最后介绍了定位的相关概念，以及设置定位的几种方式。

上机指导

　　实现在商品页面通过相对定位和绝对定位的方式，将用户评论隐藏起来，当鼠标滑上去时，评论显示，效果如图 9-18 所示。

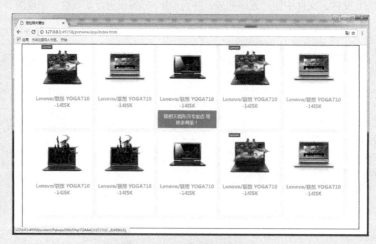

图 9-18　51 购商城商品页面

（1）新建一个 HTML 文件，写入 10 个<li>标签，在每个<li>中插入图片，代码如下：

```
<div class="mr-box">
  <div class="mr-wrap">
    <ul>
      <li> <a href="#" class="img"><img src="images/1.jpg"></a>
          <h3><a href="#">Lenovo/联想　YOGA710 -14ISK</a></h3>
          <div class="mr-eval">联想天晴东方专卖店等更多商家！</div>
      </li>
      <!—此处代码与上面相似，省略-->
    </ul>
  </div>
</div>
```

（2）在页面中为每个<li>标签设置浮动属性，使其呈现图 9-18 所示的排列方式，代码如下：

```
.mr-wrap li {
    text-align: center;    /*对齐方式*/
    float: left;
    margin: 0 15px 15px 0;/*外边距*/
    width: 220px;
    height: 300px;
    background: #fff;
    position: relative;    /*相对定位*/
    overflow: hidden;
}
```

（3）在页面中，通过在<div>的父元素<li>上设置相对定位，当我们对评论部分的<div>定位时，<div>就会相对于它的父元素定位，代码如下：

```
.mr-wrap li {
    text-align: center;
    float: left;
    margin: 0 15px 15px 0;
    width: 220px;
    height: 300px;
    background: #fff;
    position: relative;
    overflow: hidden;
}
.mr-wrap li div.mr-eval {
    background: #ff6700;
    padding: 10px 20px;
    position: absolute;
    bottom: -68px;
    left: 0px;
}
.mr-wrap li:hover .mr-eval {
    position: absolute;
    bottom: 0px;
    color: #fff;
    transition: bottom 0.3s ease;
}
```

（4）当鼠标移到<li>标签上，它就会出现阴影效果，代码如下：

```
.wrap li:hover {
```

```
        box-shadow: 0 10px 70px #ccc;
    }
```

习 题

9-1　使用 CSS 提供的一些属性为文字设置不同文字效果，并且写出一个简单的示例代码。

9-2　word-break 属性与 word-wrap 属性有什么区别？

9-3　margin 属性与 padding 属性赋值有几种形式？

9-4　使用无序列表和有序列表制作菜单有何区别？

9-5　相对定位与绝对定位有什么区别？

9-6　行内元素在设置浮动后可以设置高宽吗？为什么？

第10章

CSS3中的变形与动画

本章要点:

- transform属性的使用
- 如何选择、缩放、移动和倾斜动画
- CSS3中的变形原点
- transition属性的使用
- CSS3中的动画应用

■ CSS3 新增了一些用来实现动画效果的属性。通过这些属性,用户可以实现以前通常需要使用 JavaScript 或者 Flash 才能实现的效果。例如,对 HTML 元素进行平移、缩放、旋转、倾斜,以及添加过渡效果等,并且可以将这些变化组合成动画效果来进行展示。本章将对 CSS3 新增的这些属性进行详细介绍。

10.1 2D 变换——transform

10.1.1 transform 的基本属性值

　　CSS3 提供了 transform 和 transform-origin 两个用于实现 2D 变换的属性。其中，transform 属性用于实现平移、缩放、旋转和倾斜等 2D 变换，而 transform-origin 属性则用于设置中心点的变换。下面将分别介绍如何实现平移、缩放、旋转和倾斜等 2D 变换，以及设置中心点的变换。

　　transform 属性的属性值如表 10-1 所示。

表 10-1　transform 属性的属性值

值 / 函数	说明
none	表示无变换
translate(<length>[,<length>])	表示实现 2D 平移。第一个参数对应 x 轴，第二个参数对应 y 轴。如果第二个参数未提供，则默认值为 0
translateX(<length>)	表示在 x 轴（水平方向）上实现平移。参数 length 表示移动的距离
translateY(<length>)	表示在 y 轴（垂直方向）上实现平移。参数 length 表示移动的距离
scaleX(<number>)	表示在 x 轴上进行缩放
scaleY(<number>)	表示在 y 轴上进行缩放
scale(<number>[[,<number>]]	表示进行 2D 缩放。第一个参数对应 x 轴（水平方向），第二个参数对应 y 轴（垂直方向）。如果第二个参数未提供，则默认取第一个参数的值
skew(<angle>[,<angle>])	表示进行 2D 倾斜。第一个参数对应 x 轴，第二个参数对应 y 轴。如果第二个参数未提供，则默认值为 0
skewX(<angle>)	表示在 x 轴上进行倾斜
skewY(<angle>)	表示在 y 轴上进行倾斜
rotate(<angle>)	表示进行 2D 旋转。参数<angle>用于指定旋转的角度
matrix(<number>,<number>,<number>,<number>,<number>,<number>)	代表一个基于矩阵变换的函数。它以一个包含六个值 (a,b,c,d,e,f)的变换矩阵的形式指定一个 2D 变换，相当于直接应用一个[a b c d e f]变换矩阵。也就是基于 x 轴（水平方向）和 y 轴（垂直方向）重新定位元素，此属性值的使用涉及数学中的矩阵

　　transform 属性支持一个或多个变换函数，也就是说，通过 transform 属性可以实现平移、缩放、旋转和倾斜等组合的变换效果，例如，实现平移并旋转效果。不过在为其指定多个属性值时不使用常用的逗号"，"进行分隔，而是使用空格进行分隔。

10.1.2 应用 transform 属性实现旋转

应用 transform 属性的 rotate(<angle>)函数可以实现 2D 旋转。参数<angle>用于指定旋转的角度，其值可取正或负，正值代表顺时针旋转，负值代表逆时针旋转。在使用该函数之前，可以应用 transform-origin 属性定义变换的中心点。

应用 transform 属性实现旋转

例如，应用 transform 属性的 rotate( )函数分别实现顺时针旋转 30° 和逆时针旋转 30° ，关键代码如下：

```
#rotate{
    -moz-transform:rotate(30deg);           /*Firefox下顺时针旋转30度*/
    -webkit-transform:rotate(30deg);        /*Chrome下顺时针旋转30度*/
    -o-transform:rotate(30deg);             /*Opera下顺时针旋转30度*/
    -ms-transform:rotate(30deg);            /*IE下顺时针旋转30度*/
}
#rotate1{
    left:300px;
    -moz-transform:rotate(-30deg);          /*Firefox下逆时针旋转30度*/
    -webkit-transform:rotate(-30deg);       /*Chrome下逆时针旋转30度*/
    -o-transform:rotate(-30deg);            /*Opera下逆时针旋转30度*/
    -ms-transform:rotate(-30deg);           /*IE下逆时针旋转30度*/
}
```

为图片添加上面的动画效果后，将显示图 10-1 所示的效果，其中虚线框位置为原图位置。

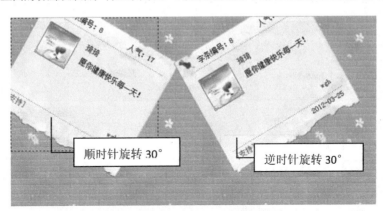

图 10-1　应用 transform 属性旋转字条图片

10.1.3 应用 transform 属性实现缩放

应用 transform 属性的 scale(<number>[,<number>])、scaleX(<number>)、scaleY(<number>)函数可以实现缩放。其中，scale(<number>[,<number>])可以实现在 x 轴和 y 轴上同时缩放，而后面的两个函数则用于单独实现在 x 轴或者在 y 轴上缩放。当使用 scale(<number>[,<number>])函数时，如果只指定一个参数，那么在 x 轴和 y 轴都缩放此参数所指定的比例。

应用 transform 属性实现缩放

实现缩放的这 3 个函数的参数值都是自然数数值（可以为正、负、小数），绝对值大于 1，代表放大；绝对值小于 1，代表缩小。当值为负数时，对象反转；当参数值为 1 时，表示不进行缩放。

当使用 scaleX(<number>)或 scaleY(<number>)函数时，实现的是非等比例缩放，也就是只能对 x 轴进行缩放或者只能对 y 轴进行缩放。

例如，应用 transform 属性的 scale( )函数实现在 x 轴和 y 轴上同时缩放不同的比例，以及应用 scaleX( )函数实现在 x 轴上缩放，关键代码如下：

```
#xy{
    -moz-transform:scale(0.7,0.8);          /*Firefox下在X轴和Y轴上进行缩放*/
    -webkit-transform:scale(0.7,0.8);       /*Chrome下在X轴和Y轴上进行缩放*/
    -o-transform:scale(0.7,0.8);            /*Opera下在X轴和Y轴上进行缩放*/
    -ms-transform:scale(0.7,0.8);           /*IE下在X轴和Y轴上进行缩放*/
}

#x{
    left:300px;
    -moz-transform:scaleX(1.2);             /*Firefox下在X轴上进行缩放*/
    -webkit-transform:scaleX(1.2);          /*Chrome下在X轴上进行缩放*/
    -o-transform:scaleX(1.2);               /*Opera下在X轴上进行缩放*/
    -ms-transform:scaleX(1.2);              /*IE下在X轴上进行缩放*/
}
```

为图片添加上面的动画效果后，将显示图 10-2 所示的效果，其中虚线框位置为原图位置。

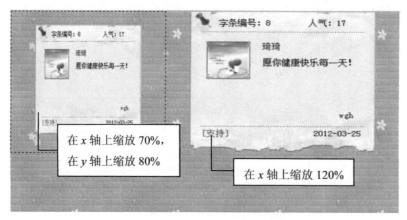

图 10-2　应用 transform 属性缩放字条图片

10.1.4　应用 transform 属性实现平移

应用 transform 属性的 translate(<length>[,<length>])、translateX(<length>)和 translateY(<length>)函数可以实现 2D 平移。其中，translate(<length>[,<length>]) 可以实现在 x 轴和 y 轴上同时平移，而后面的两个函数则用于单独实现在 x 轴或者在 y 轴上平移。如果将 translate(<length>[,<length>])中的第一个参数设置为 0，那么可以实现 translateY(<length>)函数的效果；如果将第二个参数设置为 0，那么可以实现 translateX(<length>)函数的效果。

应用 transform 属性
实现平移

实现平移的这 3 个函数的参数值都是像素值，可以是正值也可以是负值。x 轴为正值时代表向右移动，x 轴为负值时代表向左移动；y 轴为正值时代表向下移动，y 轴为负值时代表向上移动。

说
明

目前主流浏览器并未支持标准的 transform 属性，所以在实际开发中还需要添加各浏览器厂商的前缀。例如，需要为 Firefox 浏览器添加-moz-前缀；为 IE 浏览器添加-ms-前缀；为 Opera 浏览器添加-o-前缀；为 Chrome 浏览器添加-webkit-前缀。

例如，应用 transform 属性的 translate( )函数实现在 x 轴和 y 轴上同时平移，以及应用 translateX( )函数实现在 x 轴上平移，关键代码如下：

```
#xy{
    -moz-transform:translate(100px,80px);      /*Firefox下在X轴和Y轴上进行平移*/
    -webkit-transform:translate(100px,80px);   /*Chrome下在X轴和Y轴上进行平移*/
    -o-transform:translate(100px,80px);        /*Opera下在X轴和Y轴上进行平移*/
    -ms-transform:translate(100px,80px);       /*IE下在X轴和Y轴上进行平移*/
}

#x{
    -moz-transform:translateX(300px);          /*Firefox下在X轴上进行平移*/
    -webkit-transform:translateX(300px);       /*Chrome下在X轴上进行平移*/
    -o-transform:translateX(300px);            /*Opera下在X轴上进行平移*/
    -ms-transform:translateX(300px);           /*IE下在X轴上进行平移*/
}
```

为图片添加上面的动画效果后，将显示图 10-3 所示的效果，其中虚线框位置为原图位置。

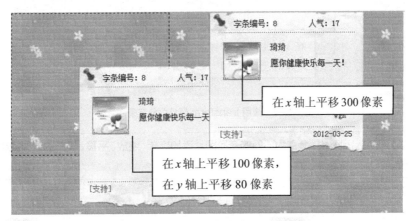

图 10-3　应用 transform 属性平移字条图片

10.1.5　应用 transform 属性实现倾斜

应用 transform 属性的 skew(<angle>[,<angle>])、skewX(<angle>)、skewY(<angle>)函数可以实现倾斜。其中，skew(<angle>[,<angle>])可以实现在 x 轴和 y 轴上同时倾斜，而后面的两个函数则用于单独实现在 x 轴或者在 y 轴上倾斜。如果将 skew(<angle>[,<angle>])中的第一个参数设置为 0，那么可以实现 skewY(<angle>)函数的效果；如果将第二个参数设置为 0，那么可以实现 skewX(<angle>)函数的效果。

实现倾斜的这 3 个函数的参数值都是度数，单位为 deg（角度），可以为正数也可以为负数。

例如，应用 transform 属性的 skew( )函数实现在 x 轴和 y 轴上同时倾斜，以及应用 skewX( )函数实现在 x

应用 transform 属性
实现倾斜

轴上倾斜，关键代码如下：

```
#xy{
        -moz-transform:skew(3deg,30deg);           /*Firefox下在X轴和Y轴上进行倾斜*/
        -webkit-transform:skew(3deg,30deg);        /*Chrome下在X轴和Y轴上进行倾斜*/
        -o-transform:skew(3deg,30deg);             /*Opera下在X轴和Y轴上进行倾斜*/
        -ms-transform:skew(3deg,30deg);            /*IE下在X轴和Y轴上进行倾斜*/
}
#x{
        left:300px;
        -moz-transform:skewX(30deg);               /*Firefox下在X轴上进行倾斜*/
        -webkit-transform:skewX(30deg);            /*Chrome下在X轴上进行倾斜*/
        -o-transform:skewX(30deg);                 /*Opera下在X轴上进行倾斜*/
        -ms-transform:skewX(30deg);                /*IE下在X轴上进行倾斜*/
}
```

为图片添加上面的动画效果后，将显示图 10-4 所示的效果，其中虚线框位置为原图位置。

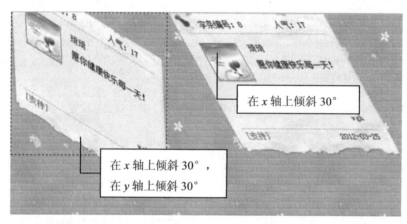

图 10-4　应用 transform 属性倾斜字条图片

【例 10-1】在商品列表中，分别为不同的商品图片添加旋转、缩放、平移、倾斜的效果,效果如图 10-5 和图 10-6 所示。

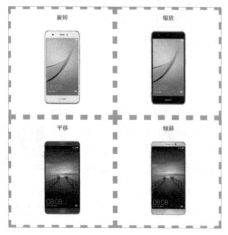

图 10-5　4 种不同的变换效果

图 10-6　旋转后的效果

（1）首先新建一个 HTML 文件，然后通过<img>标签添加 4 张要实现动画效果的图片，关键代码如下：

```
<html>
<head>
<meta charset="utf-8">
<title>鼠标划过手机旋转</title>
<link href="css/mr-style.css" rel="stylesheet" type="text/css">
</head>
<body>
<div class="mr-content">
  <div class="mr-block">
    <h2>旋转</h2>
    <img src="images/10-1.jpg" alt="img1" class="mr-img1">    <!--添加图片-->
  </div>
  <div class="mr-block">
    <h2>缩放</h2>                <!-- 添加 h2 标题文字 -->        <img src="images/10-1a.jpg" alt="img1" class="mr-img2"> </div>
  <div class="mr-block">
    <h2>平移</h2>
    <img src="images/10-1b.jpg" alt="img1" class="mr-img3"> </div>
  <div class="mr-block">
    <h2>倾斜</h2>
    <img src="images/10-1c.jpg" alt="img1" class="mr-img4"> </div>
</div>
</body>
</html>
```

（2）新建一个 CSS 文件，通过外部样式引入到 HTML 文件，通过 transform 属性的 rotate( )函数实现旋转效果，关键代码如下：

```
.mr-content .mr-block .mr-img1:hover{
    -moz-transform:rotate(30deg);        /*Firefox下顺时针旋转30度*/
    -webkit-transform:rotate(30deg);     /*Chrome下顺时针旋转30度*/
    -o-transform:rotate(30deg);          /*Opera下顺时针旋转30度*/
    -ms-transform:rotate(30deg);         /*IE下顺时针旋转30度*/
    }
```

（3）通过 transform 属性的 scale( )函数实现缩放效果，关键代码如下：

```
.mr-content .mr-block .mr-img2:hover{
    -moz-transform:scaleX(2);        /*Firefox下在X轴上进行缩放*/
    -webkit-transform:scaleX(2);     /*Chrome下在X轴上进行缩放*/
    -o-transform:scaleX(2);          /*Opera下在X轴上进行缩放*/
    -ms-transform:scaleX(2);         /*IE下在X轴上进行缩放*/
    }
```

（4）通过 transform 属性的 translate( )函数实现平移效果，关键代码如下：

```
.mr-content .mr-block .mr-img3:hover{
    -moz-transform:translateX(60px);        /*Firefox下在X轴上进行平移*/
    -webkit-transform:translateX(60px);     /*Chrome下在X轴上进行平移*/
    -o-transform:translateX(60px);          /*Opera下在X轴上进行平移*/
    -ms-transform:translateX(60px);         /*IE下在X轴上进行平移*/
    }
```

（5）通过 transform 属性的 skew( )函数实现倾斜效果，关键代码如下：

```
.mr-content .mr-block .mr-img4:hover{
```

```
    -moz-transform:skew(3deg,30deg);              /*Firefox下在X轴和Y轴上进行倾斜*/
    -webkit-transform:skew(3deg,30deg);           /*Chrome下在X轴和Y轴上进行倾斜*/
    -o-transform:skew(3deg,30deg);                /*Opera下在X轴和Y轴上进行倾斜*/
    -ms-transform:skew(3deg,30deg);               /*IE下在X轴和Y轴上进行倾斜*/
    }
```

10.1.6　变形原点

变形原点

CSS3 提供了 transform-origin 属性变换中心点。该属性可以提供两个参数值，也可以提供一个参数值。如果提供两个参数值，第一个表示横坐标，第二个表示纵坐标；如果只提供一个参数值，该值将表示横坐标；纵坐标默认为 50%。

目前主流浏览器并未支持标准的 transform-origin 属性，所以在实际开发中还需要添加各浏览器厂商的前缀。例如，需要为 Firefox 浏览器添加-moz-前缀；为 IE 浏览器添加-ms-前缀；为 Opera 浏览器添加-o-前缀；为 Chrome 浏览器添加-webkit-前缀。

transform-origin 属性的语法格式如下：

transform-origin：[<percentage> | <length> | left | center① | right] [<percentage> | <length> | top | center② | bottom]?

transform-origin 属性的属性值说明如表 10-2 所示。

表 10-2　transform-origin 属性的属性值说明

属性值	说明
<percentage>	用百分比指定坐标值，可以为负值
<length>	用长度指定坐标值，可以为负值
left	指定原点的横坐标为 left，居左
center①	指定原点的横坐标为 center，居中
right	指定原点的横坐标为 right，居右
top	指定原点的纵坐标为 top，居顶
center②	指定原点的纵坐标为 center，居中
bottom	指定原点的纵坐标为 bottom，居底

例如，更改变换的中心点为左上角，关键代码如下：

```
#rotate{
    -moz-transform-origin:bottom right;         /*Firefox下设置中心点为右下角*/
    -ms-transform-origin:top left;              /*Firefox下设置中心点为左上角*/
    -webkit-transform-origin:bottom;            /*Firefox下设置中心点为底下角*/
    -moz-transform:rotate(30deg);               /*Firefox下顺时针旋转30度*/
    -webkit-transform:rotate(30deg);            /*Chrome下顺时针旋转30度*/
    -o-transform:rotate(30deg);                 /*Opera下顺时针旋转30度*/
    -ms-transform:rotate(30deg);                /*IE下顺时针旋转30度*/
    }
```

为图片添加上面的动画效果后，将显示图 10-7 所示的效果，其中虚线框位置为原图位置。

图 10-7　变形圆点的效果

10.2　过渡效果——transition

CSS 3 提供了用于实现过渡效果的 transition 属性,该属性可以控制 HTML 元素的某个属性发生改变时所经历的时间,并且以平滑渐变的方式发生改变,从而形成动画效果。本节将对 transition 属性进行详细讲解。

10.2.1　指定参与过渡的属性

在 CSS 3 中使用 transition-property 属性可以指定参与过渡的属性,该属性的语法格式如下:

```
transition-property: all | none | <property>[ ,<property> ]*
```

参数说明:

❏　all:默认值,表示所有可以进行过渡的 CSS 属性。

❏　none:表示不指定过渡的 CSS 属性。

❏　<property>:表示指定要进行过渡的 CSS 属性。可以同时指定多个属性值,以逗号“,”进行分隔。

指定参与过渡的属性

目前主流浏览器并未支持标准的 transition-property 属性,所以在实际开发中还需要添加各浏览器厂商的前缀。例如,需要为 Firefox 浏览器添加-moz-前缀;为 IE 浏览器添加-ms-前缀;为 Opera 浏览器添加-o-前缀;为 Chrome 浏览器添加-webkit-前缀。

10.2.2　指定过渡的持续时间

在 CSS 3 中使用 transition-duration 属性可以指定过渡持续的时间。该属性的语法格式如下:

```
transition-duration: <time>[ ,<time> ]*
```

<time>用于指定过渡持续的时间,默认值为 0,如果存在多个属性值,以逗号“,”进行分隔。

指定过渡的持续时间

目前主流浏览器并未支持标准的 transition-duration 属性,所以在实际开发中还需要添加各浏览器厂商的前缀。例如,需要为 Firefox 浏览器添加-moz-前缀;为 IE 浏览器添加-ms-前缀;为 Opera 浏览器添加-o-前缀;为 Chrome 浏览器添加-webkit-前缀。

10.2.3 指定过渡的延迟时间

在 CSS 3 中使用 transition-duration 属性可以指定过渡的延迟时间，也就是延迟多长时间才开始过渡，该属性的语法格式如下：

```
transition-delay：<time>[ , <time> ]*
```

<time>用于指定延迟过渡的时间，默认值为 0，如果存在多个属性值，以逗号","进行分隔。

指定过渡的延迟时间

目前主流浏览器并未支持标准的 transition-delay 属性，所以在实际开发中还需要添加各浏览器厂商的前缀。例如，需要为 Firefox 浏览器添加-moz-前缀；为 IE 浏览器添加-ms-前缀；为 Opera 浏览器添加-o-前缀；为 Chrome 浏览器添加-webkit-前缀。

10.2.4 指定过渡的动画类型

在 CSS 3 中使用 transition-timing-function 属性可以指定过渡的动画类型。该属性的语法格式如下：

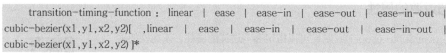

```
transition-timing-function : linear | ease | ease-in | ease-out | ease-in-out |
cubic-bezier(x1,y1,x2,y2)[ ,linear | ease | ease-in | ease-out | ease-in-out |
cubic-bezier(x1,y1,x2,y2) ]*
```

指定过渡的动画类型

transition-timing-function 属性的属性值说明如表 10-3 所示。

表 10-3 transition-timing-function 属性的属性值说明

属性值	说明
linear	线性过渡，也就是匀速过渡。等同于贝塞尔曲线(0.0, 0.0, 1.0, 1.0)
ease	平滑过渡，过渡的速度会逐渐慢下来。等同于贝塞尔曲线(0.25, 0.1, 0.25, 1.0)
ease-in	由慢到快，也就是逐渐加速。等同于贝塞尔曲线(0.42, 0, 1.0, 1.0)
ease-out	由快到慢，也就是逐渐减速。等同于贝塞尔曲线(0, 0, 0.58, 1.0)
ease-in-out	由慢到快再到慢，也就是先加速后减速。等同于贝塞尔曲线(0.42, 0, 0.58, 1.0)
cubic-bezier(x1,y1,x2,y2)	特定的贝塞尔曲线类型，如图 10-8 所示。函数中的（x1，y1）用来确定图 10-8 中的 P1 点的位置，（x2，y2）用来确定图 10-8 中的 P2 点的位置，其中，4 个参数值需在[0, 1]区间内，否则无效

目前主流浏览器并未支持标准的 transition-timing-function 属性，所以在实际开发中还需要添加各浏览器厂商的前缀。例如，需要为 Firefox 浏览器添加-moz-前缀；为 IE 浏览器添加-ms-前缀；为 Opera 浏览器添加-o-前缀；为 Chrome 浏览器添加-webkit-前缀。

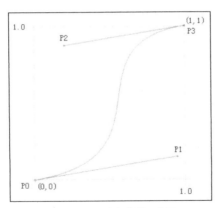

图 10-8　贝塞尔曲线示意图

【例 10-2】 利用 transition 属性实现 4 种不同的动态效果，效果如图 10-9 所示。

图 10-9　transition 属性实现的效果图

（1）首先新建一个 HTML 文件，然后通过<figcaption>标签进行布局，并且通过<p>标签添加文字，关键代码如下：

```
<figure class="effect-julia">
    <img src="img/img1.jpg" alt="img21"/>          <!--添加图片-->
    <figcaption>
      <h2>Huawei<span>/华为P9</span></h2>          <!--添加h2标题文字-->
      <div>
        <p>价格：3388.00，4G全网通</p>              <!--通过p标签添加文字-->
        <p>P9系列支持当天发货</p>
        <br>
```

```
            <p>全网通手机高配</p>
            <br>
        </div>
    </figcaption>
</figure>
<figure class="effect-apollo">
<img src="img/img2.jpg" alt="img22"/>
    <figcaption>
        <h2>Huawei<span>/华为Mate9</span></h2>
        <p>华为Mate9手机64G高配</p>
    </figcaption>
</figure>
</div>
<div class="grid">
    <figure class="effect-steve">
    <img src="img/img3.jpg" alt="img33"/>
        <figcaption>
            <h2>Huawei<span>/华为Mate9 Pro</span></h2>
            <p>4GB+64G全网通手机mate9</p>
        </figcaption>
    </figure>
    <figure class="effect-moses">
    <img src="img/img4.jpg" alt="img20"/>
        <figcaption>
            <h2>Huawei<span>/华为Mate8</span></h2>
            <p>华为mate8移动版4G手机6.0英寸</p>
        </figcaption>
    </figure>
```

（2）新建一个 CSS 文件，通过外部样式引入到 HTML 文件。实现图中 "1" 部分动画效果的关键代码如下：

```
figure.effect-julia {
    background: #2f3238;                          /*设置背景*/
}
figure.effect-julia img {
    max-width: none;                             /*设置最大宽度*/
    height: 430px;                               /*设置高度*/
    transition: opacity 1s, transform 1s;        /*设置过渡属性和时间*/
}
figure.effect-julia figcaption {
    text-align: left;                            /*设置文本对齐方式*/
}
figure.effect-julia h2 {
    position: relative;                          /*设置定位*/
    padding: 0.5em 0;                            /*设置内边距*/
}
figure.effect-julia p {
    display: inline-block;
    margin: 0 0 0.25em;
    padding: 0.4em 1em;
    background: rgba(255,255,255,0.9);
```

```
        color: #2f3238;                          /*设置字体颜色*/
        font-weight: 500;                        /*设置字体粗细*/
        font-size: 75%;                          /*设置字体大小*/
        transition: opacity 0.35s, transform 0.35s;
        transform: translate(-360px, 0);         /*设置旋转*/
}
figure.effect-julia p:first-child {
        transition-delay: 0.15s;                 /*设置过渡延迟时间*/
}
figure.effect-julia p:nth-of-type(2) {
        transition-delay: 0.1s;
}
figure.effect-julia p:nth-of-type(3) {
        transition-delay: 0.05s;
}
figure.effect-julia:hover img {
        opacity: 0.4;                            /*设置透明度*/
        transform: scale(1.1, 1.1);              /*设置缩放*/
}
figure.effect-julia:hover p {
        opacity: 1;
        transform: translate(0, 0);              /*设置平移*/
}
```

（3）实现图中"2"部分动画效果的关键代码如下：

```
figure.effect-apollo img {
        opacity: 0.95;
        transition: opacity 0.35s, transform 0.35s;
        /*设置过渡属性和时间*/
        transform: scale(1.05, 1.05);
}
figure.effect-apollo figcaption::before {
        .../*部分与本节无关的CSS代码已被省略*/
        transition: transform 0.6s;
        transform: scale(1.9, 1.4) rotate3d(0, 0, 1, 45deg) translate3d(0, -100%, 0);
        /*设置缩放、旋转、平移*/
}
figure.effect-apollo p {
        .../*部分设置位置及其他与本节无关的CSS代码已被省略*/
        transition: opacity 0.35s;
}
figure.effect-apollo h2 {
        text-align: left;
}
figure.effect-apollo:hover img {
        opacity: 0.6;
        transform: scale3d(1, 1, 1);
}
figure.effect-apollo:hover figcaption::before {
        transform: scale3d(1.9, 1.4, 1) rotate3d(0, 0, 1, 45deg) translate3d(0, 100%, 0);
}
figure.effect-apollo:hover p {
```

```
        opacity: 1;
        transition-delay: 0.1s;
        /*设置过渡延迟时间*/
    }
```

（4）实现图中"3"部分动画效果的关键代码如下：

```
figure.effect-steve:before,
figure.effect-steve h2:before {
    .../*部分设置位置及其他与本节无关的CSS代码已被省略*/
    transition: opacity 0.35s;
}
figure.effect-steve img {
    opacity: 1;
    transition: transform 0.35s;
    transform: perspective(1000px) translate3d(0,0,0);
}
figure.effect-steve p {
    .../*部分设置位置及其他与本节无关的CSS代码已被省略*/
    transition: opacity 0.35s, transform 0.35s;
    transform: scale(0.9,0.9);
    /*设置缩放*/
}
figure.effect-steve:hover img {
    transform: perspective(1000px) translate3d(0,0,21px);
}
figure.effect-steve:hover p {
    opacity: 1;
    transform: scale3d(1,1,1);
}
```

（5）实现图中"4"部分动画效果的关键代码如下：

```
figure.effect-moses img {
    opacity: 0.85;
    transition: opacity 0.35s;
}
figure.effect-moses h2 {
    .../*部分设置位置及其他与本节无关的CSS代码已被省略*/
    transition: transform 0.35s;
    transform: translate3d(10px,10px,0);
}
figure.effect-moses p {
    .../*部分设置位置及其他与本节无关的CSS代码已被省略*/
    transition: opacity 0.35s, transform 0.35s;
    transform: translate3d(-50%,-50%,0);
}
figure.effect-moses:hover h2 {
    transform: translate3d(0,0,0);
}
figure.effect-moses:hover p {
    opacity: 1;
    transform: translate3d(0,0,0);
}
```

```
figure.effect-moses:hover img {
    opacity: 0.6;
}
```

10.3 动画——Animation

10.3.1 关键帧

在实现 Animation 动画时，需要先定义关键帧。定义关键帧的语法格式如下：

```
@keyframes name '{' <keyframes-blocks> '}';
```

关键帧

 目前只有 Firefox、Chrome 和 Safari 浏览器支持与 Animation 动画的相关属性，其他主流浏览器还不支持。但是这 3 个浏览器也并未支持标准的与 Animation 动画的相关属性，需要为 Firefox 浏览器添加-moz-前缀；为 Chrome 和 Safari 浏览器添加-webkit-前缀。

参数说明：

❑   name：定义一个动画名称，该动画名称用来被 animation-name 属性（指定动画名称属性）所使用。

❑   <keyframes-blocks>：定义动画在不同时间段的样式规则。该属性值包括以下两种形式：

●   使用关键字 from 和 to 定义关键帧的位置，实现从一个状态过渡到另一个状态，语法格式如下：

```
from{
    属性1:属性值1;
属性2:属性值2;
…
属性n:属性值n;
}
to{
    属性1:属性值1;
属性2:属性值2;
…
属性n:属性值n;
}
```

例如，定义一个名称为 opacityAnim 的关键帧，用于实现从完全透明到完全不透明的动画效果，可以使用下面的代码：

```
@-webkit-keyframes opacityAnim{
    from{opacity:0;}
    to{opacity:1;}
}
```

●   使用百分比定义关键帧的位置，实现通过百分比来指定过渡的各个状态，语法格式如下：

```
百分比1{
    属性1:属性值1;
属性2:属性值2;
…
属性n:属性值n;
}
…
```

```
百分比n{
    属性1:属性值1;
属性2:属性值2;
...
属性n:属性值n;
}
```

> 说明
>
> 在指定百分比时，一定要加%，例如，0%、50%和100%等。

例如，定义一个名称为 complexAnim 的关键帧，用于实现将对象从完全透明过渡到完全不透明，再逐渐收缩到 80%，最后从完全不透明过渡到完全透明的动画效果，可以使用下面的代码：

```
@-webkit-keyframes complexAnim{
    0%{opacity:0;}
    20%{opacity:1;}
    50%{-webkit-transform:scale(0.8);}
    80%{opacity:1;}
    100%{opacity:0;}
}
```

10.3.2 动画属性

要实现 Animation 动画，在定义了关键帧后，还需要使用动画相关属性来执行关键帧的变化。CSS 为 Animation 动画提供了下面 9 个属性：

动画属性

- ❏ animation：复合属性。用于指定对象所应用的动画特效。
- ❏ animation-name：用于指定对象所应用的动画名称。
- ❏ animation-duration：用于指定对象动画的持续时间，单位为 s（秒），如 1s、5s 等。
- ❏ animation-timing-function：用于指定对象动画的过渡类型，其值与 transition-timing-function 属性值相关。
- ❏ animation-delay：用于指定对象动画延迟的时间，单位为 s（秒），如 1s、5s 等。
- ❏ animation-iteration-count：用于指定对象动画的循环次数，infinite 表示无限次循环。
- ❏ animation-direction：用于指定对象动画在循环中是否反向运动。值为 normal（默认值）表示正常方向；值为 alternate 表示正常与反向交替。
- ❏ animation-play-state：用于指定对象动画的状态。值为 running（默认值）表示运动；值为 paused 表示暂停。
- ❏ animation-fill-mode：用于指定对象动画时间之外的状态。值为 none（默认值）表示不设置对象动画之外的状态；值为 forwards 表示设置对象状态为动画结束时的状态；值为 backwards 表示设置对象状态为动画开始时的状态；值为 both 表示设置对象状态为动画结束或开始的状态。

> 说明
>
>
>
> 目前只有 Firefox、Chrome 和 Safari 浏览器支持与 Animation 动画的相关属性，其他主流浏览器还不支持。但是这 3 个浏览器也并未支持标准的与 Animation 动画的相关属性，需要为 Firefox 浏览器添加-moz-前缀；为 Chrome 和 Safari 浏览器添加-webkit-前缀。

【例 10-3】 通过 Animation 属性实现 51 购商城中商品详情页滚动播出广告，效果如图 10-10 所示。

图 10-10　滚动广告

（1）新建一个 HTML 文件，通过 <p> 标签添加广告文字，关键代码如下：

```
<div class="mr-content">
  <div class="mr-news">
    <div class="mr-p">
      <p>华为年度盛典</p>        <!--通过p标签添加广告文字-->
      <p>惊喜连连</p>
      <p>新品手机震撼上市</p>
      <p>折扣多多</p>
      <p>不容错过</p>
      <p>惊喜购机有好礼</p>
      <p>满减优惠</p>
      <p>神秘幸运奖</p>
      <p>华为等你带回家</p>
    </div>
  </div>
</div>
```

（2）新建一个 CSS 文件，通过外部样式引入到 HTML 文件，通过 animation 属性实现滚动播出广告，关键代码如下：

```
.mr-p{
    height: 30px;                  /*设置宽度*/
    margin-top: 0;                 /*设置外边距*/
    color: #333;                   /*设置字体颜色*/
    font-size: 24px;               /*设置字体大小*/
    animation: lun 10s linear infinite;    /*设置动画*/
    }
@-webkit-keyframes lun {           /*通过百分比指定过渡各个状态时间*/
    0%{margin-top:0;}
    10%{margin-top:-30px;}
    20%{margin-top:-60px;}
    30%{margin-top:-90px;}
    40%{margin-top:-120px;}
```

```
50%{margin-top:-150px;}
60%{margin-top:-180;}
70%{margin-top:-210px;}
80%{margin-top:-240px;}
90%{margin-top:-270px;}
100%{margin-top:-310px;}
}
```

小 结

　　本章主要讲述了 CSS 3 中的变形与动画。在 CSS 3 中，可以通过 transform 属性进行变形，主要有旋转、缩放、平移、倾斜。通过 transition 属性可以添加过渡效果，可以指定参与过渡属性、过渡时间、过渡延迟时间、过渡动画类型等。此外，还可以通过 Animation 属性添加动画效果。

上机指导

　　通过 Animation 属性实现商城的 Banner 轮播图，效果如图 10-11 所示。

图 10-11　轮播图

　　（1）首先新建一个 HTML 文件，通过<img>标签添加轮播图片，关键代码如下：

```
<div class="mr-out">
<div class="mr-in">
 <img src="images/10a.png" alt="">
    <img src="images/10b.png" alt="">
    <img src="images/10c.png" alt="">
    <img src="images/10d.png" alt="">
</div>
</div>
```

上机指导

　　（2）首先新建一个 CSS 文件，通过外部样式引入到 HTML 文件，然后通过 animation 属性实现轮播效果，关键代码如下：

```
.mr-in{
        width:5650px;
        height:500px;
        -moz-animation: lun 20s linear infinite;
```

```
        -webkit-animation: lun 20s linear infinite;
        }
@keyframes lun {
        0%{margin-left:0;}
        15%{margin-left:0;}
        20%{margin-left:-1130px;}
        35%{margin-left:-1130px;}
        40%{margin-left:-2260px;}
        55%{margin-left:-2260px;}
        60%{margin-left:-3390px;}
        75%{margin-left:-3390px;}
        80%{margin-left:-4520px;}
        100%{margin-left:-4520px;}
        }
```

习 题

10-1　在 CSS3 中实现 2D 旋转时，需要使用 transform 属性的什么函数？

10-2　transform 属性支持多个变换函数，在指定多个变换函数时使用什么进行分隔？

10-3　应用 transform 属性的哪个函数可以实现 2D 倾斜？

10-4　应用 transform 属性的什么函数可以实现缩放？

10-5　CSS3 为 Animation 动画提供了哪 9 个常用属性？

第11章

JavaScript概述

本章要点:

- 熟悉JavaScript的历史及特点
- 熟悉JavaScript的成功案例
- 掌握如何搭建JavaScript开发环境
- 熟悉编辑JavaScript脚本的两种工具
- 掌握如何在HTML中使用JavaScript脚本

■ 在学习 JavaScript 前，需要了解 JavaScript 的概念、特点，编写工具以及在 HTML 中的使用等，通过了解这些内容来增强对 JavaScript 语言的理解，以方便更好地学习。

11.1 JavaScript 概貌

JavaScript 是 Web 页面中的一种脚本编程语言，也是一种通用的、跨平台的、基于对象和事件驱动并具有安全性的脚本语言。它不需要进行编译，而是直接嵌入 HTML 页面，把静态页面转变成支持用户交互并响应相应事件的动态页面。

11.1.1 JavaScript 的历史起源

JavaScript 语言的前身是 LiveScript 语言。由美国 Netscape（网景）公司的布瑞登·艾克（Brendan Eich）为在 1995 年发布的 Navigator 2.0 浏览器的应用而开发的脚本语言。在与 Sum（升阳）公司联手及时完成 LiveScript 语言的开发后，就在 Navigator 2.0 即将正式发布前，Netscape 公司将其改名为 JavaScript，也就是最初的 JavaScript

JavaScript 的
历史起源

1.0 版本。虽然当时 JavaScript 1.0 版本还有很多缺陷，但拥有着 JavaScript 1.0 版本的 Navigator 2.0 浏览器几乎主宰着浏览器市场。

因为 JavaScript 1.0 如此成功，Netscape 公司在 Navigator 3.0 中发布了 JavaScript 1.1 版本。同时微软开始进军浏览器市场，发布了 Internet Explorer 3.0 并搭载一个 JavaScript 的类似版本，其注册名称为 JScript，这成为 JavaScript 语言发展过程中的重要一步。

在微软进入浏览器市场后，此时有 3 种不同的 JavaScript 版本同时存在，即 Navigator 中的 JavaScript、IE 中的 JScript 以及 CEnvi 中的 ScriptEase。与其他编程语言不同的是，JavaScript 并没有一个标准来统一其语法或特性，而这 3 种不同的版本恰恰突出了这个问题。1997 年，JavaScript 1.1 版本作为一个草案提交给欧洲计算机制造商协会（ECMA）。最终由来自 Netscape、Sun、微软、Borland 和其他一些对脚本编程感兴趣的公司的程序员组成了 TC39 委员会，该委员会被委派来标准化一个通用、跨平台、中立于厂商的脚本语言的语法和语义。TC39 委员会制定了"ECMAScript 程序语言的规范书"（又称为"ECMA-262 标准"），该标准通过国际标准化组织（ISO）采纳通过，作为各种浏览器生产开发所使用的脚本程序的统一标准。

11.1.2 JavaScript 的主要特点

JavaScript 脚本语言的主要特点如下：

（1）解释性

JavaScript 不同于一些编译性的程序语言，例如 C、C++ 等，它是一种解释型程序语言，它的源代码不需要经过编译，而直接在浏览器中运行时被解释。

（2）基于对象

JavaScript 的
主要特点

JavaScript 是一种基于对象的语言。这意味着它能运用自己已经创建的对象。因此，许多功能可以来自于脚本环境中对象的方法与脚本的相互作用。

（3）事件驱动

JavaScript 可以直接对用户或客户输入做出响应，无需经过 Web 服务程序。它对用户的响应是以事件驱动的方式进行的。所谓事件驱动，就是指在主页中执行了某种操作所产生的动作，此动作称为"事件"。比如按下鼠标、移动窗口、选择菜单等都可以视为事件。当事件发生后，可能会引起相应的事件响应。

（4）跨平台

JavaScript 依赖于浏览器本身，与操作环境无关，只要能运行浏览器的计算机，并支持 JavaScript 的浏览器就可以正确执行。

（5）安全性

JavaScript 是一种安全性语言，它不允许访问本地的硬盘，并不能将数据存入服务器，不允许对网络文档进行修改和删除，只能通过浏览器实现信息浏览或动态交互。这样可有效地防止数据的丢失。

JavaScript 成功案例

11.1.3　JavaScript 成功案例

使用 JavaScript 脚本实现的动态页面，在 Web 上随处可见。下面将介绍几种 JavaScript 常见的应用。

1. 验证用户输入的内容

使用 JavaScript 脚本语言可以在客户端对用户输入的数据进行验证。例如在制作用户登录信息页面时，要求用户输入账户和密码，以确定用户输入是否准确。如果用户输入的密码信息不正确，将会输出"密码输入错误！"的提示信息，如图 11-1 所示。

2. 动画效果

在浏览网页时，经常会看到一些动画效果，使页面显得更加生动。使用 JavaScript 脚本语言也可以实现动画效果，例如在页面中实现商品图片轮播的效果，如图 11-2 所示。

图 11-1　验证密码是否正确

图 11-2　商品图片轮播效果

3. 页面内容的显示或隐藏

使用 JavaScript 脚本语言可以动态控制页面内容的显示或隐藏，例如使用鼠标单击不同的导航区，页面可以显示不同的内容，如图 11-3 所示。

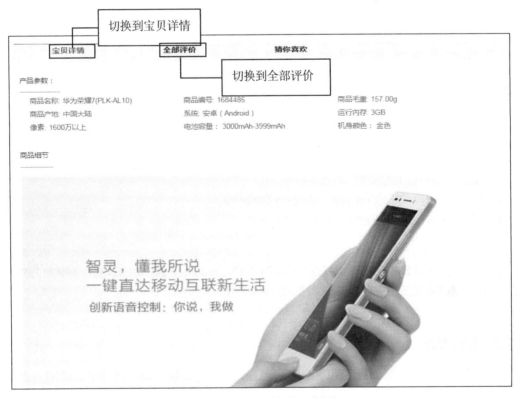

图 11-3　页面内容的显示或隐藏

4. 图片放大镜效果

使用 JavaScript 脚本语言可以放大或缩小图片。例如，在介绍商品图片时，可以放大图片，如同放大镜一样，增加对商品细节的了解，如图 11-4 所示。

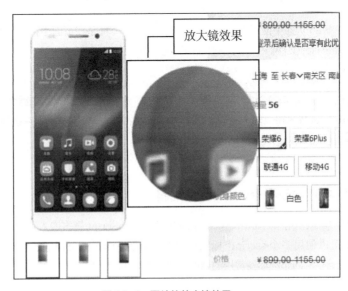

图 11-4　图片的放大镜效果

11.2　JavaScript 开发环境要求

　　JavaScript 本身是一种脚本语言，不是一种工具，实际运行所写的 JavaScript 代码的软件是环境中的解释引擎——Google Chrome 或 Microsoft Internet Explorer 等网页浏览器。JavaScript 依赖于浏览器的支持。

11.2.1　硬件要求

　　在使用 JavaScript 进行程序开发时，要求使用的硬件开发环境如下：
- ❑　必须具备 Windows Vista、Windows 7、Windows 8 等操作系统，Windows 2000 及其 Service Pack 2 或更高版本的基本硬件配置环境。
- ❑　至少 512MB 以上的内存。
- ❑　640*480 分辨率以上的显示器，建议使用 1024*768。
- ❑　至少 1G 以上的可用硬盘空间。

　　一般情况下，计算机的最低配置往往不能满足复杂的 JavaScript 程序的处理需要，如果增大内存的容量，就可以明显地提高程序在浏览器中运行的速度。

11.2.2　软件要求

　　本书介绍的 JavaScript 基本功能适用于大部分浏览器。但是为了能够更好地利用本书，建议读者的软件安装配置如下：
- ❑　Windows 7、Windows 8 操作系统。
- ❑　Google Chrome 浏览器或 Internet Explorer 浏览器 8.0 以上版本。

11.3　JavaScript 在 HTML 中的使用

　　通常情况下，在 Web 页面中使用 JavaScript 有两种方法，一种是在页面中直接嵌入 JavaScript 代码，另一种是链接外部 JavaScript 文件。下面分别对这两种方法进行介绍。

　　编辑 JavaScript 程序可以使用任何一种文本编辑器，如 Windows 中的记事本、写字板等应用软件。由于 JavaScript 程序可以嵌入 HTML 文件中，因此，读者可以使用任何一种编辑 HTML 文件的工具软件，如 Dreamweaver 和 WebStorm 等。

11.3.1　在页面中直接嵌入 JavaScript 代码

　　在 HTML 文档中可以使用<script>…</script>标签将 JavaScript 脚本嵌入其中。在 HTML 文档中可以使用多个<script>标签，每个<script>标签中可以包含多个 JavaScript 的代码集合。<script>标签常用的属性及说明如表 11-1 所示。

在页面中直接嵌入
JavaScript 代码

表 11-1　<script>标签常用的属性及说明

属性	说明
language	设置所使用的脚本语言及版本
src	设置一个外部脚本文件的路径位置
type	设置所使用的脚本语言，此属性已代替 language 属性
defer	此属性表示当 HTML 文档加载完毕后再执行脚本语言

在 HTML 页面中直接嵌入 JavaScript 代码，如图 11-5 所示。

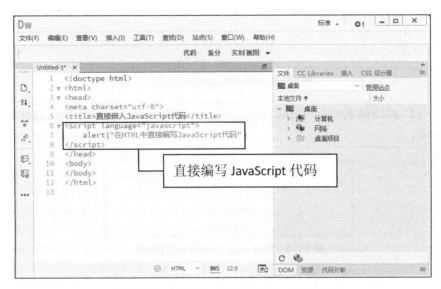

图 11-5　在 HTML 中直接嵌入 JavaScript 代码

<script>标签可以放在 Web 页面的<head></head>标签中，也可以放在<body></body>标签中。

11.3.2　链接外部 JavaScript 文件

在 Web 页面中引入 JavaScript 的另一种方法是采用链接外部 JavaScript 文件的形式。如果脚本代码比较复杂或是同一段代码可以被多个页面所使用，则可以将这些脚本代码放置在一个单独的文件中（保存文件的扩展名为 .js），然后在需要使用该代码的 Web 页面中链接该 JavaScript 文件。

链接外部
JavaScript 文件

在 Web 页面中链接外部 JavaScript 文件的语法格式如下：

`<script language="javascript" src="your-Javascript.js"></script>`

在 HTML 页面中链接外部 JavaScript 文件，如图 11-6 所示。

在外部 JavaScript 文件中，不需要将脚本代码用<script>和</script>标签括起来。

图 11-6　调用外部 JavaScript 文件

【例 11-1】 本实例将制作一个 HTML 页面，该页面中使用 JavaScript 脚本显示当前的时间，效果如图 11-7 所示。

第一个 JavaScript 小程序

这里显示日期

[显示当前日期]

图 11-7　使用 JavaScript 输出当前时间

使用 JavaScript 在网页中输出字符串一般通过 document 对象的 innerHTML 属性实现。首先在<button>标签上添加 onclick 属性，属性值是 displayDate()，表示调用 Javascript 的 displayDate()方法，然后通过<script>标签编写 displayDate()方法的具体逻辑代码，具体代码如下：

```html
<!DOCTYPE html>
<html>
<head>
    <meta charset="utf-8">
    <title>第一个JavaScript小程序</title>
    <script>
     //创建方法，用于获取当前系统时间并显示到页面
        function displayDate(){
     //获取系统时间并显示到id为demo的p标签上
            document.getElementById("demo").innerHTML=Date();
        }
    </script>
</head>
<body style="width: 500px;margin:0 auto;border: 1px solid red;text-align: center">
<h1>第一个 JavaScript 小程序</h1>
<p id="demo">这里显示日期</p>
<!—onclick属性表示鼠标单击按钮，触发displayDate()方法-->
<button type="button" onclick="displayDate()">显示当前日期</button>
</body>
</html>
```

小 结

　　本章主要介绍了一些 JavaScript 的基础知识，JavaScript 是一种基于对象的语言。JavaScript 是一种解释型程序语言，它的源代码不需要经过编译，而直接在浏览器中运行时被解释。在 HTML 文档中可以使用<script>...</script>标签将 JavaScript 脚本嵌入页面，也可以采用链接外部 JavaScript 文件的形式引入 JavaScript。

上机指导

　　使用 Dreamweaver 创建一个 JavaScript 文件并且实现弹出欢迎网站对话框。

　　程序开发步骤如下：

　　（1）启动 Dreamweaver CC 2017，选择"文件"/"新建"菜单项，然后选择"JavaScript"，单击"创建"按钮，如图 11-8 所示。

上机指导

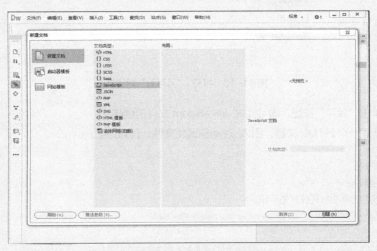

图 11-8　Dreamweaver CS 6 的欢迎视图

　　（2）Dreamweaver CC 2017 将创建并打开一个新的文件，在该文件中默认添加一条注释语句，在页面中直接嵌入 Java Script 代码，实现弹出欢迎网站对话框，如图 11-9 所示。

图 11-9　新创建并打开的 JavaScript 文件

（3）按〈Ctrl+S〉组合键，将打开另存为对话框，在该对话框中指定 Java Script 文件的保存位置和文件名，如图 11-10 所示。

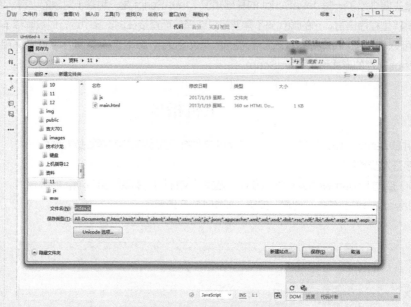

图 11-10 打开 "另存为" 对话框

（4）单击"保存"按钮，即可完成 JavaScript 文件的创建。

（5）新建一个 HTML 文档，引入 JavaScript 文件，代码如下：

```
<html>
<head>
<meta charset="utf-8">
<title>欢迎访问明日科技网站</title>
<script src="js/index.js" language="javascript"></script>
</head>
<body>
</body>
</html>
```

习 题

11-1 简单描述 JavaScript 的特点。

11-2 常用的编写 JavaScript 的工具有哪些。

11-3 如何在页面中嵌入 JavaScript 代码？

11-4 如何在页面中链接外部 JavaScript 文件？

第12章

JavaScript语言基础

本章要点：

- JavaScript的数据结构
- JavaScript中常用的数据类型
- JavaScript运算符的使用
- JavaScript中的表达式
- 流程控制语句的使用
- 函数的定义及调用

■ JavaScript 是一种基于对象和事件驱动并具有安全性能的解释型脚本语言，它不但可以用于编写客户端的脚本程序，由 Web 浏览器解释执行，而且还可以编写在服务器端执行的脚本程序，在服务器端处理用户提交的信息并动态地向客户端浏览器返回处理结果。本章将对 JavaScript 的语言基础进行详细讲解。

12.1 JavaScript 数据结构

每一种计算机语言都有自己的数据结构，JavaScript 脚本语言的数据结构包括标识符、关键字、常量和变量等。本节将对 JavaScript 脚本语言的数据结构进行详细讲解。

12.1.1 标识符

标识符

所谓标识符（identifier），就是一个名称。在 JavaScript 中，标识符用来命名变量和函数，或者用作 JavaScript 代码中某些循环的标签。在 JavaScript 中，合法的标识符命名规则和 Java 以及其他许多语言的命名规则相同，第一个字符必须是字母、下划线（—）或美元符号（$），其后的字符可以是字母、数字或下划线、美元符号。

说明 数字不允许作为首字符出现，这样 JavaScript 可以轻易地区别标识符和数字。

例如，下面是合法的标识符：

```
i
my_name
_name
$str
n1
```

标识符不能和 JavaScript 中用于其他目的的关键字同名。

12.1.2 关键字

关键字

JavaScript 关键字（Reserved Words）是指在 JavaScript 语言中有特定含义，成为 JavaScript 语法中一部分的那些字。JavaScript 关键字是不能作为变量名和函数名使用的。使用 JavaScript 关键字作为变量名或函数名，会使 JavaScript 在载入过程中出现编译错误。与其他编程语言一样，JavaScript 中也有许多关键字，不能被用作标识符（函数名、变量名等），如表 12-1 所示。

表 12-1 JavaScript 的关键字

abstract	continue	finally	instanceof	private	this
boolean	default	float	int	public	throw
break	do	for	interface	return	typeof
byte	double	function	long	short	true
case	else	goto	native	static	var
catch	extends	implements	new	super	void
char	false	import	null	switch	while
class	final	in	package	synchronized	with

常量

12.1.3　常量

当程序运行时，值不能改变的量为常量（Constant）。常量主要用于为程序提供固定的和精确的值（包括数值和字符串），比如数字、逻辑值真（true）、逻辑值假（false）等都是常量。声明常量使用 const 来进行声明。其语法如下：

```
const
    常量名：数据类型=值；
```

常量在程序中定义后会在计算机中一定的位置存储下来，在该程序没有结束之前，它是不发生变化的。如果在程序中过多地使用常量，会降低程序的可读性和可维护性。当一个常量在程序内被多次引用时，可以考虑在程序开始处将它设置为变量，再引用；当此值需要修改时，则只需更改其变量的值，既减少出错的机会，又可以提高工作效率。

变量

12.1.4　变量

变量是指程序中一个已经命名的存储单元，它的主要作用就是为数据操作提供存放信息的容器。变量使用时，首先必须明确变量的命名规则、变量的声明方法及其变量的作用域。

1．变量的命名

JavaScript 变量的命名规则如下：

❑　必须以字母或下划线开头，中间可以是数字、字母或下划线。
❑　变量名不能包含空格或加号、减号等符号。
❑　不能使用 JavaScript 中的关键字。
❑　JavaScript 的变量名是严格区分大小写的。例如，UserName 与 username 代表两个不同的变量。

> 说明　虽然 JavaScript 的变量可以任意命名，但是在进行编程时，最好使用便于记忆且有意义的变量名称，以增加程序的可读性。

2．变量的声明与赋值

在 JavaScript 中，使用变量前需要先声明变量，所有的 JavaScript 变量都由关键字 var 声明，语法格式如下：

```
var variable;
```

在声明变量的同时也可以对变量进行赋值：

```
var variable=11;
```

声明变量时所遵循的规则如下：

❑　可以使用一个关键字 var 同时声明多个变量，例如：

```
var a,b,c              //同时声明a、b和c 3个变量
```

❑　可以在声明变量的同时对其赋值，即为初始化，例如：

```
var i=1;j=2;k=3;       //同时声明i、j和k 3个变量，并分别对其进行初始化
```

如果只是声明了变量，并未对其赋值，则其值缺省为 undefined。

var 语句可以用作 for 循环和 for/in 循环的一部分，这样就使循环变量的声明成为循环语法自身的一部分，使用起来比较方便。

也可以使用 var 语句多次声明同一个变量，如果重复声明的变量已经有一个初始值，那么此时的声明就相当于对变量的重新赋值。

当给一个尚未声明的变量赋值时，JavaScript 会自动用该变量名创建一个全局变量。在一个函数内部，通常创建的只是一个仅在函数内部起作用的局部变量，而不是一个全局变量。要创建一个局部变量，不是赋值给一个已经存在的局部变量，而是必须使用 var 语句进行变量声明。

另外，由于 JavaScript 采用弱类型的形式，因此读者可以不必理会变量的数据类型，即可以把任意类型的数据赋值给变量。

例如：声明一些变量，代码如下：

```
var varible=100                    //数值类型
var str="有一条路，走过了总会想起"      //字符串
var bue=true                       //布尔类型
```

在 JavaScript 中，变量可以不先声明，而是在使用时，根据变量的实际作用来确定其所属的数据类型。但是建议在使用变量前就对其声明，因为声明变量的最大好处就是能及时发现代码中的错误。由于 JavaScript 是采用动态编译的，而动态编译是不易于发现代码中的错误的，特别是变量命名方面的错误。

3. 变量的作用域

变量的作用域（scope）是指某变量在程序中的有效范围，也就是程序中定义这个变量的区域。在 JavaScript 中，变量根据作用域可以分为两种：全局变量和局部变量。全局变量是定义在所有函数之外，作用于整个脚本代码的变量；局部变量是定义在函数体内，只作用于函数体的变量，函数的参数也是局部性的，只在函数内部起作用。例如，下面的程序代码说明了变量的作用域作用不同的有效范围：

```
<script language="javascript">
    var a;                    //该变量在函数外声明，作用于整个脚本代码
    function send()
    {
        a="JavaScript"
        var b="语言基础"        //该变量在函数内声明，只作用于该函数体
        alert(a+b);
    }
</script>
```

JavaScript 中用 ";" 作为语句结束标记，如果不加也可以正确地执行。用 "//" 作为单行注释标记；用 "/*" 和 "*/" 作为多行注释标记；用 "{" 和 "}" 包装成语句块。"//" 后面的文字为注释部分，在代码执行过程中不起任何作用。

4. 变量的生存期

变量的生存期是指变量在计算机中存在的有效时间。从编程的角度来说，可以简单地理解为该变量所赋的值在程序中的有效范围。JavaScript 中变量的生存期有两种：全局变量和局部变量。

全局变量在主程序中定义，其有效范围从其定义开始，一直到本程序结束为止。局部变量在程序的函数中定义，其有效范围只有在该函数之中；当函数结束后，局部变量生存期也就结束了。

12.2 数据类型

每一种计算机语言都有自己所支持的数据类型。在 JavaScript 脚本语言中采用的是弱类型的方式，即一个数据（变量或常量）不必首先声明，可在使用或赋值时再确定其数据的类型。当然也可以先声明该数据的类型，即通过在赋值时自动说明其数据类型。本节将详细介绍 JavaScript 脚本中的几种数据类型。

12.2.1 数字型数据

数字（number）是最基本的数据类型。JavaScript 和其他程序设计语言（如 C 和 Java）的不同之处在于，它并不区别整型数值和浮点型数值。在 JavaScript 中，所有的数字都是由浮点型表示的。JavaScript 采用 IEEE754 标准定义的 64 位浮点格式表示数字，这意味着它能表示的最大值是 $\pm 1.7976931348623157 \times 10^{308}$，最小值是 $\pm 5 \times 10^{324}$。

数字型数据

当一个数字直接出现在 JavaScript 程序中时，我们称它为数值直接量（numericliteral）。JavaScript 支持数值直接量的形式有 3 种，下面将对这 3 种形式进行详细介绍。

在任何数值直接量前加负号（—）可以构成它的负数。但是负号是一元求反运算符，它不是数值直接量语法的一部分。

1. 整型数据

在 JavaScript 程序中，十进制的整数是一个数字序列。例如：

```
0
7
- 8
1000
```

JavaScript 的数字格式允许精确地表示 -900719925474092（-2^{53}）~900719925474092（2^{53}）所有整数（包括 -900719925474092（-2^{53}）和 900719925474092（2^{53}}）。但是使用超过这个范围的整数，就会失去尾数的精确性。需要注意的是，JavaScript 中的某些整数运算是对 32 位的整数执行的，它们的范围是 -2147483648（-2^{31}）~2147483647（$2^{31} - 1$）。

2. 十六进制和八进制

JavaScript 不但能够处理十进制的整型数据，还能识别十六进制（以 16 为基数）的数据。所谓十六进制数据，是以 "0X" 和 "0x" 开头，其后跟随十六进制数字串的直接量。十六进制的数字是由 0~9 的某个数字，或 a（A）~f（F）中的某个字母组成的，它们用来表示 0~15（包括 0 和 15）的某个值。下面是十六进制整型数据的例子：

```
0xff    //15*16+15=225（基数为10）
0xCAFE911
```

尽管 ECMAScripr 标准不支持八进制数据，但是 JavaScript 的某些实现却允许采用八进制（基数为 8）格式的整型数据。八进制数据以数字 0 开头，其后跟随一个数字序列，这个序列中的每个数字都在 0 和 7 之间（包括 0 和 7），例如：

```
0377    //3*64+7*8+7=255（基数为10）
```

由于某些 JavaScript 实现支持八进制数据，而有些则不支持，所以最好不要使用以 0 开头的整型数据，因为不知道某个 JavaScript 的实现是将其解释为十进制，还是解释为八进制。

3. 浮点型数据

浮点型数据可以具有小数点，它们采用的是传统科学记数法的语法。一个实数值可以被表示为整数部分后加小数点和小数部分。

此外，还可以使用指数法表示浮点型数据，即实数后跟随字母 e 或 E，后面加上正负号，其后再加一个整型指数。这种记数法表示的数值等于前面的实数乘以 10 的指数次幂。其语法如下：

```
[digits] [.digits] [(E|e[(+|-)])]
```

例如：

```
1.2
.33333333
3.12e11        //3.12×10¹¹
1.234E - 12    //1.234×10⁻¹²
```

虽然实数有无穷多个，但是 JavaScript 的浮点格式能够精确表示出来的却是有限的（确切地说是 18437736874454810627 个），这意味着在 JavaScript 中使用实数时，表示出数字通常是真实数字的近似值。不过即使是近似值也足够用了，这并不是一个实际问题。

12.2.2 字符串型数据

字符串型数据

字符串（string）是由 Unicode 字符、数字、标点符号等组成的序列，它是 JavaScript 用来表示文本的数据类型。程序中的字符串型数据包含在单引号或双引号中，由单引号定界的字符串中可以含有双引号，由双引号定界的字符串中也可以含有单引号。

例如：

（1）单引号括起来的一个或多个字符，代码如下：

```
'啊'
'活着的人却拥有着一颗沉睡的心'
```

（2）双引号括起来的一个或多个字符，代码如下：

```
"呀"
"我想学习JavaScript"
```

（3）单引号定界的字符串中可以含有双引号，代码如下：

```
'name="myname"'
```

（4）双引号定界的字符串中可以含有单引号，代码如下：

```
"You can call me 'Tom'!"
```

12.2.3 布尔型数据

布尔型数据

数值数据类型和字符串数据类型的值都无穷多，但是布尔数据类型只有两个值，这两个合法的值分别由直接量"true"和"false"表示，它说明了某个事物是真还是假。

布尔值通常在 JavaScript 程序中用来比较所得的结果。例如：

```
n==1
```

这行代码测试了变量 n 的值是否和数值 1 相等。如果相等，比较的结果就是布尔值 true，否则结果就是 false。

布尔值通常用于 JavaScript 的控制结构。例如，JavaScript 的 if/else 语句就是在布尔值为 true 时执行一个动作，而在布尔值为 false 时执行另一个动作。通常将一个创建布尔值与使用这个比较的语句结合在一起。例如：

```
if (n==1)
   m=n+1;
else
n=n+1;
```

本段代码检测了 n 是否等于 1，如果相等，就给 m 增加 1，否则给 n 加 1。

有时可以把两个可能的布尔值看作是"on（true）"和"off（false）"，或者看作是"yes（true）"和"no（false）"，这样比将它们看作是"true"和"false"更为直观。有时把它们看作是 1（true）和 0（false）会更加有用（实际上 JavaScript 确实是这样做的，在必要时会将 true 转换成 1，将 false 转换成 0）。

JavaScript 语言基础

12.2.4 特殊数据类型

特殊数据类型

1. 转义字符

以反斜杠开头的不可显示的特殊字符通常称为控制字符，也被称为转义字符。通过转义字符可以在字符串中添加不可显示的特殊字符，或者防止引号匹配混乱的问题。JavaScript 常用的转义字符如表 12-2 所示。

表 12-2 JavaScript 常用的转义字符

转义字符	描述	转义字符	描述
\b	退格	\v	跳格（Tab，水平）
\n	回车换行	\r	换行
\t	Tab 符号	\\	反斜杠
\f	换页	\OOO	八进制整数，范围 000~777
\'	单引号	\xHH	十六进制整数，范围 00~FF
\"	双引号	\uhhhh	十六进制编码的 Unicode 字符

在 document.writeln(); 语句中使用转义字符时，只有将其放在格式化文本块中才会起作用，所以脚本必须在<pre>和</pre>的标签内。

例如，应用转义字符使字符串换行，程序代码如下：

```
document.writeln("<pre>");
document.writeln("轻松学习\nJavaScript语言！");
document.writeln("</pre>");
```

运行结果：

```
轻松学习
JavaScript语言！
```

如果上述代码不使用<pre>和</pre>的标签，则转义字符不起作用，代码如下：

```
document.writeln("快快乐乐\n平平安安！");
```

运行结果：

```
快快乐乐平平安安！
```

2. 未定义值

未定义类型的变量是 undefined，表示变量还没有赋值（如 var a;），或者赋予一个不存在的属性值（如 var a=String.notProperty;）。

此外，JavaScript 中有一种特殊类型的数字常量 NaN，即"非数字"。当在程序中由于某种原因发生计算错误后，将产生一个没有意义的数字，此时 JavaScript 返回的数字值就是 NaN。

3. 空值（null）

JavaScript 中的关键字 null 是一个特殊的值，它表示为空值，用于定义空的或不存在的引用。如果试图引用一个没有定义的变量，则返回一个 null 值。这里必须要注意的是：null 不等同于空的字符串（""）或 0。

由此可见，null 与 undefined 的区别是，null 表示一个变量被赋予了一个空值，而 undefined 则表示该变量尚未被赋值。

12.2.5 数据类型的转换规则

数据类型的转换规则

JavaScript 是一种无类型语言，也就是说，在声明变量时无需指定数据类型，这使得 JavaScript 更具有灵活性和简单性。

在代码执行过程中，JavaScript 会根据需要进行自动类型转换，但是在转换时也要遵循一定的规则。下面介绍几种数据类型之间的转换规则。

其他数据类型转换为数值型数据，如表 12-3 所示。

表 12-3　转换为数值型数据

类型	转换后的结果
undefined	NaN
null	0
逻辑型	若其值为 true，则结果为 1；若其值为 false，则结果为 0
字符串型	若内容为数字，则结果为相应的数字，否则为 NaN
其他对象	NaN

其他数据类型转换为逻辑型数据，如表 12-4 所示。

表 12-4　转换为逻辑型数据

类型	转换后的结果
undefined	false
null	false
数值型	若其值为 0 或 NaN，则结果为 false，否则为 true
字符串型	若其长度为 0，则结果为 false，否则为 true
其他对象	true

其他数据类型转换为字符串型数据，如表 12-5 所示。

表 12-5　转换为字符串型数据

类型	转换后的结果
undefined	"undefined"
null	"NaN"
数值型	NaN、0 或者与数值相对应的字符串
逻辑型	若其值 true，则结果为"true"，若其值为 false，则结果为"false"
其他对象	若存在，则其结果为 toString()方法的值，否则其结果为"undefined"

每一个基本数据类型都存在一个相应的对象，这些对象提供了一些很有用的方法来处理基本数据。在需要时，JavaScript 会自动将基本数据类型转换为与其相对应的对象。

> 【例 12-1】本实例使用 HTML 语法，在页面中输出 JavaScript 语言的常用数据类型，效果如图 12-1所示。

（1）创建一个 HTML 页面，引入 mr-style.css 文件，搭建页面的布局和样式，关键代码如下：

```html
<!DOCTYPE HTML>
<html>
<head>
    <meta charset="utf-8" />
    <title>JavaScript数据类型</title>
    <!--引入页面样式文件 -->
    <link rel="stylesheet" type="text/css" href="css/mr-style.css">
```

```
</head>
<body>
<div >
    <section>
        <h2><span>常见数据类型</span></h2>
    <!—这里继续填写代码 -->
    </section>
</div>
</body>
</html>
```

（2）编写 Number 类型区域代码，代码如下：

```
<div class="mr-box">
    <span class="mr-item">Number 类型</span>
    <span class="mr-info-first">
            <xmp>
var a = 10;                 // 十进制(整数)
var b = 1.1;                // 浮点数
var c = 0x12ac;             // 十六进制
var d = 5.0;                // 解析成整数5
console.log(c);             // 打印值：4780
console.log(d);             // 打印值：5
            </xmp>
    </span>
</div>
```

（3）编写 String 类型区域代码，代码如下：

```
<div class="mr-box">
    <span class="mr-item">String 类型</span>
    <span class="mr-info-first">
            <xmp>
var string1 = "51购商城";    // 双引号
var string2 = '51购商城';    // 单引号
var string3 = "51\'购\"";    // 转义
console.log(string3);       // 51'购'
            </xmp>
    </span>
</div>
```

（4）编写 Boolean 类型区域代码，代码如下：

```
<div class="mr-box">
    <span class="mr-item">Boolean类型</span>
    <span class="mr-info-first">
            <xmp>
var a = "Hello world!";
    if (a){
        console.log("该语句已执行打印！");
}
            </xmp>
    </span>
</div>
```

（5）编写特殊数据类型区域代码，代码如下：

```
<div class="mr-box">
```

```
<span class="mr-item">特殊 数据类型</span>
<span class="mr-info-first">
        <xmp>
var a;                // 声明后未初始化
console.log(a);       // undefined
var b=null;           //null 数据类型
console.log(b);       // null
        </xmp>
</span>
</div>
```

图 12-1　JavaScript 常用数据类型

12.3　运算符与表达式

本节将介绍 JavaScript 的运算符与表达式。运算符是完成一系列操作的符号，JavaScript 的运算符按操作数可以分为单目运算符、双目运算符和多目运算符 3 种；按运算符类型可以分为算术运算符、比较运算符、赋值运算符、字符串运算符、布尔运算符和条件运算符 6 种。

12.3.1　算术运算符

算术运算符用于在程序中进行加、减、乘、除等运算。在 JavaScript 中常用的算术运算符如表 12-6 所示。

算术运算符

表 12-6　JavaScript 中常用的算术运算符

运算符	描述	示例
+	加运算符	4+6　　//返回值为 10
−	减运算符	7-2　　//返回值为 5

续表

运算符	描述	示例
*	乘运算符	7*3　　//返回值为 21
/	除运算符	12/3　　//返回值为 4
%	求模运算符	7%4　　//返回值为 3
++	自增运算符。该运算符有两种情况：i++（在使用 i 之后，使 i 的值加 1）；++i（在使用 i 之前，先使 i 的值加 1）	i=1; j=i++　//j 的值为 1，i 的值为 2 i=1; j=++i　//j 的值为 2，i 的值为 2
--	减运算符。该运算符有两种情况：i--（在使用 i 之后，使 i 的值减 1）；--i（在使用 i 之前，先使 i 的值减 1）	i=6; j=i--　//j 的值为 6，i 的值为 5 i=6; j=--i　//j 的值为 5，i 的值为 5

12.3.2 比较运算符

比较运算符的基本操作过程是：首先对操作数进行比较，这个操作数可以是数字也可以是字符串，然后返回一个布尔值 true 或 false。在 JavaScript 中常用的比较运算符如表 12-7 所示。

比较运算符

表 12-7　JavaScript 中常用的比较运算符

运算符	描述	示例
<	小于	1<6　//返回值为 true
>	大于	7>10　//返回值为 false
<=	小于等于	10<=10　//返回值为 true
>=	大于等于	3>=6　//返回值为 false
==	等于。只根据表面值进行判断，不涉及数据类型	"17"==17　//返回值为 true
===	绝对等于。根据表面值和数据类型同时进行判断	"17"===17　/返回值为 false
!=	不等于。只根据表面值进行判断，不涉及数据类型	"17"!=17　//返回值为 false
!==	不绝对等于。根据表面值和数据类型同时进行判断	"17"!==17　//返回值为 true

12.3.3 赋值运算符

JavaScript 中的赋值运算可以分为简单赋值运算和复合赋值运算。简单赋值运算是将赋值运算符（=）右边表达式的值保存到左边的变量中；而复合赋值运算混合了其他操作（算术运算操作、位操作等）和赋值操作。例如：

```
sum+=i;                 //等同于sum=sum+i;
```

JavaScript 中的赋值运算符如表 12-8 所示。

赋值运算符

表 12-8　JavaScript 中的赋值运算符

运算符	描述	示例
=	将右边表达式的值赋给左边的变量	userName="mr"
+=	将运算符左边的变量加上右边表达式的值赋给左边的变量	a+=b　//相当于 a=a+b
-=	将运算符左边的变量减去右边表达式的值赋给左边的变量	a-=b　//相当于 a=a-b
*=	将运算符左边的变量乘以右边表达式的值赋给左边的变量	a*=b　//相当于 a=a*b

续表

运算符	描述	示例
/=	将运算符左边的变量除以右边表达式的值赋给左边的变量	a/=b //相当于 a=a/b
%=	将运算符左边的变量用右边表达式的值求模，并将结果赋给左边的变量	a%=b //相当于 a=a%b
&=	将运算符左边的变量与右边表达式的值进行逻辑与运算，并将结果赋给左边的变量	a&=b //相当于 a=a&b
!=	将运算符左边的变量与右边表达式的值进行逻辑或运算，并将结果赋给左边的变量	a|=b //相当于 a=a|b
^=	将运算符左边的变量与右边表达式的值进行异或运算，并将结果赋给左边的变量	a^=b //相当于 a=a^b

12.3.4 字符串运算符

字符串运算符是用于两个字符型数据之间的运算符，除了比较运算符外，还可以是"+"和"+="运算符。其中，"+"运算符用于连接两个字符串，而"+="运算符则连接两个字符串，并将结果赋给第一个字符串。表 12-9 给出了 JavaScript 中的字符运算符。

字符串运算符

表 12-9 JavaScript 中的字符运算符

运算符	描述	示例
+	连接两个字符串	"mr" + "book"
+=	连接两个字符串并将结果赋给第一个字符串	var name = "mr" name += "book"

12.3.5 布尔运算符

在 JavaScript 中增加了几个布尔运算符，JavaScript 支持的常用布尔运算符如表 12-10 所示。

布尔运算符

表 12-10 布尔运算符

布尔运算符	描述
!	取反
&=	与之后再赋值
&	逻辑与
|=	或之后赋值
		逻辑或
^=	异或之后赋值
^	逻辑异或
?:	三目运算符

12.3.6　条件运算符

条件运算符是 JavaScript 支持的一种特殊的三目运算符，其语法格式如下：

操作数?结果1:结果2

如果"操作数"的值为 true，则整个表达式的结果为"结果 1"，否则为"结果 2"。

条件运算符

例如，判断定义两个变量，值都为 10，然后判断两个变量是否相等，如果相等则返回"正确"，否则返回"错误"，代码如下：

```
<script language="javascript">
var a=10;
var b=10;
alert(a==b)?正确:失败;
</script>
```

12.3.7　运算符优先级

JavaScript 运算符都有明确的优先级与结合性。优先级较高的运算符将先于优先级较低的运算符进行运算，结合性则是指具有同等优先级的运算符将按照怎样的顺序进行运算。结合性有向左结合和向右结合，例如表达式"a+b+c"，向左结合也就是先计算"a+b"，即"(a+b)+c"；而向右结合也就是先计算"b+c"，即"a+(b+c)"。JavaScript运算符的优先级与结合性如表 12-11 所示。

运算符优先级

表 12-11　JavaScript 运算符的优先级与结合性

优先级	结合性	运算符
最高	向左	.、[ ]、( )
由高到低依次排列	向右	++、−−、−、!、delete、new、typeof、void
	向左	*、/、%
	向左	+、−
	向左	<<、>>、>>>
	向左	<、<=、>、>=、in、instanceof
	向左	==、!=、===、!===
	向左	&
	向左	^
	向左	|
	向左	&&
	向左	||
	向右	?
	向右	=
	向右	*=、/=、%=、+=、−=、<<=、>>=、>>>=、&=、^=、|=
最低	向左	,

12.3.8　表达式

表达式是一个语句集合，像一个组一样，计算结果是个单一值，然后这个结果被 JavaScript 归入下列数据类型之一：boolean、number、string、function 或者 object。

　　一个表达式本身可以简单的如一个数字或者变量，或者它可以包含许多连接在一起的变量关键字以及运算符。例如，表达式 x=7 将值 7 赋给变量 x，整个表达式计算结果为 7，因此在一行代码中使用此类表达式是合法的。一旦将 7 赋值给 x 的工作完成，那么 x 也将是一个合法的表达式。除了赋值运算符，还有许多可以用来形成一个表达式的其他运算符，例如，算术运算符、字符串运算符、逻辑运算符等。

表达式

【例 12-2】 使用 JavaScript 制作一个简单的计算器，效果如图 12-2 所示。

图 12-2　简单计算器的页面

（1）创建一个 HTML 页面，引入 mr-style.css 文件，搭建页面的布局和样式，主要使用<ul>标签和<li>标签，布局计算器的各个按钮位置，关键代码如下：

```html
<div id="mr-calculator">
    <div id="calcu-head"><h6>简单的计算器</h6></div>
    <form name="calculator" action="" method="get">
        <div id="calcu-screen">
            <!--显示窗口-->
            <input type="text" name="numScreen" class="screen" value="0" onfocus="this.blur();" />
        </div>
        <div >
            <ul> <!--显示计算按钮-->
                <li onclick="command(7)">7</li>
                <li onclick="command(8)">8</li>
                <li onclick="command(9)">9</li>
                <li class="tool" onclick="del()">←</li>
                <li class="tool" onclick="clearscreen()">C</li>
                <li onclick="command(4)">4</li>
                <li onclick="command(5)">5</li>
                <li onclick="command(6)">6</li>
                <li class="tool" onclick="times()">×</li>
                <li class="tool" onclick="divide()">÷</li>
                <li onclick="command(1)">1</li>
                <li onclick="command(2)">2</li>
```

```
                <li onclick="command(3)">3</li>
                <li class="tool" onclick="plus( )">+</li>
                <li class="tool" onclick="minus( )">-</li>
                <li onclick="command(0)">0</li>
                <li onclick="dzero( )">00</li>
                <li onclick="dot( )">.</li>
                <li class="tool" onclick="persent( )">%</li>
                <li class="tool" onclick="equal( )">=</li>
            </ul>
        </div>
    </form>
</div>
```

（2）在 HTML 页面中，通过<script></script>标签，直接编写 JavaScript 逻辑代码，控制计算器各个按钮的动作，关键代码如下：

```
<script language="javascript">
        var num=0;
        var result=0;
        var numshow="0";
        var operate=0;              //判断输入状态的标志
        var calcul=0;               //判断计算状态的标志
        var quit=0;                 //防止重复按键的标志
        //加法
        function plus( ){
            calculate( );           //调用计算函数
            operate=1;              //更改输入状态
            calcul=1;               //更改计算状态为加
        }
        //减法
        function minus( ){
            calculate( );
            operate=1;
            calcul=2;
        }
        //乘法
        function times( ){
            calculate( );
            operate=1;
            calcul=3;
        }
        //除法
        function divide( ){
            calculate( );
            operate=1;
            calcul=4;
        }
        //求余
        function persent( ){
            calculate( );
            operate=1;
            calcul=5;
```

```
        }
        //篇幅限制，省略部分代码
    </script>
```

 说明 上述代码中，关于调用 JavaScript 函数部分的内容，请参考 12.5 节内容。

12.4 流程控制语句

语句是对计算机下达的命令，每一个程序都是由很多个语句组合起来的，也就是说语句是组成程序的基本单元，同时它也控制着整个程序的执行流程。本节将对 JavaScript 中的流程控制语句及其使用方法进行详细的讲解。

12.4.1 条件控制语句

所谓条件控制语句就是对语句中不同条件的值进行判断，进而根据不同的条件执行不同的语句。条件控制语句主要包括两类：一类是 if 判断语句，另一类是 switch 多分支语句。下面对这两种类型的条件控制语句进行详细的讲解。

条件控制语句

1．if 语句

if 条件判断语句是最基本、最常用的流程控制语句，可以根据条件表达式的值执行相应的处理。if 语句的语法格式如下：

```
if(expression){
    statement 1
}else{
    statement 2
}
```

参数说明：

❑ expression：必选项，用于指定条件表达式，可以使用逻辑运算符。

❑ statement 1：用于指定要执行的语句序列。当 expression 的值为 true 时，执行该语句序列。

❑ statement 2：用于指定要执行的语句序列。当 expression 的值为 false 时，执行该语句序列。

if…else 条件判断语句的执行流程如图 12-3 所示。

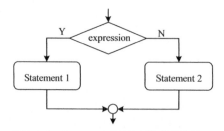

图 12-3 if…else 条件判断语句的执行流程

 说明 上述 if 语句是典型的二路分支结构。其中 else 部分可以省略，而且 statement 1 为单一语句时，其两边的大括号也可以省略。

例如，下面的 3 段代码的执行结果是一样的，都可以计算 2 月份的天数。

```
//计算2月份的天数
 var year=2017;
 var month=0;
 if((year%4==0 && year%100!=0)||year%400==0){     //判断指定年是否为闰年
         month=29;
 }else{
         month=28;
 }
 //计算2月份的天数
 var year=2017;
 var month=0;
 if((year%4==0 && year%100!=0)||year%400==0)    //判断指定年是否为闰年
         month=29;
 else{
         month=28;
 }
 //计算2月份的天数
 var year=2017;
 var month=0;
 if((year%4==0 && year%100!=0)||year%400==0){     //判断指定年是否为闰年
         month=29;
 }else month=28;
```

2. If…else 语句

if…else 语句是 if 语句的标准形式，在 if 语句简单形式的基础之上增加一个 else 从句，当 expression 的值是 false 时则执行 else 从句中的内容。

语法：

```
if(expression){
        statement 1
}else{
        statement 2
}
```

在 if 语句的标准形式中，首先对 expression 的值进行判断，如果它的值是 true，则执行 statement 1 语句块中的内容，否则执行 statement 2 语句块中的内容。

例如，根据变量的值不同，输出不同的内容：

```
var form=0;                        //定义一个变量，值为0
if(form==1){                       //判断变量的值是否为1
        alert("form==1");          //如果变量的值为1，则弹出form==1
}else{                             //使用else从句
        alert("form!=1");          //如果变量的值不为1，则弹出form!=1
}
```

运行结果：form!=1。

3. If…else if 语句

if 语句是一种使用很灵活的语句，除了可以使用 if…else 语句的形式，还可以使用 if…else if 语句的形式。
if…else if 语句的语法格式如下：

```
if (expression 1){
        statement 1
}else if(expression 2){
```

```
        statement 2
}
…
else if(expression n){
        statement n
}else{
        statement n+1
}
```

if…else if 语句的执行流程如图 12-4 所示。

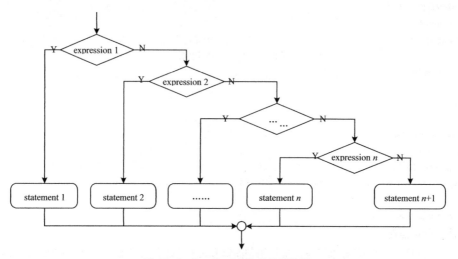

图 12-4　if...else if 语句的执行流程

例如，应用 if…else if 语句对多条件进行判断。首先判断 m 的值是否小于或等于 1，如果是则执行 alert ("m<=1")；否则将继续判断 m 的值是否大于 1 并小于或等于 10，如果是则执行 alert(m>1&&m<=10)，否则将继续判断 m 的值是否大于 10 并且小于或等于 100，如果是则执行 alert("m>10&&m<=100")；最后如果上述的条件都不满足，则执行 alert("m>100");。程序代码如下：

```
var m=56;                           //定义一个变量m值为56
if(m<=1)                            //判断如果m<=1则执行下面的内容
        alert("m<=1");
else if(m>1&&m<=10)                 //判断如果m>1&&m<=10则执行下面的内容
        alert(m>1&&m<=10);
        else if(m>10&&m<=100)       //判断如果m>10&&m<=100则执行下面的内容
        alert("m>10&&m<=100");
        else                        //判断如果m的值不符合上述条件则输出下面的内容
            alert("m>100");
```

运行结果：m>10&&m<=100。

if…else if 语句在实际中的应用也是十分广泛的，例如，可以通过该语句来实现一个时间问候语的功能。即获取系统当前时间，根据不同的时间段输出不同的问候内容。

4. if 语句的嵌套

if 语句不但可以单独使用，而且可以嵌套应用，即在 if 语句的从句部分嵌套另外一个完整的 if 语句。在 if 语句中嵌套使用 if 语句，其外层 if 语句的从句部分的大括号{}可以省略。但是，在使用嵌套的 if 语句时，最好使用大括号{}来确定相互之间的层次关系。否则，由于大括号{}使用位置的不同，可能导致程序代码的含义完全不同，从而输出不同的内容。例如在下面的两个示例中由于大括号{}的位置不同，结果导致程序的输出结果完全不同。

示例一：

在外层 if 语句中应用大括号{}，首先判断外层 if 语句 m 的值是否小于 1，如果 m 小于 1，则执行下面的内容；然后判断当外层 if 语句 m 的值大于 10 时，则执行下面的内容，程序关键代码如下：

```
var m=12;n=m;          //m、n值都为12
if(m<1){               //首先判断外层if语句m的值是否小于1，如果m小于1则执行下面的内容
    if(n==1)           //在m小于1时，判断嵌套的if语句中n的值是否等于1，如果n等于1则输出下面的内容
    alert("判断M小于1，N等于1");
    else               //如果n的值不等于1则输出下面的内容
    alert("判断M小于1，N不等于1");
}else if(m>10){        //判断外层if语句m的值是否大于10，如果m满足条件，则执行下面的语句
    if(n==1)           //如果n等于1，则执行下面的语句
    alert("判断M大于10，N等于1");
    else               //n不等于1，则执行下面的语句
    alert("判断M大于10，N不等于1");
}
```

运行结果：判断 M 大于 10，N 等于 1。

示例二：

更改示例一代码中大括号{}的位置，将大括号"}"放置在 else 语句之前，这时程序代码的含义就发生了变化，程序代码如下：

```
var m=12;n=m;          //m、n值都为12
if(m<1){               //首先判断外层if语句m的值是否小于1，如果m小于1则执行下面的内容
    if(n==1)           //在m小于1时，判断嵌套的if语句中n的值是否等于1，n等于1则输出下面的内容
    alert("判断M小于1，N等于1");
    else               //如果n的值不等于1则输出下面的内容
    alert("判断M小于1，N不等于1");
}else if(m>10){        //判断外层if语句m的值是否大于10,如果m满足条件，则执行下面的语句
    if(n==1)           //如果n等于1，则执行下面的语句
    alert("判断M大于10，N等于1");
}else                  //当m的值不满足条件时,则执行下面的语句
    alert("判断M大于10，N不等于1");
```

此时的大括号"}"被放置在 else 语句之前，else 语句表达的含义也发生了变化（当嵌套语句中 n 的值不等于 1 时将没有任何输出），它不再是嵌套语句中不满足条件时要执行的内容，而是外层语句中的内容，表达的是当外层 if 语句不满足给出的条件时执行的内容。

由于大括号"}"位置的变化，结果导致相同的程序代码有了不同的含义，从而导致该示例没有任何内容输出。

说明 在嵌套应用 if 语句的过程中，最好使用大括号{}确定程序代码的层次关系。

5. switch 语句

switch 是典型的多路分支语句，其作用与嵌套使用 if 语句基本相同，但 switch 语句比 if 语句更具有可读性，而且 switch 语句允许在找不到一个匹配条件的情况下执行默认的一组语句。switch 语句的语法格式如下：

```
switch (expression){
    case judgement 1:
        statement 1;
        break;
```

```
case judgement 2:
    statement 2;
    break;
...
case judgement n:
    statement n;
    break;
default:
    statement n+1;
  break;
}
```

参数说明：

❑ expression：任意的表达式或变量。

❑ judgement：任意的常数表达式。当 expression 的值与某个 judgement 的值相等时，就执行此 case 后的 statement 语句；如果 expression 的值与所有的 judgement 的值都不相等，则执行 default 后面的 statement 语句。

❑ break：用于结束 switch 语句，从而使 JavaScript 只执行匹配的分支。如果没有 break 语句，则该 switch 语句的所有分支都将被执行，switch 语句也就失去了使用的意义。

switch 语句的执行流程如图 12-5 所示。

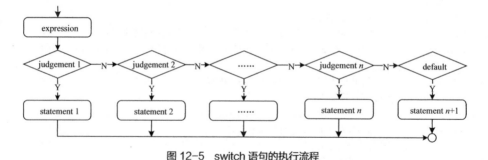

图 12-5　switch 语句的执行流程

【例 12-3】 实现 51 购商城登录界面，用户登录时，账户密码如果输入正确，则登录成功；否则登录失败。使用 JavaScript 条件控制语句实现此功能，效果如图 12-6 所示。

图 12-6　条件控制用户的登录

（1）创建一个 HTML 页面，引入 mr-basic.css 和 mr-login.css 文件，搭建页面的布局和样式。主要使用<form>标签，显示用户的账号和密码，关键代码如下：

```html
<!--用户账户和密码的表单-->
<form>
  <div class="user-name">
      <label for="user"><i class="mr-icon-user"></i></label>
      <input type="text" name="user" id="user" placeholder="邮箱/手机/用户名">
  </div>
  <div class="user-pass">
      <label for="password"><i class="mr-icon-lock"></i></label>
      <input type="password" name="password" id="password" placeholder="请输入密码">
  </div>
</form>
```

（2）在 HTML 页面中，通过<script></script>标签，编写 JavaScript 逻辑代码。使用条件控制语句判断用户登录是否成功，如果用户输入账户密码信息正确，则弹出"登录成功"提示信息，否则将弹出"您输入的账户或密码错误"，关键代码如下：

```javascript
<script>
    function login(){
        var user=document.getElementById("user");            //获取账户信息
        var password=document.getElementById("password");    //获取密码信息
        if(user.value!=='mr' && password.value!=='mrsoft' ){
            alert('您输入的账户或密码错误! ');
        }else{
            alert('登录成功! ');
        }
    }
</script>
```

 说明　在程序开发的过程中，使用 if 语句还是使用 switch 语句可以根据实际情况而定，尽量做到物尽其用，不要因为 switch 语句的效率高就一味地使用，也不要因为 if 语句常用就不应用 switch 语句。要根据实际的情况，具体问题具体分析，使用最适合的条件语句。一般情况下对于判断条件较少的可以使用 if 条件语句，但是在实现一些多条件的判断中，就应该使用 switch 语句。

12.4.2　循环控制语句

所谓循环语句主要就是在满足条件的情况下反复执行某一个操作。循环控制语句主要包括：while、do…while 和 for 循环语句，下面分别进行讲解。

1. While 循环语句

与 for 语句一样，while 循环语句也可以实现循环操纵。while 循环语句也称为前测试循环语句，它利用一个条件来控制是否要继续重复执行这个语句。while 循环语句与 for 循环语句相比，无论是语法还是执行的流程，都较为简明易懂。while 循环语句的语法格式如下：

循环控制语句

```
while(expression){
    statement
}
```

参数说明：

❑　expression：一个包含比较运算符的条件表达式，用来指定循环条件。

❑　statement：用来指定循环体，在循环条件的结果为 true 时，重复执行。

 while 循环语句之所以命名为前测试循环，是因为它要先判断此循环的条件是否成立，然后才进行重复执行的操作。也就是说，while 循环语句执行的过程是先判断条件表达式，如果条件表达式的值为 true，则执行循环体，并且在循环体执行完毕后，进入下一次循环，否则退出循环。

while 循环语句的执行流程如图 12-7 所示。

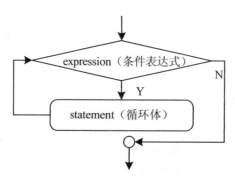

图 12-7　while 循环语句的执行流程

 在使用 while 语句时，一定要保证循环可以正常结束，即必须保证条件表达式的值存在为 true 的情况，否则将形成死循环。例如，下面的循环语句就会造成死循环，原因是 i 永远都小于 100。

```
var i=1;
while(i<=100){
    alert(i);        //输出i的值
}
```

while 循环语句经常用于循环执行的次数不确定的情况下。

2. do…while 循环语句

do…while 循环语句也称为后测试循环语句，它也是利用一个条件来控制是否要继续重复执行这个语句。与 while 循环语句不同的是，它先执行一次循环语句，然后判断是否继续执行。do…while 循环语句的语法格式如下：

```
do{
    statement
} while(expression);
```

参数说明：

❑　statement：用来指定循环体，循环开始时首先被执行一次，然后在循环条件的结果为 true 时，重复执行。

❑　expression：一个包含比较运算符的条件表达式，用来指定循环条件。

 do…while 循环语句执行的过程是：先执行一次循环体，然后判断条件表达式，如果条件表达式的值为 true，则继续执行，否则退出循环。也就是说，do…while 循环语句中的循环体至少被执行一次。

do…while 循环语句的执行流程如图 12-8 所示。

do…while 循环语句同 while 循环语句类似，也常用于循环执行的次数不确定的情况。

do…while 语句结尾处的 while 语句括号后面有一个分号 ";"，在书写的过程中一定不能遗漏，否则 JavaScript 会认为循环语句是一个空语句，后面大括号{}中的代码一次也不会执行，并且程序会陷入死循环。

3. for 循环语句

for 循环语句也称为计次循环语句，一般用于循环次数已知的情况，在 JavaScript 中应用比较广泛。for 循环语句的语法格式如下：

```
for(initialize;test;increment){
    statement
}
```

参数说明：

❑ initialize：初始化语句，用来对循环变量进行初始化赋值。

❑ test：循环条件，一个包含比较运算符的表达式，用来限定循环变量的边限。如果循环变量超过了该边限，则停止该循环语句的执行。

❑ increment：用来指定循环变量的步幅。

❑ statement：用来指定循环体，在循环条件的结果为 true 时，重复执行。

for 循环语句执行的过程是：先执行初始化语句，然后判断循环条件，如果循环条件的结果为 true，则执行一次循环体，否则直接退出循环，执行迭代语句，改变循环变量的值，至此完成一次循环；最后进行下一次循环，直到循环条件的结果为 false，才结束循环。

for 循环语句的执行流程如图 12-9 所示。

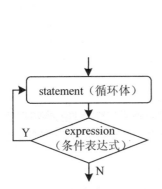

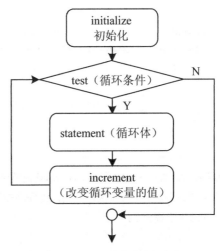

图 12-8　do…while 循环语句的执行过程　　　图 12-9　for 循环语句的执行流程

为使读者更好地了解 for 语句的使用，下面通过一个具体的实例来介绍 for 语句的使用方法。

【例 12-4】 使用 JavaScript 语法实现九九乘法表，效果如图 12-10 所示。

JavaScript实现的九九乘法表

1*1=1								
2*1=2	2*2=4							
3*1=3	3*2=6	3*3=9						
4*1=4	4*2=8	4*3=12	4*4=16					
5*1=5	5*2=10	5*3=15	5*4=20	5*5=25				
6*1=6	6*2=12	6*3=18	6*4=24	6*5=30	6*6=36			
7*1=7	7*2=14	7*3=21	7*4=28	7*5=35	7*6=42	7*7=49		
8*1=8	8*2=16	8*3=24	8*4=32	8*5=40	8*6=48	8*7=56	8*8=64	
9*1=9	9*2=18	9*3=27	9*4=36	9*5=45	9*6=54	9*7=63	9*8=72	9*9=81

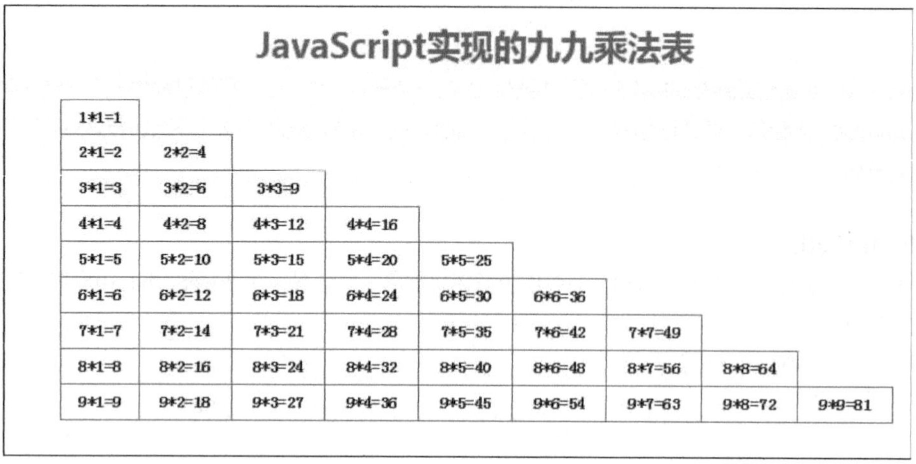

图 12-10　九九乘法表的界面

创建一个 HTML 页面，引入 mr-style.css 文件，搭建页面的布局和样式。使用<script></script>标签，在 HTML 页面中直接编写 JavaScript 代码。通过循环控制语句，在 JavaScript 代码中直接输出<table>标签，将九九乘法表显示展现，关键代码如下：

```
<script>
    //使用document对象，在<body>标签中插入<table>标签
    document.write("<table>");
    var str = "JavaScript实现的九九乘法表";
    document.write("<h1>" + str + "</h1>");
    //循环控制语句
    for ( var x = 1; x <= 9; x++) {
        //使用document对象，在<table>标签中插入<tr>标签
        document.write("<tr>");
        //嵌套循环
        for ( var y = 1; y <= x; y++) {
            //使用document对象，在<tr>标签中插入<td>标签
            document.write("<th>" + x + "*" + y + "=" + (x * y) + "</th>");
        }
        document.write("</tr>");
    }
    document.write("</table>");
</script>
```

说明

在使用 for 语句时，一定要保证循环可以正常结束，也就是必须保证循环条件的结果存在为 true 的情况，否则循环体将无休止地执行下去，从而形成死循环。例如，下面的循环语句就会造成死循环，原因是 i 永远大于等于 1。

```
for(i=1;i>=1;i++){
    alert(i);
}
```

12.4.3 跳转语句

1. continue 语句

continue 语句用于中止本次循环，并开始下一次循环。其语法格式如下：

```
continue;
```

continue 语句只能应用在 while、for、do…while 和 switch 语句中。

例如，在 for 语句中通过 continue 语句计算金额大于等于 1000 的数据的和，代码如下：

```
var total=0;
var sum=new Array(1000,1200,100,600,736,1107,1205);        //声明一个一维数组
for ( i=0;i<sum.length;i++ ) {
    if   (sum[i]<1000) continue;                          //不计算金额小于1000的数据
    total+=sum[i];
}
    document.write("累加和为："+total);                    //输出计算结果
```

运行结果为："累加和为：4512"。

当使用 continue 语句中止本次循环后，如果循环条件的结果为 false，则退出循环，否则继续下一次循环。

2. break 语句

break 语句用于退出包含在最内层的循环或者退出一个 switch 语句。break 语句的语法格式如下：

```
break;
```

例如，在 for 语句中通过 break 语句中断循环的代码如下。

```
var sum=0;
for ( i=0;i<100;i++ ) {
    sum+=i;
    if   (sum>10) break;          //如果sum>10就会立即跳出循环
}
document.write("0至"+i+"(包括"+i+")之间自然数的累加和为："+sum);
```

运行结果为："0 至 5（包括 5）之间自然数的累加和为：15"。

12.5 函数

函数实质上就是可以作为一个逻辑单元对待的一组 JavaScript 代码。使用函数可以使代码更为简洁，提高重用性。在 JavaScript 中，大约 95%的代码都是包含在函数中的。本节将对 JavaScript 中函数的使用进行详细讲解。

12.5.1 函数的定义

在 JavaScript 中，函数的定义是由关键字 function、函数名加一组参数以及置于大括号中需要执行的一段代码定义的。定义函数的基本语法如下：

```
function functionName([parameter 1, parameter 2,……]){
```

函数的定义

213

```
        statements;
        [return expression;]
    }
```

参数说明：

❑ functionName：必选，用于指定函数名。在同一个页面中，函数名必须是唯一的，并且区分大小写。

❑ parameter：可选，用于指定参数列表。当使用多个参数时，参数间使用逗号进行分隔。一个函数最多可以有 255 个参数。

❑ statements：必选，是函数体，用于实现函数功能的语句。

❑ expression：可选，用于返回函数值。expression 为任意的表达式、变量或常量。

例如，定义一个用于计算商品金额的函数 account( )，该函数有两个参数，用于指定单价和数量，返回值为计算后的金额。具体代码如下：

```
function account(price,number){
    var sum=price*number;            //计算金额
    return sum;                      //返回计算后的金额

}
```

12.5.2 函数的调用

函数定义后并不会自动执行，要执行一个函数需要在特定的位置调用函数，调用函数需要创建调用语句，调用语句包含函数名称、参数具体值。下面介绍 3 种调用函数的方式。

函数的调用

1. 函数的简单调用

函数的定义语句通常被放在 HTML 文件的<head>段中，而函数的调用语句通常被放在<body>段中，如果在函数定义之前调用函数，执行将会出错。

函数的定义及调用语法如下：

```
<html>
<head>
<script type="text/javascript">
function functionName(parameters){        //定义函数
    some statements;
}
</script>
</head>
<body>
    functionName(parameters);             //调用函数
</body>
</html>
```

参数说明：

❑ functionName：函数的名称。

❑ parameters：参数名称。

 函数的参数分为形式参数和实际参数，其中形式参数为函数赋予的参数，它代表函数的位置和类型，系统并不为形参分配相应的存储空间。调用函数时传递给函数的参数称为实际参数，实参通常在调用函数之前已经被分配了内存，并且赋予了实际的数据，在函数的执行过程中，实际参数参与了函数的运行。

2. 在事件响应中调用函数

当用户单击某个按钮或某个复选框时都将触发事件，通过编写程序对事件做出反应的行为称为响应事件，在 JavaScript 语言中，将函数与事件相关联就完成了响应事件的过程。例如，当用户单击某个按钮时执行相应的函数，代码如下：

```
<script language="javascript">
    function test(){                                        //定义函数
    alert("test");
}
</script>
</head>
<body>
<form action="" method="post" name="form1">
<input type="button" value="提交" onClick="test();">        //在按钮事件触发时调用自定义函数
</form>
</body>
```

在上述代码中可以看出，首先定义一个名为 test() 的函数，函数体比较简单，然后使用 alert() 语句返回一个字符串，最后在按钮 onClick 事件中调用 test() 函数。当用户单击提交按钮后将弹出相应对话框。

3. 通过链接调用函数

函数除了可以在响应事件中被调用之外，还可以在链接中被调用，在<a>标签中的 href 标记中使用"javascript:关键字"格式来调用函数，当用户单击这个链接时，相关函数将被执行。下面的代码实现了通过链接调用函数。

```
<script language="javascript">
function test(){                                        //定义函数
    alert("我喜欢JavaScript");
}
</script>
</head>
<body>
<a href="javascript:test();">test</a>                     //在链接中调用自定义函数
</body>
```

12.5.3 函数的使用

1. 函数参数的使用

在 JavaScript 中定义函数的完整格式如下：

```
function 自定义函数名（形参1，形参2，……）
{
    函数体
}
</script>
```

定义函数时，在函数名后面的圆括号内可以指定一个或多个参数（参数之间用逗号","分隔）。指定参数的作用在于，当调用函数时，可以为被调用的函数传递一个或多个值。

如果定义的函数有参数，那么调用该函数的语法格式如下：

```
函数名（实参1，实参2，……）
```

通常，在定义函数时使用了多少个形参，在函数调用时也必须给出多少个实参（这里需要注意是，实参之间也必须用逗号","分隔）。

2. 使用函数的返回值

有时需要在函数中返回一个在其他函数中使用的数值，为了能够给变量返回一个值，可以在函数中添加

return 语句，将需要返回的值赋予变量，再将此变量返回。其语法如下：

```
<script type="text/javascript">
function functionName(parameters){
    var results=somestaments;
    return results;
}
</script>
```

参数说明：

- ❑ results：函数中的局部变量。
- ❑ return：函数中返回变量的关键字。

返回值在调用函数时不是必须定义的。

【例 12-5】 在 51 购商城的商品详情页面中，单击"加入购物车"按钮，将会调用相关的 JavaScript 函数，效果如图 12-11 所示。

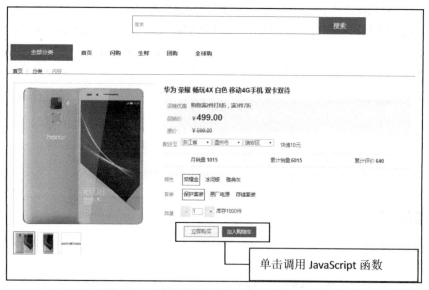

图 12-11 商品详情页面调用 JavaScript 函数

（1）创建一个 HTML 页面，引入 mr-basic.css、mr-demo.css、mr-optstyle 和 mr-infoStyle.css 文件，搭建页面的布局和样式。"加入购物车"按钮使用<a>标签进行显示，关键代码如下：

```
<div class="pay">
    <div class="pay-opt">
        <a href="index.html"><span class="mr-icon-home mr-icon-fw">
            首页</span></a>
        <a><span class="mr-icon-heart mr-icon-fw">收藏</span></a>
    </div>
    <li>
        <div class="clearfix tb-btn tb-btn-buy theme-login">
            <a id="LikBuy" title="点此按钮到下一步确认购买信息"
            href="javascript:void(0)" onclick="mr_function();">立即购买</a>
```

```
                    </div>
                </li>
                <li>
                    <div class="clearfix tb-btn tb-btn-basket theme-login">
                        <a id="LikBasket" title="加入购物车"
                        href="javascript:void(0)" onclick="mr_function();"><i></i>加入购物车</a>
                    </div>
                </li>
        </div>
```

（2）在 HTML 页面中，通过<script></script>标签，编写 Javascript 逻辑代码。当单击"加入购物车"按钮时，通过 onclick 属性，会触发 JavaScript 中的 mr_function()函数，关键代码如下：

```
<script>
    function mr_function(){
        alert('触发了一个函数！');
    }
</script>
```

12.5.4 几种特殊的函数

除了使用基本的 function 语句之外，还可使用另外两种方式来定义函数，即使用构造函数 Function()和使用函数直接量，这两者之间存在很重要的差别，分别如下：

几种特殊的函数

（1）构造函数 Function()允许在运行时动态创建和编译 JavaScript 代码，而函数直接量却是程序结构的一个静态部分，就像函数语句一样。

（2）每次调用构造函数 Function()时都会解析函数体，并且创建一个新的函数对象。如果对构造函数的调用出现在一个循环中，或者出现在一个经常被调用的函数中，这种方法的效率将非常低。而函数直接量不论出现在循环体还是出现在嵌套函数中，既不会在每次调用时都被重新编译，也不会在每次遇到时都创建一个新的函数对象。

（3）使用 Function()创建的函数使用的不是静态作用域，相反地，该函数总是被当作顶级函数来编译。

1. JavaScript 中的内置函数

在使用 JavaScript 语言时，除了可以自定义函数之外，还可以使用 JavaScript 的内置函数，这些内置函数是由 JavaScript 语言自身提供的函数。

JavaScript 中的内置函数如表 12-12 所示。

表 12-12 JavaScript 中的内置函数

函数	说明
eval()	求字符串中表达式的值
isFinite()	判断一个数值是否为无穷大
inNaN()	判断一个数值是否为 NaN
parseInt()	将字符型转化为整型
parseFloat()	将字符型转化为浮点型
encodeURI()	将字符串转化为有效的 URL
encodeURIComponent()	将字符串转化为有效的 URL 组件
decodeURI()	对 encodeURL()编码的文本进行解码
DecodeURIComponent()	对 encodeURIComponent()编码的文本进行解码

下面将对一些常用的内置函数做详细介绍。

（1）parseInt( )函数

该函数主要将首位为数字的字符串转化成数字，如果字符串不是以数字开头，那么将返回 NaN。其语法如下：

parseInt(StringNum,[n])

参数说明：

❑ StringNum：需要转换为整型的字符串。

❑ n：提供 2～36 的数字表示所保存数字的进制数。这个参数在函数中不是必须的。

（2）parseFloat( )函数

该函数主要将首位为数字的字符串转化成浮点型数字，如果字符串不是以数字开头，那么将返回 NaN。其语法如下：

parseFloat(StringNum)

参数说明：

❑ StringNum：表示需要转换为浮点型的字符串。

（3）isNaN( )函数

该函数主要用于检验某个值是否为 NaN。其语法如下：

isNaN(Num)

参数说明：

❑ Num：表示需要验证的数字。

如果参数 Num 为 NaN，函数返回值为 true，如果参数 Num 不是 NaN，函数返回值为 false。

（4）isFinite( )函数

该函数主要用于检验某个表达式是否为无穷大。其语法如下：

isFinite(Num)

参数说明：

❑ Num：表示需要验证的数字。

（5）encodeURI( )函数

该函数主要用于返回一个 URI 字符串编码后的结果。其语法如下：

encodeURI(url)

参数说明：

❑ url：表示需要转化为网络资源地址的字符串。

URI 与 URL 都可以表示网络资源地址，URI 比 URL 表示范围更加广泛，但在一般情况下，URI 与 URL 可以是等同的。encodeURI( )函数只对字符串中有意义的字符进行转义。例如将字符串中的空格转化为 "%20"。

（6）decodeURI( )函数

该函数主要用于将已编码为 URI 的字符串解码成最初的字符串并返回。其语法如下：

decodeURI(url)

参数说明：

❑ url：表示需要解码的网络资源地址。

decodeURI 函数可以将使用 encodeURI( )转码的网络资源地址转化为字符串并返回，也就是说 decodeURI( )函数是 encodeURI( )函数的逆向操作。

2. 嵌套函数的使用

所谓嵌套函数，是在函数内部再定义一个函数，这样定义的优点在于可以使内部函数轻松获得外部函数的参数以及函数的全局变量等。其语法如下：

```
<script type="text/javascript">
var outter=10;
function functionName(parameters1,parameters2){        //定义外部函数
    function InnerFunction(){                           //定义内部函数
     somestatements;
    }
}
</script>
```

参数说明：

❑ functionName：外部函数名称。

❑ InnerFunction：嵌套函数名称。

内部函数 innerAdd( )获取了外部函数的参数 number1、number2 以及全局变量 outter 的值，然后在内部类中将这 3 个变量相加，并返回这 3 个变量的和，最后在外部函数中调用了内部函数。

可以看到嵌套函数在 JavaScript 语言中非常强大，但使用嵌套函数时要当心，因为它会使程序可读性降低。

3. 递归函数的使用

所谓递归函数就是函数在自身的函数体内调用自身，使用递归函数时一定要当心，处理不当将会使程序进入死循环，递归函数只在特定的情况下使用，比如处理阶乘问题。其语法如下：

```
<script type="text/javascript">
var outter=10;
function functionName(parameters1){
     functionName(parameters2);
}
</script>
```

参数说明：

❑ functionName：表示递归函数名称。

小 结

本章主要针对 JavaScript 语言的基本语法进行讲解，包括数据结构、数据类型、运算符与表达式、流程控制语句、函数等。其中，流程控制语句和函数在实际开发中经常会用到，需要认真学习并做到灵活运用。

上机指导

编写一个将数字字符串格式化为指定长度的 JavaScript 函数，如图 12-12 所示。

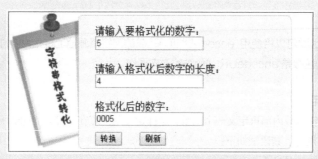

图 12-12　将数字字符串格式化

程序开发步骤如下：

（1）编写将数字字符串格式化为指定长度的 JavaScript 自定义函数 formatNO( )，该函数有两个参数，分别是 str（要格式化的数字）和 len（格式化后数字的长度），返回值为格式化后的数字，代码如下：

上机指导

```
<script language="javascript">
function formatNO(str,len){
    var strLen=str.length;
    for(i=0;i<len-strLen;i++){
        str="0"+str;
    }
    return str;
}
</script>
```

（2）编写 JavaScript 自定义函数 deal( )，用于在验证用户输入信息后，调用 formatNO( )函数将指定数字格式化为指定长度，具体代码如下：

```
<script language="javascript">
function deal( ){
if(form1.str.value=="")
{alert("请输入要格式化的数字！");form1.str.focus( );return false;}
if(isNaN(form1.str.value)){
    alert("您输入的数字不正确!");form1.str.focus( );return false;
}
if(form1.le.value=="")
{alert("请输入格式化后的长度！");form1.le.focus( );return false;}
if(isNaN(form1.le.value)){
    alert("您输入的格式化的长度不正确!");form1.le.focus( );return false;
}
form1.lastStr.value=formatNO(form1.str.value,form1.le.value);
}
</script>
```

（3）在页面的合适位置添加"转换"按钮，在该按钮的 onClick 事件中调用 deal( )函数将指定的数字格式化为指定长度，代码如下：

```
<input name="Submit" type="button" class="btn_grey" onClick="deal( );" value="转换">
```

习 题

12-1　JavaScript 中变量的命名规则？

12-2　JavaScript 中数字型数据主要有哪几种数据类型？

12-3　简述 if 语句和 switch 语句的区别。

12-4　常见的循环控制语句有哪几种？

12-5　函数的定义是什么？

12-6　如何通过链接调用函数？

12-7　常用的函数种类有哪些？

PART13

第13章

JavaScript对象编程

■ JavaScript 是基于对象（object-based）的语言，本章将对 JavaScript 中常见的几种对象进行详细讲解，包括 Window 对象、Document 文档对象、JavaScript 与表单操作、DOM 对象等。

本章要点：

- 熟悉Window对象的属性及方法
- 熟悉各种对话框的使用
- 掌握窗口的打开与关闭技术
- 掌握通过Window对象控制窗口
- 熟悉Window对象的常用事件
- 掌握IE浏览器常见的几种窗口模块的创建
- 熟悉文档对象的基本概念
- 掌握文档对象常用的属性、方法和事件
- 掌握使用文档对象实现的几种常见功能
- 掌握如何在JavaScript中访问表单及表单域
- 熟悉表单验证方法
- 了解DOM的基本概念
- 熟悉DOM与XML的关系
- 掌握DOM节点的操作

13.1 Window 对象

13.1.1 Window 对象概述

Window 对象代表的是打开的浏览器窗口，通过 Window 对象可以控制窗口的大小和位置、由窗口弹出的对话框，以及打开窗口与关闭窗口，还可以控制窗口上是否显示地址栏、工具栏和状态栏等栏目。对于窗口中的内容，Window 对象可以控制是否重载网页、返回上一个文档或前进到下一个文档。

Window 对象

在框架方面，Window 对象可以处理框架与框架之间的关系，并通过这种关系在一个框架处理另一个框架中的文档。Window 对象还是所有其他对象的顶级对象，通过对 Window 对象的子对象进行操作，可以实现更多的运态效果。Window 对象作为对象的一种，也有着其自己的方法和属性。

1. Window 对象的属性

顶层 Window 对象是所有其他子对象的父对象，它出现在每一个页面上，并且可以在单个 JavaScript 应用程序中被多次使用。

为了便于读者的学习，本节将 Window 对象中的属性以表格的形式进行详细说明。Window 对象的属性以及说明如表 13-1 所示。

表 13-1　Window 对象的属性

属性	描述
document	对话框中显示的当前文档
frames	表示当前对话框中所有 frame 对象的集合
location	指定当前文档的 URL
name	对话框的名字
status	状态栏中的当前信息
defaultstatus	状态栏中的当前信息
top	表示最顶层的浏览器对话框
parent	表示包含当前对话框的父对话框
opener	表示打开当前对话框的父对话框
closed	表示当前对话框是否关闭的逻辑值
self	表示当前对话框
screen	表示用户屏幕，提供屏幕尺寸、颜色深度等信息
navigator	表示浏览器对象，用于获得与浏览器相关的信息

2. Window 对象的方法

除了属性之外，Window 对象还拥有很多方法。Window 对象的方法如表 13-2 所示。

表 13-2　Window 对象的方法

方法	描述
alert( )	弹出一个警告对话框
confirm( )	在确认对话框中显示指定的字符串
prompt( )	弹出一个提示对话框
open( )	打开新浏览器对话框并且显示由 URL 或名字引用的文档，并设置创建对话框的属性
close( )	关闭被引用的对话框
focus( )	将被引用的对话框放在所有打开对话框的前面
blur( )	将被引用的对话框放在所有打开对话框的后面
scrollTo(x, y)	把对话框滚动到指定的坐标
scrollBy(offsetx, offsety)	按照指定的位移量滚动对话框
SetTimeout(timer)	在指定的毫秒数过后，对传递的表达式求值
setInterval(interval)	指定周期性执行代码
moveTo(x, y)	将对话框移动到指定坐标处
moveBy(offsetx, offsety)	将对话框移动到指定的位移量处
resizeTo(x, y)	设置对话框的大小
resizeBy(offsetx, offsety)	按照指定的位移量设置对话框的大小
print( )	相当于浏览器工具栏中的"打印"按钮
navigate(URL)	使用对话框显示 URL 指定的页面
Status( )	状态条，位于对话框下部的信息条
Defaultstatus( )	状态条，位于对话框下部的信息条

3. Window 对象的使用

Window 对象可以直接调用其方法和属性，例如：

```
window.属性名
window.方法名（参数列表）
```

Window 是不需要使用 new 运算符来创建的对象。因此，在使用 Window 对象时，只要直接使用"Window"来引用 Window 对象即可，代码如下：

```
window.alert（"字符串"）；
window.document.write（"字符串"）；
```

在实际运用中，JavaSctipt 允许使用一个字符串来给窗口命名，也可以使用一些关键字来代替某些特定的窗口。例如，使用"self"代表当前窗口、"parent"代表父级窗口等。对于这种情况，可以用这些字符串来代表"window"，代码如下：

```
parent.属性名
parent.方法名（参数列表）
```

13.1.2　对话框

对话框（Dialog）是响应用户某种需求而弹出的小窗口，本节将介绍几种常用的对话框：警告对话框、询问回答对话框及提示对话框。

1. 警告对话框

在页面显示时弹出警告（Alert）对话框，主要是在<body>标签中调用 Window 对象的 alert( )方法实现的，下面对该方法进行详细说明。

利用 Window 对象的 alert( )方法可以弹出一个警告框，并且在警告对话框内可以显示提示字符串文本。其语法如下：

对话框

```
window.alert(str)
```

参数说明：

❑　str：表示要在警告对话框中显示的提示字符串。

用户可以单击警告对话框中的"确定"按钮来关闭该警告对话框。不同浏览器的警告对话框样式可能会有些不同。

警告对话框是由当前运行的页面弹出的，在对该对话框进行处理之前，不能对当前页面进行操作，并且其后面的代码也不会被执行。只有将警告对话框进行处理后（如单击"确定"或者关闭对话框），才可以对当前页面进行操作，后面的代码也才能继续执行。

也可以利用 alert( )方法对代码进行调试。当弄不清楚某段代码执行到哪里，或者不知道当前变量的取值情况，便可以利用该方法显示有用的调试信息。

2. 询问回答对话框

Window 对象的 confirm( )方法用于弹出一个询问回答为是或否问题的对话框。该对话框中包含两个按钮（在中文操作系统中显示为"确定"和"取消"，在英文操作系统中显示为"OK"和"Cancel"）。当用户单击"确定"按钮，返回值为 true；单击"取消"按钮，返回值为 false。其语法如下：

```
window. confirm(question)
```

参数说明：

❑　window：Window 对象。

❑　question：要在对话框中显示的纯文本。通常，应该表达程序想要让用户回答的问题。

❑　返回值：如果用户单击"确定"按钮，返回值为 true；如果用户单击"取消"按钮，返回值为 false。

3. 提示对话框

利用 Window 对象的 Prompt( )方法可以在浏览器窗口中弹出一个提示（Prompts）对话框。与警告框和确认框不同，在提示对话框中有一个输入框。当显示输入框时，在输入框内显示提示字符串，在输入文本框显示缺省文本，并等待用户输入，当用户在该输入框中输入文字后，并单击"确定"按钮时，返回用户输入的字符串，当单击"取消"按钮时，返回 null 值。其语法如下：

```
window.prompt(str1, str2)
```

参数说明：

❑　str1：为可选项。表示字符串（String），指定在对话框内要被显示的信息。如果忽略此参数，将不显示任何信息。

❑　str2：为可选项。表示字符串（String），指定对话框内输入框（input）的值（value）。如果忽略此参数，将被设置为 undefined。

【例 13-1】本实例使用 HTML 语法，在页面中显示 Window 对象常用对话框，效果如图 13-1 所示。

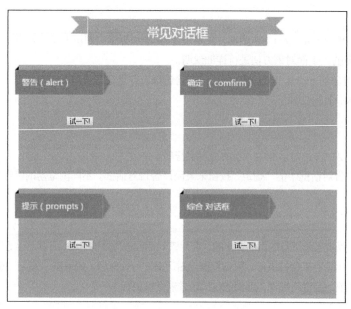

图 13-1　Window 对象常用对话框

（1）创建一个 HTML 页面，引入 mr-style.css 文件，搭建页面的布局和样式，关键代码如下：

```
<!DOCTYPE HTML>
<html>
<head>
    <meta charset="utf-8" />
    <title>JavaScript数据类型</title>
    <!--引入页面样式文件 -->
    <link rel="stylesheet" type="text/css" href="css/mr-style.css">
</head>
<body>
<div >
    <section>
        <h2><span>常用对话框</span></h2>
        <!—这里继续填写代码 -->
    </section>
</div>
</body>
</html>
```

（2）编写 alert 对话框的展示代码，用户单击"试一下"按钮，弹出 alert 对话框的内容，关键代码如下：

```
<div class="mr-box">
        <span class="mr-item">警告（alert）</span>
        <span class="mr-info-first">
            <button type="button" onclick="mr_alert()">试一下!</button>
        </span>
</div>
<script>
    //警告
    function mr_alert(){
        window.alert("警告：支付成功! ");
    }
```

```
</script>
```

（3）编写 confirm 对话框的展示代码，用户单击"试一下"按钮，弹出 confirm 对话框的内容，关键代码如下：

```
<div class="mr-box">
         <span class="mr-item">确定 （comfirm）</span>
          <span class="mr-info">
               <button type="button" onclick="mr_confirm()">试一下!</button>
          </span>
 </div>
<script>
    //确定
    function mr_confirm(){
         window.confirm("询问：确定要购买吗？");
    }
</script>
```

（4）编写 prompts 对话框的展示代码，用户单击"试一下"按钮，弹出 prompts 对话框，关键代码如下：

```
<div class="mr-box">
         <span class="mr-item">提示（prompts）</span>
         <span class="mr-info">
              <button type="button" onclick="mr_prompts()">试一下!</button>
         </span>
</div>
<script>
    //提示留言
    function mr_prompts(){
         window.prompt("请输入你的邮寄地址","");
    }
</script>
```

（5）编写综合对话框的展示代码，用户单击"试一下"按钮，弹出一系列对话框的内容，关键代码如下：

```
<div class="mr-box">
         <span class="mr-item">综合 对话框</span>
          <span class="mr-info">
               <button type="button" onclick="mr_dialog()">试一下!</button>
          </span>
</div>
<script>
    //综合对话框
    function mr_dialog(){
         window.confirm("询问：确定要购买吗？");
         window.prompt("请输入你的邮寄地址","")
         window.alert("支付成功！")
    }
</script>
```

13.1.3　窗口对象常用操作

1. 移动窗口

下面介绍 3 种移动窗口的方法。

（1）moveTo()方法

利用 moveTo()方法可以将窗口移动到指定坐标（x,y）处。其语法如下：

窗口对象常用操作

```
window.moveTo(x,y)
```

参数说明：

❑ x：窗口左上角的 x 坐标。

❑ y：窗口左上角的 y 坐标。

例如，将窗口移动到指定坐标（300,300）处，代码如下：

```
window.moveTo(300,300)
```

 说明 moveTo( )方法是 Navigator 和 IE 都支持的方法，它不属于 W3C 标准的 DOM。

（2）resizeTo( )方法

利用 resizeTo( )方法可以将当前窗口改变成(x,y)大小，x、y 分别为宽度和高度。其语法如下：

```
window.resizeTo(x,y)
```

参数说明：

❑ x：窗口的水平宽度。

❑ y：窗口的垂直宽度。

例如，将当前窗口改变成（300,200）大小，代码如下：

```
window.moveTo(300,200)
```

（3）screen 对象

screen 对象是 JavaScript 中的屏幕对象，反映了当前用户的屏幕设置。该对象的常用属性如表 13-3 所示。

表 13-3 screen 对象的常用属性

属性	说明
width	用户整个屏幕的水平尺寸，以像素为单位
height	用户整个屏幕的垂直尺寸，以像素为单位
pixelDepth	显示器的每个像素的位数
colorDepth	返回当前颜色设置所用的位数，1 代表黑白；8 代表 256 色；16 代表增强色；24/32 代表真彩色。8 位颜色支持 256 种颜色，16 位颜色（通常叫做"增强色"）支持大概 64000 种颜色，而 24 位颜色（通常叫做"真彩色"）支持大概 1600 万种颜色
availHeight	返回窗口内容区域的垂直尺寸，以像素为单位
availWidth	返回窗口内容区域的水平尺寸，以像素为单位

例如，使用 screen 对象设置屏幕属性，代码如下：

```
window.screen.width          //屏幕宽度
window.screen.height         //屏幕高度
window.screen.colorDepth     //屏幕色深
window.screen.availWidth      //可用宽度
window.screen.availHeight    //可用高度(除去任务栏的高度)
```

2. 改变窗口大小

利用 Window 对象的 resizeBy( )方法可以将当前窗口改变指定的大小（x,y），当 x、y 的值大于 0 时为扩大，小于 0 时为缩小。其语法如下：

```
window.resizeBy(x,y)
```

参数说明：

❑ x：放大或缩小的水平宽度。

❑   y：放大或缩小的垂直宽度。

3．窗口滚动

利用 Window 对象的 scroll( )方法可以指定窗口的当前位置，从而实现窗口滚动效果。

其语法如下：

```
scroll(x,y);
```

参数说明：

❑   x：屏幕的横向坐标。

❑   y：屏幕的纵向坐标。

Window 对象中有 3 种方法可以用来滚动窗口中的文档，这 3 种方法的使用如下：

```
window.scroll（x,y）
window.scrollTo（x,y）
window.scrollBy（x,y）
```

以上 3 种方法的具体解释如下：

❑   scroll( )：该方法可以将窗口中显示的文档滚动到指定的绝对位置。滚动的位置由参数 x 和 y 决定，其中 x 为要滚动的横向坐标，y 为要滚动的纵向坐标。两个坐标都是相对文档的左上角而言的，即文档的左上角坐标为（0,0）。

❑   scrollTo( )：该方法的作用与 scroll( )方法完全相同。scroll( )方法是 JavaScript 1.1 中所规定的，而 scrollTo( )方法是 JavaScript 1.2 中所规定的。建议使用 scrollTo( )方法。

❑   scrollBy( )：该方法可以将文档滚动到指定的相对位置上，参数 x 和 y 是相对当前文档位置的坐标。如果参数 x 的值为正数，则向右滚动文档，如果参数 x 值为负数，则向左滚动文档。与此类似，如果参数 y 的值为正数，则向下滚动文档，如果参数 y 的值为负数，则向上滚动文档。

4．访问窗口历史

利用 history 对象实现访问窗口历史，history 对象是一个只读的 URL 字符串数组，该对象主要用来存储一个最近所访问网页的 URL 地址的列表。其语法如下：

```
[window.]history.property|method([parameters])
```

history 对象的常用属性如表 13-4 所示。

表 13-4　history 对象的常用属性

属性	描述
length	历史列表的长度，用于判断列表中的入口数目
current	当前文档的 URL
next	历史列表的下一个 URL
previous	历史列表的前一个 URL

history 对象的常用方法如表 13-5 所示。

表 13-5　history 对象的常用方法

方法	描述
back( )	退回前一页
forward( )	重新进入下一页
go( )	进入指定的网页

例如，利用 history 对象中的 back( )方法和 forward( )方法来引导用户在页面中跳转，代码如下：

```
<a href="javascript:window.history.forward();">forward</a>
<a href="javascript:window.history.back ();">back</a>
```

还可以使用 history.go( )方法指定要访问的历史记录。若参数为正数，则向前移动；若参数为负数，则向后移动。例如：

```
<a href="javascript:window.history.go(-1);">向后退一次</a>
<a href="javascript:window.history.back (2);">向后前进两次/a>
```

使用 history.length 属性能够访问 history 数组的长度，可以很容易地转移到列表的末尾。例如：

```
<a href="javascript:window.history.go(window.historylength-1);">末尾</a>
```

5. 控制窗口状态栏

下面介绍 2 种控制窗口状态栏的方法。

（1）status( )方法

改变状态栏中的文字可以通过 Window 对象的 status( )方法实现。status( )方法主要功能是设置或给出浏览器窗口中状态栏的当前显示信息。其语法如下：

```
window.status=str
```

（2）defaultstatus( )方法

其语法如下：

```
window.defaultstatus=str
```

status( )方法与 defaultstatus( )方法的区别在于信息显示时间的长短。defaultstatus( )方法的值会在任何时间显示，而 status( )方法的值只在某个事件发生的瞬间显示。

13.2　Document 文档对象

13.2.1　文档对象概述

文档对象概述

文档对象（Document）代表浏览器窗口中的文档，该对象是 Window 对象的子对象，由于 Window 对象是 DOM 对象模型中的默认对象，因此 Window 对象中的方法和子对象不需要使用 Window 来引用。通过 Document 对象可以访问 HTML 文档中包含的任何 HTML 标记，并可以动态改变 HTML 标记中的内容，例如表单、图像、表格和超链接等。该对象在 JavaScript1.0 版本中就已经存在，在随后的版本中又增加了几个属性和方法。Document 对象层次结构如图 13-2 所示。

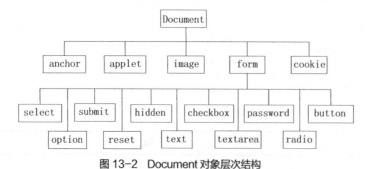

图 13-2　Document 对象层次结构

13.2.2　文档对象的常用属性、方法与事件

文档对象的常用属性、
方法与事件

本节将详细介绍文档（Document）对象常用的属性、方法和事件。

1. Document 对象的常用属性

Document 对象常用的属性及说明如表 13-6 所示。

表 13-6　Document 对象属性及说明

属性	说明
alinkColor	链接文字的颜色，对应于<body>标记中的 alink 属性
all[]	存储 HTML 标记的一个数组（该属性本身也是一个对象）
anchors[]	存储锚点的一个数组　（该属性本身也是一个对象）
bgColor	文档的背景颜色，对应于<body>标记中的 bgcolor 属性
cookie	表示 cookie 的值
fgColor	文档的文本颜色（不包含超链接的文字），对应于<body>标记中的 text 属性值
forms[]	存储窗体对象的一个数组（该属性本身也是一个对象）
fileCreatedDate	创建文档的日期
fileModifiedDate	文档最后修改的日期
fileSize	当前文件的大小
lastModified	文档最后修改的时间
images[]	存储图像对象的一个数组（该属性本身也是一个对象）
linkColor	未被访问的链接文字的颜色，对应于<body>标记中的 link 属性
links[]	存储 link 对象的一个数组(该属性本身也是一个对象)
vlinkColor	表示已访问的链接文字的颜色，对应于<body>标记的 vlink 属性
title	当前文档标题对象
body	当前文档主体对象
readyState	获取某个对象的当前状态
URL	获取或设置 URL

2. Document 对象的常用方法

Document 对象的常用方法及说明如表 13-7 所示。

表 13-7　Document 对象方法及说明

方法	说明
close	文档的输出流
open	打开一个文档输出流并接收 write 和 writeln 方法的创建页面内容
write	向文档中写入 HTML 或 JavaScript 语句
writeln	向文档中写入 HTML 或 JavaScript 语句，并以换行符结束
createElement	创建一个 HTML 标记
getElementById	获取指定 id 的 HTML 标记

3. Document 对象的常用事件

多数浏览器内部对象都拥有很多事件，下面将以表格的形式给出常用的事件及何时触发这些事件。

231

JavaScript 的常用事件如表 13-8 所示。

表 13-8　JavaScript 的常用事件

事件	何时触发
onabort	对象载入被中断时触发
onblur	元素或窗口本身失去焦点时触发
onchange	改变<select>元素中的选项或其他表单元素失去焦点，并且在其获取焦点后内容发生过改变时触发
onclick	单击鼠标左键时触发。当光标的焦点在按钮上，并按下回车键时，也会触发该事件
ondblclick	双击鼠标左键时触发
onerror	出现错误时触发
onfocus	任何元素或窗口本身获得焦点时触发
onkeydown	键盘上的按键（包括 Shift 或 Alt 等键）被按下时触发，如果一直按着某键，则会不断触发。当返回 false 时，取消默认动作
onkeypress	键盘上的按键被按下，并产生一个字符时发生。也就是说，当按下 Shift 或 Alt 等键时不触发。如果一直按下某键时，会不断触发。当返回 false 时，取消默认动作
onkeyup	释放键盘上的按键时触发
onload	页面完全载入后，在 Window 对象上触发；所有框架都载入后，在框架集上触发；<img>标记指定的图像完全载入后，在其上触发；或<object>标记指定的对象完全载入后，在其上触发
onmousedown	单击任何一个鼠标按键时触发
onmousemove	鼠标在某个元素上移动时持续触发
onmouseout	将鼠标从指定的元素上移开时触发
onmouseover	鼠标移到某个元素上时触发
onmouseup	释放任意一个鼠标按键时触发
onreset	单击重置按钮时，在<form>上触发
onresize	窗口或框架的大小发生改变时触发
onscroll	在任何带滚动条的元素或窗口上滚动时触发
onselect	选中文本时触发
onsubmit	单击提交按钮时，在<form>上触发
onunload	页面完全卸载后，在 Window 对象上触发；或者所有框架都卸载后，在框架集上触发

13.2.3　Document 对象的应用

本节主要通过使用 Document 对象的属性和方法来演示一些常用的实例，例如链接文字颜色设置、获取并设置 URL 等实例。本节将对 Document 对象常用的应用进行详细介绍。

1. 链接文字颜色设置

链接文字颜色设置通过使用 alinkColor 属性、linkColor 属性和 vlinkColor 属性来

Document
对象的应用

实现。

（1）alinkColor 属性

该属性用来获取或设置当链接获得焦点时显示的颜色。其语法如下：

```
[color=]document.alinkcolor[=setColor]
```

参数说明：

❑　setColor：设置颜色的名称或颜色的 RGB 值，setColor 是可选项。

❑　color：字符串变量，用来获取颜色值，color 是可选项。

（2）linkColor 属性

该属性用来获取或设置页面中未单击的链接的颜色。其语法如下：

```
[color=]document.linkColor[=setColor]
```

参数说明：

❑　setColor：设置颜色的名称或颜色的 RGB 值，setColor 是可选项。

❑　color：字符串变量，用来获取颜色值，color 是可选项。

（3）vlinkColor 属性

该属性用来获取或设置页面中单击过的链接的颜色。其语法如下：

```
[color=]document.vlinkColor[=setColor]
```

参数说明：

❑　setColor：设置颜色的名称或颜色的 RGB 值，setColor 是可选项。

❑　color：字符串变量，用来获取颜色值，color 是可选项。

2. 文档前景色和背景色设置

文档前景色和背景色的设置可以使用 bgColor 属性和 fgColor 属性来实现。

（1）bgColor 属性

该属性用来获取或设置页面的背景颜色。其语法如下：

```
[color=]document.bgColor[=setColor]
```

参数说明：

❑　setColor：设置颜色的名称或颜色的 RGB 值，setColor 是可选项。

❑　color：字符串变量，用来获取颜色值，color 是可选项。

（2）fgColor 属性

该属性用来获取或设置页面的前景颜色，即为页面中文字的颜色。其语法如下：

```
[color=]document.fgColor[=setColor]
```

参数说明：

❑　setColor：设置颜色的名称或颜色的 RGB 值，setColor 是可选项。

❑　color：字符串变量，用来获取颜色值，color 是可选项。

3. 获取并设置 URL

获取并设置 URL 主要可以使用 URL 属性来实现，该属性是用来获取或设置当前文档的 URL。其语法如下：

```
[url=]document.URL[=setUrl]
```

参数说明：

❑　url：字符串表达式，用来存储当前文档的 URL，url 是可选项。

❑　setUrl：字符串变量，用来设置当前文档的 URL，setUrl 是可选项。

4. 在文档中输出数据

在文档中输出数据可以使用 write 方法和 writeln 方法来实现。

（1）write 方法

该方法用来向 HTML 文档中输出数据，其数据包括字符串、数字和 HTML 标记等。其语法如下：

```
document.write(text);
```

参数说明：

❑　text：表示在 HTML 文档中输出的内容。

（2）writeln 方法

该方法与 write 方法作用相同，唯一的区别在于，writeln 方法在所输出的内容后添加了一个回车换行符。但回车换行符只有在 HTML 文档中<pre></pre>标记（此标记把文档中的空格、回车和换行等表现出来）内才能被识别。其语法如下：

```
document.writeln(text);
```

参数说明：

❑　text：表示在 HTML 文档中输出的内容。

5．获取文本框并修改其内容

获取文本框并修改其内容可以使用 getElementById( )方法来实现。getElementById( )方法可以通过指定的 id 来获取 HTML 标记，并将其返回。其语法如下：

```
sElement=document.getElementById(id)
```

参数说明：

❑　sElement：用来接收该方法返回的一个对象。

❑　id：用来设置需要获取 HTML 标记的 id 值。

【例 13-2】　本实例在页面上使用 HTML 语法，讲解 Document 文档对象，效果如图 13-3 所示。

图 13-3　图解说明 Document 文档对象

（1）创建一个 HTML 页面，引入 mr-style.css 和 bootstrap.min.css 文件，搭建页面的布局和样式，关键代码如下：

```
<!DOCTYPE html>
<html>
<head>
<meta charset="utf-8">
<title>Document文档对象</title>
<link rel="stylesheet" type="text/css" href="css/bootstrap.min.css">
```

```
<link rel="stylesheet" type="text/css" href="css/mr-style.css">
</head>
<body>
<div class="zzsc-container">
    <div class="container mt50">
        <h1 style="text-align: center">Document文档对象</h1>
    </div>
</div>
</body>
</html>
```

（2）编写 Document "获取文档信息" 的代码。用户将鼠标移动到图片上时，会显示 "试一下" 按钮。单击按钮，弹出对应的文档信息，如页面标题和页面 URL 等，效果如图 13-4 所示。

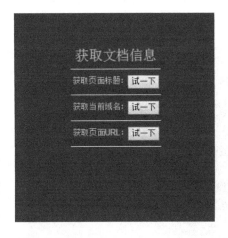

图 13-4　获取文档信息的效果图

关键代码如下：

```
<div class="col-md-4 col-sm-6">
    <div class="mr-box">
        <img src="img/1.png" alt="">
        <div class="over-layer">
            <h3 class="title">获取文档信息</h3>
                <p class="description">获取页面标题: <button onclick="getTitle();"
                    style="color:black">试一下</button></p>
                <p class="description">获取当前域名: <button onclick="getDomain();"
                    style="color:black">试一下</button></p>
                <p class="description">获取页面URL: <button
                    onclick="getReferrers();" style="color:black">试一下</button></p>
            </div>
        </div>
    </div>
     <script>
            //获取页面标题
            function getTitle(){
                var originalTitle = document.title;
                alert(originalTitle);
            }
```

```
                //获取当前域名
                function getDomain(){
                    var domain = document.domain;
                    alert(domain);
                }
                //获取页面URL
                function getReferrers(){
                    var referrer = document.URL;
                    alert(referrer);
                }
        </script>
```

（3）编写 Document "查找文档元素"的代码。用户将鼠标移动到图片上时，会显示 getElementById()
方法和 getElementsByTagName()方法的"试一下"按钮。单击按钮，弹出对应的方法说明，效果如图 13-5
所示。

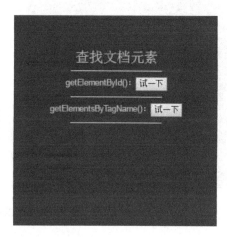

图 13-5 查找文档元素的效果图

关键代码如下：

```
<div class="col-md-4 col-sm-6">
    <div class="mr-box">
        <img src="img/2.png" alt="">
            <div class="over-layer">
                <h3 class="title">查找文档元素</h3>
                    <p class="description">getElementById()：<button
                            onclick="getId();" style="color:black">试一下</button></p>
                    <div id="myDiv" style="display: none">51购商城</div>
                    <p class="description">getElementsByTagName()：<button
                            onclick="getTag();" style="color:black">试一下</button></p>
                    <h1 style="display: none">我是h1标签</h1>
            </div>
    </div>
</div>
        <script>
            //getElementById()方法的说明
            function getId(){
                var id_content ='含有id属性的标签：<div id="myDiv">51购商城</div>';
```

```
            alert(id_content);
            var div = document.getElementById("myDiv"); // 取得<div>元素的引用
            alert(div.innerHTML);
        }

        //getElementsByTagName( )方法的说明
        function getTag( ){
            var tag_content ='标签名：<h1 >我是h1标签</h1>';
            alert(tag_content);
            var h1_content = document.getElementsByTagName("h1");
            alert(h1_content[0].innerHTML);
        }
    </script>
```

（4）编写 Document "写入文档标签" 的代码。用户将鼠标移动到图片上时，会显示"试一下"按钮。单击按钮，可以设置文档的背景颜色、背景图片和文字大小等内容，效果如图 13-6 所示。

 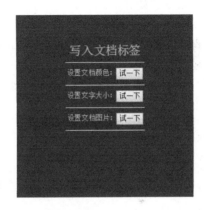

图 13-6　　写入文档标签的效果图

关键代码如下：

```
<div class="col-md-4 col-sm-6">
    <div class="mr-box">
        <img src="img/3.png" alt="">
        <div class="over-layer">
        <h3 class="title">写入文档标签</h3>
            <p class="description">设置文档颜色：<button onclick="setColor( );"
            style="color:black">试一下</button></p>
            <p class="description">设置文字大小：<button onclick="setFontSize( );"
                style="color:black">试一下</button></p>
            <p class="description">设置文档图片：<button onclick="setImage( );"
                style="color:black">试一下</button></p>
    </div>
    </div>
</div>
<script>
        //设置文档颜色
        function setColor( ){
            document.body.style.backgroundColor="red";                    }
        //设置文字大小
```

```
           function setFontSize(){
              document.body.style.fontSize="20px";
           }
           //设置背景图片
           function setImage(){
              document.body.style.backgroundImage="url(img/5.jpg)";
           }
   </script>
```

13.3　JavaScript 与表单操作

13.3.1　在 JavaScript 中访问表单

在扫描检测与操作表单域之前，首先应当确定要访问的表单，JavaScript 中主要有3 种访问表单的方式，分别如下：

❑　通过 document.forms[]按编号访问。

❑　通过 document.forms[]按名称访问。按照正规元素检索机制（例如，使用 document.formname ）。

❑　在支持 DOM 的浏览器中，使用 document.getElementById( )。

例如，对于下面定义的表单：

```
<form name="form1" method="post" action="">
  驱动器名称:
  <input type="text" name="text1">
    
  <input type="button" name="Button1"value="驱动器类型" onclick="dtype(document.form1.text1)">
</form>
```

在 JavaScript 中访问表单

可以使用 window.document.forms[0] 、 window.document.forms['form1'] 或者 window.document.form1 等方式来访问该表单。

13.3.2　在 JavaScript 中访问表单域

每个表单都包含一个表单的聚集，例如，要访问下面的表单域：

```
<form name="form1" method="post" action="">
  驱动器名称:
  <input type="text" name="text1">
    
  <input type="button" name="Button1" value="驱动器类型" onclick="dtype(document.form1.text1)">
</form>
```

在 JavaScript 中访问表单域

可以通过 elements[]进行访问。因此，对于前面定义的表单，可以使用 window.document.forms.elements[0]引用第一个域；还可以使用名称访问表单域，window.document.forms.text1 或者 window.document.forms.elements["text1"]访问第一个域。

13.3.3　表单的验证

验证表单中输入的内容是否符合要求是 JavaScript 最常用的功能之一。在提交表单前进行表单验证，可以节约服务器的处理器周期，为用户节省等待的时间。

表单验证通常发生在内容输入结束，表单提交之前。表单的 onsubmit 事件处理器

表单的验证

中有一组函数负责验证。如果输入中包含非法数据，处理器会返回 false，显示一条信息，同时取消提交；如果输入的内容合法，则返回 true，提交正常进行。本节将介绍一些表单验证常用的技术。

【例 13-3】 对表单内容进行验证，比如，邮箱格式是否正确，手机号是否符合号码格式等。现在实现 51 购商城注册界面的验证，效果如图 13-7 所示。

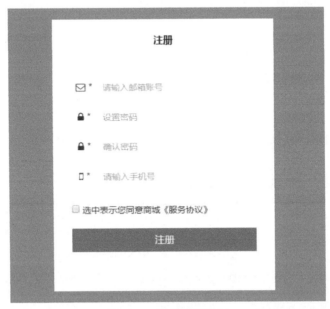

图 13-7 注册界面的验证

（1）创建一个 HTML 页面，引入 mr-basic.css 和 mr-login.css 文件，搭建页面的布局和样式。

（2）使用 <form> 标签创建一个表单，并利用 <input> 标签的 type 属性，分别创建邮箱账号、设置密码、确认密码和手机号等表单元素。同时在底部"注册"按钮中，添加 onclick 属性，并赋值为 mr_verify()，表示验证表单内容的 JavaScript 函数。关键代码如下：

```
<form method="post">
    <input type="email" name="" id="email" placeholder="请输入邮箱账号">
    <input type="password" name="" id="password" placeholder="设置密码">
    <input type="password" name="" id="passwordRepeat" placeholder="确认密码">
   <input type="text" name="" id="tel" placeholder="请输入手机号">
</form>
            <input id="reader-me" type="checkbox"> 选中表示您同意商城《服务协议》
        <input type="submit" onclick="mr_verify()"
            value="注册" class="mr-btn mr-btn-primary mr-btn-sm mr-fl">
```

（3）编写 mr_verify() 函数的逻辑代码，验证表单内容，如非空验证和格式验证等。首先，使用 document 对象的 getElementById() 方法，获取各个表单内容的对象，然后通过"对象.value"的方式进行条件判断，当条件满足时，程序继续进行，否则程序停止，弹出提示信息，关键代码如下：

```
<script>
    function mr_verify(){
        //获取表单对象
        var email=document.getElementById("email");
        var password=document.getElementById("password");
        var passwordRepeat=document.getElementById("passwordRepeat");
```

```
        var tel=document.getElementById("tel");
        //验证项目是否为空
        if(email.value===" || email.value===null){
            alert("邮箱不能为空! ");
            return;
        }
        if(password.value===" || password.value===null){
            alert("密码不能为空! ");
            return;
        }
        if(passwordRepeat.value===" || passwordRepeat.value===null){
            alert("确认密码不能为空! ");
            return;
        }
        if(tel.value===" || tel.value===null){
            alert("手机号码不能为空! ");
            return;
        }
        if(password.value!==passwordRepeat.value ){
            alert("密码设置前后不一致! ");
            return;
        }
        //验证邮件格式
        apos = email.value.indexOf("@")
        dotpos = email.value.lastIndexOf(".")
        if (apos < 1 || dotpos − apos < 2) {
            alert("邮箱格式错误! ");
        }
        else {
            alert("邮箱格式正确! ");
        }
        //验证手机号格式
        if(isNaN(tel.value)){
            alert("手机号请输入数字! ");
            return;
        }
        if(tel.value.length!==11){
            alert("手机号是11个数字! ");
            return;
        }
        alert('注册成功! ');
    }
</script>
```

13.4 DOM 对象

13.4.1 DOM 概述

文档对象模型（Document Object Model ，DOM）是由 W3C（World Wide Web 委员会）定义的。下面分别介绍各个单词的含义。

DOM 概述

（1）.Document（文档）

创建一个网页并将该网页添加到 Web 中,DOM 就会根据这个网页创建一个文档对象。如果没有 Document（文档），DOM 也就无从谈起。

（2）Object（对象）

对象是一种独立的数据集合。例如，文档对象是文档中元素与内容的数据集合。与某个特定对象相关联的变量被称为这个对象的属性。通过某个特定对象去调用的函数称为这个对象的方法。

（3）Model（模型）

模型代表将文档对象表示为树状模型。在这个树状模型中，网页中的各个元素与内容表现为一个个相互连接的节点。

DOM 是与浏览器或平台的接口,使其可以访问页面中的其他标准组件。DOM 解决了 Javascript 与 JScript 之间的冲突，给开发者定义了一个标准的方法，使他们来访问站点中的数据、脚本和表现层对象。

1. DOM 分层

文档对象模型采用的分层结构为树形结构，以树节点的方式表示文档中的各种内容。先以一个简单的 HTML 文档说明一下,代码如下:

```
<html >
<head>
<title>标题内容</title>
</head>
<body>
<h3>三号标题</h3>
<b>加粗内容</b>
</body>
</html>
```

以上文档可以使用图 13-8 对 DOM 的层次结构进行说明。

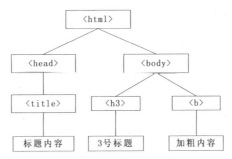

图 13-8　文档的层次结构

通过图 13-8 可以看出，在文档对象模型中，每一个对象都可以称为一个节点（Node）。下面介绍 6 种节点的概念。

（1）根节点

在最顶层的<html>节点，称为是根节点。

（2）父节点

一个节点之上的节点是该节点的父节点（parent）。例如，<html>就是<head>和<body>的父节点，<head>就是<title>的父节点。

（3）子节点

位于一个节点之下的节点就是该节点的子节点。例如，<head>和<body>就是<html>的子节点，<title>

就是<head>的子节点。

（4）兄弟节点

如果多个节点在同一个层次，并拥有着相同的父节点，这几个节点就是兄弟节点（sibling）。例如，<head>和<body>就是兄弟节点，<he>和<b>就是兄弟节点。

（5）后代

一个节点的子节点的结合可以称为是该节点的后代（descendant）。例如，<head>和<body>就是<html>的后代，<h3>和<b>就是<body>的后代。

（6）叶子节点

在树形结构最底部的节点称为叶子节点。例如，"标题内容""3号标题"和"加粗内容"都是叶子节点。

在了解节点后，下面介绍文档模型中节点的3种类型。

- ❑ 元素节点：在 HTML 中，<body>、<p>、<a>等一系列标记，是这个文档的元素节点。元素节点组成了文档模型的语义逻辑结构。
- ❑ 文本节点：包含在元素节点中的内容部分，如<p>标签中的文本等。一般情况下，不为空的文本节点都是可见并呈现于浏览器中的。
- ❑ 属性节点：元素节点的属性，如<a>标签的 href 属性与 title 属性等。一般情况下，大部分属性节点都是隐藏在浏览器背后，并且是不可见的。属性节点总是被包含于元素节点当中。

2. DOM 级别

W3C 在 1998 年 10 月标准了 DOM 第一级，它不仅定义了基本的接口，其中包含了所有 HTML 接口，在 2000 年 11 月标准化了 DOM 第二级，在第二级中不但对核心的接口升级，还定义了使用文档事件和 CSS 样式表的标准的 API。Netscape 的 Navigator 6.0 浏览器和 Microsoft 的 Internet Explorer 5.0 浏览器，都支持了 W3C 的 DOM 第一级的标准。目前，Netscape、Firefox（FF 火狐浏览器）等浏览器已经支持 DOM 第二级的标准，但 Internet Explorer（IE）还不完全支持 DOM 第二级的标准。

13.4.2 DOM 对象节点属性

在 DOM 中通过使用节点属性可以对各节点进行查询，查询出各节点的名称、类型、节点值、子节点和兄弟节点等。DOM 常用的节点属性如表 13-9 所示。

DOM 对象节点属性

表 13-9 DOM 常用的节点属性

属性	说明
nodeName	节点的名称
nodeValue	节点的值，通常只应用于文本节点
nodeType	节点的类型
parentNode	返回当前节点的父节点
childNodes	子节点列表
firstChild	返回当前节点的第一个子节点
lastChild	返回当前节点的最后一个子节点
previousSibling	返回当前节点的前一个兄弟节点
nextSibling	返回当前节点的后一个兄弟节点
attributes	元素的属性列表

1. 访问指定节点

使用 getElementById 方法来访问指定 id 的节点，并用 nodeName 属性、nodeType 属性和 nodeValue 属性来显示出该节点的名称、节点类型和节点的值。

2. 遍历文档树

遍历文档树通过使用 parentNode 属性、firstChild 属性、lastChild 属性、previousSibling 属性和 nextSibling 属性来实现。

13.4.3 节点的几种操作

1. 节点的创建

（1）创建新节点

创建新节点先通过使用文档对象中的 createElement( ) 方法和 createTextNode( ) 方法，生成一个新元素，并生成文本节点。然后通过使用 appendChild( ) 方法将创建的新节点添加到当前节点的末尾处。

节点的几种操作

appendChild( ) 方法将新的子节点添加到当前节点的末尾。其语法如下：

```
obj.appendChild（newChild）
```

参数说明：

❑　newChild：表示新的子节点。

（2）创建多个节点

创建多个节点通过使用循环语句，首先利用 createElement( ) 方法和 createTextNode( ) 方法生成新元素并生成文本节点，然后通过使用 appendChild( ) 方法将创建的新节点添加到页面上。

2. 节点的插入和追加

插入节点通过使用 insertBefore 方法来实现。insertBefore( ) 方法将新的子节点添加到当前节点的末尾。其语法如下：

```
obj.insertBefore(new,ref)
```

参数说明：

❑　new：表示新的子节点。

❑　ref：指定一个节点，在这个节点前插入新的节点。

3. 节点的复制

复制节点可以使用 cloneNode( ) 方法来实现。其语法如下：

```
obj. cloneNode(deep)
```

参数 deep 是一个 Boolean 值，表示是否为深度复制。深度复制是将当前节点的所有子节点全部复制，当值为 true 时表示深度复制；当值为 false 时表示简单复制，简单复制只复制当前节点，不复制其子节点。

4. 节点的删除与替换

（1）删除节点

删除节点通过使用 removeChild 方法来实现，该方法用来删除一个子节点。其语法如下：

```
obj. removeChild(oldChild)
```

参数说明：

❑　oldChild：表示需要删除的节点。

（2）替换节点

替换节点可以使用 replaceChild 方法来实现，该方法用来将旧的节点替换成新的节点。其语法如下：

```
obj. replaceChild(new,old)
```

参数说明：

❑ new：替换后的新节点。

❑ old：需要被替换的旧节点。

13.4.4 获取文档中的指定元素

虽然通过遍历文档树中全部节点的方法，可以找到文档中指定的元素，但是这种方法比较麻烦。下面介绍两种直接搜索文档中指定元素的方法。

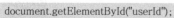

获取文档中的
指定元素

1. 通过元素的 ID 属性获取元素

使用 document 对象的 getElementsById( )方法可以通过元素的 ID 属性获取元素。例如，获取文档中 id 属性为 userId 的节点，代码如下：

```
document.getElementById("userId");
```

2. 通过元素的 name 属性获取元素

使用 Document 对象的 getElementsByName( )方法可以通过元素的 name 属性获取元素，通常用于获取表单元素。与 getElementsById( )方法不同的是，使用该方法的返回值为一个数组，而不是一个元素。如果想通过 name 属性获取页面中唯一的元素，可以通过获取返回数组中下标值为 0 的元素进行获取。例如，页面中有一组单选按钮，name 属性均为 likeRadio，要获取第一个单选按钮的值，可以使用下面的代码：

```
input type="text" name="likeRadio" id="radio" value="体育" />
<input type="text" name="likeRadio" id="radio" value="美术" />
<input type="text" name="likeRadio" id="radio" value="文艺" />
<script language="javascript">
    alert(document.getElementsByName("likeRadio")[0].value);
</script>
```

【**例 13-4**】 收货地址的复制和删除。网上购物平台都需要用户添加收货地址，收货地址的新建、复制和删除都是常用功能，效果如图 13-9 所示。

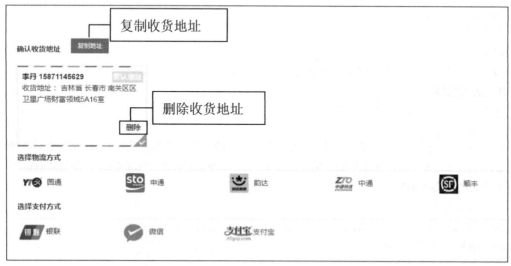

图 13-9 地址栏节点的复制操作

（1）新建一个 HTML 页面，引入 mr-basic.css、mr-demo.css、mr-cartstyle.css 和 mr-jsstyle.css 文件，搭建页面的布局和样式。

（2）使用<ul>标签实现地址栏内容的布局。在"删除"的超链接中，添加 onclick 属性，属性值为

delClick(this)，表示删除收货地址的 JavaScript 函数，关键代码如下：

```
<ul id="addressContainer">
    <li id="address" class="user-addresslist defaultAddr">
        <div class="address-left">
                <div class="user DefaultAddr">
                <span class="buy-address-detail">
                    <span class="buy-user">李丹</span>
                    <span class="buy-phone">15871145629</span>
                </span>
                </div>
            <div class="default-address DefaultAddr">
                <span class="buy-line-title buy-line-title-type">收货地址：</span>
                    <span class="buy--address-detail">
                        <span class="province">吉林</span>省
                        <span class="city">长春</span>市
                        <span class="dist">南关区</span>区
                        <span class="street">卫星广场财富领域5A16室</span>
                    </span>
                </span>
            </div>
                <ins class="deftip">默认地址</ins>
        </div>
        <div class="address-right">
                <a href="../person/address.html">
                    <span class="mr-icon-angle-right mr-icon-lg"></span></a>
        </div>
        <div class="clear"></div>
        <div class="new-addr-btn">
            <a href="#" class="hidden">设为默认</a>
            <span class="new-addr-bar hidden">|</span>
            <a href="javascript:void(0);" onclick="delClick(this);">删除</a>
        </div>
    </li>
</ul>
```

（3）分别编写复制收货地址和删除收货地址的 JavaScript 逻辑代码。新建 copyAddress( )函数，复制收货地址，具体代码如下：

```
<script>
    //复制收货地址
    function copyAddress( ){
    var address = document.getElementById("address");          //获得收货地址对象
    var addressCopy = address.cloneNode(true);                 //完全复制对象
    var addressContainer = document.getElementById("addressContainer");
    addressContainer.appendChild(addressCopy);                 //父容器添加复制对象
    }

    //删除收货地址
    function delClick(obj){
        var addressContainer = document.getElementById("addressContainer");
        var delObj=obj.parentNode.parentNode;                  //获取父容器节点
        if(delObj.previousElementSibling===null){              //判断根节点
```

```
                alert('无法删除！至少保留一个默认地址！');
                return;
            }
            addressContainer.removeChild(delObj);                    //删除节点对象
        }
    </script>
```

13.4.5　与 DHTML 相对应的 DOM

通过 DOM 技术可以获取得网页对象。本节将介绍另外一种获取网页对象的方法，那就是通过 DHTML 对象模型的方法。使用这种方法可以不必了解文档对象模型的具体层次结构，而直接得到网页中所需的对象。通过 innerHTML、innerText、outerHTML 和 outerText 属性可以很方便地读取和修改 HTML 元素内容。

与 DHTML 相对应的
DOM

 　说
　明

innerHTML 属性被多数浏览器所支持，而 innerText、outerHTML 和 outerText 属性只有 IE 浏览器才支持。

1. innerHTML 和 innerText 属性

innerHTML 属性声明了元素含有的 HTML 文本，不包括元素本身的开始标记和结束标记。设置该属性可以用于为指定的 HTML 文本替换元素的内容。

例如，通过 innerHTML 属性修改<div>标记的内容，代码如下：

```
<body>
<div id="clock"></div>
<script language="javascript">
    document.getElementById("clock").innerHTML="2011-<b>07</b>-22";
</script>
</body>
```

innerText 属性与 innerHTML 属性的功能类似，只是该属性只能声明元素包含的文本内容，即使指定的是 HTML 文本，它也会认为是普通文本，而原样输出。

使用 innerHTML 属性和 innerText 属性还可以获取元素的内容。如果元素只包含文本，那么 innerHTML 和 innerText 属性的返回值相同。如果元素既包含文本，又包含其他元素，那么这两个属性的返回值不同，如表 13-10 所示。

表 13-10　innerHTML 属性和 innerText 属性返回值的区别

HTML 代码	innerHTML 属性	innerText 属性
<div>明日科技</div>	"明日科技"	"明日科技"
<div><b>明日科技</b></div>	"<B>明日科技</B>"	"明日科技"
<div><font color="red"></font></div>	"<FONT color=red></FONT>"	""

2. outerHTML 和 outerText 属性

outerHTML 和 outerText 属性与 innerHTML 和 innerText 属性类似，只是 outerHTML 和 outerText 属性替换的是整个目标节点，也就是这两个属性还对元素本身进行修改。

下面以列表的形式给出特定代码通过 outerHTML 和 outerText 属性获取的返回值，如表 13-11 所示。

表 13-11　outerHTML 属性和 outerText 属性返回值的区别

HTML 代码	outerHTML 属性	outerText 属性
<div>明日科技</div>	<DIV>明日科技</DIV>	"明日科技"
<div id="clock">2011-<b>07</b>-22</div>	<DIV id=clock>2011-<B>07</B>-22</DIV>	"2011-07-22"
<div id="clock"><font color="red"></font></div>	<DIV id=clock><FONT color=red></FONT></DIV>	""

 使用 outerHTML 和 outerText 属性后，原来的元素（如<div>标记）将被替换成指定的内容，这时当使用 document.getElementById( )方法查找原来的元素（如<div>标记）时，将发现原来的元素（如<div>标记）已经不存在了。

小 结

　　本章主要讲解了 Window 对象、JavaScript 中的表单操作以及 DOM 对象。其中，Window 对象代表打开的浏览器窗口，需要读者熟记几种常用的 Window 对象的方法；Document 文档对象则代表浏览器窗口中的文档，需要读者掌握如何动态获取和改变 HTML 中的内容；对于 DOM 对象，需要读者掌握 DOM 节点的相关操作；而表单操作则经常用于注册登录等信息的验证。

上机指导

　　在商品购买页面，实现对商品的选择，每个商品属性只能选择一项，效果如图 13-10 所示。

图 13-10　51 购商品选择页面

　　（1）新建一个 HTML 文件，插入一张图片，利用<p>标签和<span>标签设置商品信息，并利用 CSS 样式对页面进行渲染，关键代码如下：

上机指导

```
<div class="mr-box">
    <div id="wrap"> <img src="images/1.jpg">
        <div id="top">
            <p id='model'> <font>型号</font> <span>4.7英寸</span> <span>5.5英寸
```

```
</span> </p>
        <p id='color'> <font>颜色</font> <span>银色</span> <span>金色</span> <span>深空灰色</span>
</p>
            <!—此处代码与上文相似，省略两行-->
        </div>
        <div id="bottom">
          <p>价格：  <font> ¥  <span id='price'>5288</span>.00</font></p>
          <button>立即购买</button>
        </div>
      </div>
    </div>
```

 说明 关于应用 CSS 样式表文件对页面进行渲染的具体代码请参见本书配套资源中的源程序。

（2）通过 JavaScript 对商品的属性进行选择时，对应属性的边框变为橙红色，代码如下：

```
var mSpan = document.getElementById('model').getElementsByTagName('span');
var cSpan = document.getElementById('color').getElementsByTagName('span');
var rSpan = document.getElementById('rom').getElementsByTagName('span');
var bSpan = document.getElementById('banben').getElementsByTagName('span');
var aSpan = document.getElementsByTagName('span');
var oModel = document.getElementById('model'); /*获取id为'model'的元素*/
var oRom = document.getElementById('rom');
var oPrice = document.getElementById('price'); mSpan[0].className ='on';
cSpan[0].className ='on';
rSpan[0].className ='on';
bSpan[0].className ='on';
for (var i=0; i<aSpan.length;i++) {
    aSpan[i].onclick = function() {
        var siblings = this.parentNode.children;
        for (var j=0; j<siblings.length;j++) {
        siblings[j].className ='';
    }
        this.className ='on';
        if (this.parentNode == oModel || this.parentNode == oRom) {
            price();
        }
    };
};
```

（3）对商品的的型号和内存进行选择时，对应的价格会变化，代码如下：

```
function price() {
    var p1 = 0;
    var p2 = 0;
    for (var i=0; i<mSpan.length;i++) {
        if (mSpan[i].className == 'on') {
        p1 = i?6088:5288; break;
        };
    };
    for (var i=0; i<rSpan.length;i++) {
```

```
        if (rSpan[i].className == 'on') {
                switch (i) {
                        case 0:p2 = 0; break;
                        case 1:p2 = 800; break;
                        case 2:p2 = 1600; break;
                }
        }
    };
    oPrice.innerHTML = p1+p2;
};
```

习　题

13-1　描述 Window 对象的作用。

13-2　如何实现 JavaScript 中常见的几种对话框？

13-3　简单描述文档对象的基本概念。

13-4　列举几种 Document 对象的常见应用。

13-5　如何在 JavaScript 中访问表单和表单域？

13-6　如何在 JavaScript 中验证表单数据？

第14章

JavaScript中事件处理

本章要点：

- 了解事件及事件处理的含义
- 了解DOM事件模型
- 掌握鼠标及键盘的相关事件
- 掌握页面处理的相关事件
- 掌握表单处理的相关事件
- 掌握如何通过事件实现滚动字幕效果
- 掌握编辑事件的使用方法

■ JavaScript 是基于对象（object-based））的语言。它的一个最基本的特征就是采用事件驱动（event-driven）。它可以使在图形界面环境下的一切操作变得简单。通常鼠标或热键的动作称之为事件（Event）。由鼠标或热键引发的一连串程序动作，称之为事件驱动（Event Driver）；而对事件进行处理的程序或函数，称之为事件处理程序（Event Handler）。

14.1 事件与事件处理概述

事件处理是对象化编程的一个很重要的环节,它可以使程序的逻辑结构更加清晰,使程序更具有灵活性,提高程序的开发效率。事件处理的过程分为三步:发生事件;启动事件处理程序;事件处理程序做出反应。其中,要使事件处理程序能够启动,必须通过指定的对象来调用相应的事件,然后通过该事件调用事件处理程序。事件处理程序可以是任意 JavaScript 语句,但是我们一般用特定的自定义函数(function)来对事件进行处理。

14.1.1 事件与事件名称

事件是一些可以通过脚本响应的页面动作。当用户按下鼠标键或者提交一个表单,甚至在页面上移动鼠标时,事件就会出现。事件处理是一段 JavaScript 代码,总是与页面中的特定部分以及一定的事件相关联。当与页面特定部分关联的事件发生时,事件处理器就会被调用。

事件与事件名称

绝大多数事件的命名都是描述性的,很容易理解。例如 click、submit、mouseover 等,通过名称就可以猜测其含义。但也有少数事件的名称不易理解,例如 blur(英文的字面意思为"模糊"),表示一个域或者一个表单失去焦点。通常,事件处理器的命名原则是,在事件名称前加上前缀 on。例如,对于 click 事件,其处理器名为 onClick。

14.1.2 JavaScript 的常用事件

为了便于读者查找 JavaScript 中的常用事件,下面以表格的形式对各事件进行说明。JavaScript 的相关事件如表 14-1 所示。

JavaScript 的
常用事件

表 14-1　JavaScript 的相关事件

事件		说明
鼠标 键盘 事件	onclick	鼠标单击时触发此事件
	ondblclick	鼠标双击时触发此事件
	onmousedown	按下鼠标时触发此事件
	onmouseup	鼠标按下后松开鼠标时触发此事件
	onmouseover	当鼠标移动到某对象范围的上方时触发此事件
	onmousemove	鼠标移动时触发此事件
	onmouseout	当鼠标离开某对象范围时触发此事件
	onkeypress	当键盘上的某个键被按下并且释放时触发此事件
	onkeydown	当键盘上某个按键被按下时触发此事件
	onkeyup	当键盘上某个按键被按下后松开时触发此事件
页面 相关 事件	onabort	图片在下载时被用户中断时触发此事件
	onbeforeunload	当前页面的内容将要被改变时触发此事件
	onerror	出现错误时触发此事件
	onload	页面内容完成时触发此事件(也就是页面加载事件)
	onresize	当浏览器的窗口大小被改变时触发此事件
	onunload	当前页面将被改变时触发此事件

续表

事件		说明
表单相关事件	onblur	当前元素失去焦点时触发此事件
	onchange	当前元素失去焦点并且元素的内容发生改变时触发此事件
	onfocus	当某个元素获得焦点时触发此事件
	onreset	当表单中 RESET 的属性被激活时触发此事件
	onsubmit	一个表单被递交时触发此事件
滚动字幕事件	onbounce	在 Marquee 内的内容移动至 Marquee 显示范围之外时触发此事件
	onfinish	当 Marquee 元素完成需要显示的内容后触发此事件
	onstart	当 Marquee 元素开始显示内容时触发此事件
编辑事件	onbeforecopy	当页面当前被选择内容将要复制到浏览者系统的剪贴板前触发此事件
	onbeforecut	当页面中的一部分或全部内容被剪切到浏览者系统剪贴板时触发此事件
	onbeforeeditfocus	当前元素将要进入编辑状态时触发此事件
	onbeforepaste	将内容要从浏览者的系统剪贴板中粘贴到页面上时触发此事件
	onbeforeupdate	当浏览者粘贴系统剪贴板中的内容时通知目标对象
	oncontextmenu	当浏览者按下鼠标右键出现菜单时或者通过键盘的按键触发页面菜单时触发此事件
	oncopy	当页面当前的被选择内容被复制后触发此事件
	oncut	当页面当前的被选择内容被剪切时触发此事件
	ondrag	当某个对象被拖动时触发此事件（活动事件）
	ondragend	当鼠标拖动结束时触发此事件，即鼠标的按钮被释放时
	ondragenter	当对象被鼠标拖动进入其容器范围内时触发此事件
	ondragleave	当对象被鼠标拖动的对象离开其容器范围内时触发此事件
	ondragover	当被拖动的对象在另一对象容器范围内拖动时触发此事件
	ondragstart	当某对象将被拖动时触发此事件
	ondrop	在一个拖动过程中，释放鼠标键时触发此事件
	onlosecapture	当元素失去鼠标移动所形成的选择焦点时触发此事件
	onpaste	当内容被粘贴时触发此事件
	onselect	当文本内容被选择时触发此事件
	onselectstart	当文本内容的选择将开始发生时触发此事件
数据绑定事件	onafterupdate	当数据完成由数据源到对象的传送时触发此事件
	oncellchange	当数据来源发生变化时触发此事件
	ondataavailable	当数据接收完成时触发此事件
	ondatasetchanged	数据在数据源发生变化时触发此事件
	ondatasetcomplete	当数据源的全部有效数据读取完毕时触发此事件
	onerrorupdate	当使用 onBeforeUpdate 事件触发取消了数据传送时，代替 onAfterUpdate 事件
	onrowenter	当前数据源的数据发生变化并且有新的有效数据时触发此事件
	onrowexit	当前数据源的数据将要发生变化时触发此事件

续表

事件		说明
数据绑定事件	onrowsdelete	当前数据记录将被删除时触发此事件
	onrowsinserted	当前数据源将要插入新数据记录时触发此事件
外部事件	onafterprint	当文档被打印后触发此事件
	onbeforeprint	当文档即将打印时触发此事件
	onfilterchange	当某个对象的滤镜效果发生变化时触发此事件
	onhelp	当浏览者按下 F1 或者浏览器的帮助菜单时触发此事件
	onpropertychange	当对象的属性之一发生变化时触发此事件
	onreadystatechange	当对象的初始化属性值发生变化时触发此事件

14.1.3 事件处理程序的调用

在使用事件处理程序对页面进行操作时，最主要的是如何通过对象的事件来指定事件处理程序。指定方式主要有以下两种。

事件处理程序的调用

1. 在 JavaScript 中调用

在 JavaScript 中调用事件处理程序，首先需要获得要处理对象的引用，然后将要执行的处理函数赋值给对应的事件。例如下面的代码：

```javascript
<input id="save" name="bt_save" type="button" value="保存">
<script language="javascript">
  var b_save=document.getElementById("save");
  b_save.onclick=function(){
      alert("单击了保存按钮");
  }
</script>
```

在上面的代码中，一定要将<input id="save" name="bt_save" type="button" value="保存">放在 JavaScript 代码的上方，否则将弹出"'b_save'为空或不是对象"的错误提示。

上面的实例也可以通过以下代码来实现：

```javascript
<form id="form1" name="form1" method="post" action="">
<input id="save" name="bt_save" type="button" value="保存">
</form>
<script language="javascript">
form1.save.onclick=function(){
      alert("单击了保存按钮");
}
</script>
```

在 JavaScript 中指定事件处理程序时，事件名称必须小写，才能正确响应事件。

2. 在 HTML 中调用

在 HTML 中分配事件处理程序，只需要在 HTML 标记中添加相应的事件，并在其中指定要执行的代码或是函数名。例如下面的代码：

```
<input name="bt_save" type="button" value="保存" onclick="alert('单击了保存按钮');">
```

在页面中添加如上代码，同样会在页面中显示"保存"按钮，当单击该按钮时，将弹出"单击了保存按钮"对话框。

上面的实例也可以通过以下代码来实现：

```
<input name="bt_save" type="button" value="保存" onclick="clickFunction();">
function clickFunction(){
alert("单击了保存按钮");
}
```

【例 14-1】 使用键盘事件随机抽取手机号码，效果如图 14-1 所示。

图 14-1　随机抽取手机号码的界面

（1）创建一个 HTML 页面，引入 mr-style.css 文件，搭建页面的布局和样式，具体代码如下：

```
<!doctype html>
<html>
<head>
    <meta charset="utf-8">
    <title>键盘事件抽取手机号码</title>
    <link type="text/css" rel="stylesheet" href="css/mr-style.css">
</head>
<body>
<div class="cont">
    <input id="mr-show"><br>
    <span>按下Enter键开始，任意键结束</span>
</div>
</body>
```

（2）编写键盘事件的 JavaScript 逻辑代码。首先实现当用户单击键盘上的<Enter>键（keyCode 等于 13）时，调用 start( )方法，启动键盘事件；然后通过 setInterval( )方法每隔 1ms 调用一次 showTel( )方法随机获取手机号码；最后实现单击键盘上的任意键（<Enter>键除外）时，调用 stop()方法，停止键盘事件，代码如下：

```
<script>
//随机显示手机号码
function showTel(){
    phoneNum1=document.getElementById('mr-show');
```

```
            var num1=[3,5,4,8];
            var temp=(Math.round(Math.random( )*3));
            var temp1=(Math.round(Math.random( )*1000000000));
            phoneNum1.value='1'+num1[temp]+temp1;
        }
        //按下键盘上的按键
        window.onkeydown=function( ){
          if(event.keyCode==13)              //单击键盘<Enter>键时
             start( );                        //调用start( )方法
          if((event.keyCode!=13))            //单击键盘任意键时，<Enter>键除外
             stop( );                         //调用stop( )方法
        }
        //键盘事件停止
         function stop( ){
           clearInterval(rand1)
         }
        //键盘事件启动
         function start( ){
           rand1=setInterval(showTel,1)
         }
        </script>
```

14.2 DOM 事件模型

14.2.1 事件流

事件流

DOM（文档对象模型）结构是一个树型结构，当一个 HTML 元素产生一个事件时，该事件会在元素结点与根结点之间的路径传播，路径所经过的结点都会收到该事件，这个传播过程称为 DOM 事件流。

14.2.2 主流浏览器的事件模型

主流浏览器的
事件模型

直到 DOM Level 3 中规定后，多数主流浏览器才陆陆续续支持 DOM 标准的事件处理模型——捕获型与冒泡型。

❑ 冒泡型事件（Bubbling）：从 DOM 树型结构上理解，就是事件由叶子结点沿祖先结点一直向上传递直到根结点；从浏览器界面视图 HTML 元素排列层次上理解，就是事件由具有从属关系的最确定的目标元素一直传递到最不确定的目标元素。

❑ 捕获型事件（Capturing）：Netscape Navigator 的实现，它与冒泡型刚好相反，由 DOM 树最顶层元素一直到最精确的元素。

目前除 IE 浏览器外，其他主流的 Firefox、Opera 和 Safari 都支持标准的 DOM 事件处理模型。IE 仍然使用自己的模型，即冒泡型，它模型的一部分被 DOM 采用，这点对于开发者来说也是有好处的，只使用 DOM 标准，IE 共有的事件处理方式才能有效地跨浏览器。

DOM 标准事件模型由于两个不同的模型都有其优点和解释，DOM 标准支持捕获型与冒泡型，可以说是它们两者的结合体。DOM 标准可以在一个 DOM 元素上绑定多个事件处理器，并且在处理函数内部，this 关键字仍然指向被绑定的 DOM 元素，另外处理函数参数列表的第一个位置传递事件 event 对象。

首先是捕获式传递事件，接着是冒泡式传递，所以，如果一个处理函数既注册了捕获型事件的监听，又注册了冒泡型事件监听，那么在 DOM 事件模型中它就会被调用两次。

14.2.3　事件对象

在 IE 浏览器中事件对象是 Window 对象的一个属性 event，并且 event 对象只能在事件发生时候被访问，所有事件处理完后，该对象就消失了。而标准的 DOM 中规定 event 必须作为唯一的参数传给事件处理函数。因此为了实现兼容性，通常采用下面的方法：

事件对象

```
function someHandle(event) {
if(window.event)
event=window.event;
}
```

在 IE 中，事件的对象包含在 event 的 srcElement 属性中，而在标准的 DOM 浏览器中，对象包含在 target 属性中。为了处理两种浏览器兼容性，举例如下：

```
function handle(oEvent){
if(window.event) oEvent = window.event;        //处理兼容性，获得事件对象
var oTarget;
if(oEvent.srcElement)                          //处理兼容性，获取事件目标
oTarget = oEvent.srcElement;
else
oTarget = oEvent.target;
alert(oTarget.tagName);                        //弹出目标的标记名称
}
window.onload = function( ){
var oImg = document.getElementsByTagName("img")[0];
oImg.onclick = handle;
}
```

14.2.4　注册与移除事件监听器

1. IE 下注册多个事件监听器与移除监听器方法

IE 浏览器中 HTML 元素有个 attachEvent 方法允许外界注册该元素多个事件监听器，例如：element.attachEvent('onclick', observer);

注册与移除事件
监听器

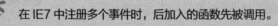

在 IE7 中注册多个事件时，后加入的函数先被调用。

如果要移除先前注册的事件的监听器，调用 element 的 detachEvent 方法即可，且参数相同。例如：element.detachEvent('onclick', observer);

2. DOM 标准下注册多个事件监听器与移除监听器方法

实现 DOM 标准的浏览器与 IE 浏览器中注册元素事件监听器方式有所不同，它通过元素的 addEventListener 方法注册，该方法既支持注册冒泡型事件处理，又支持捕获型事件处理。其语法如下：

```
element.addEventListener('click', observer, useCapture);
```

addEventListener 方法接受三个参数。第一个参数是事件名称，值得注意的是，这里的事件名称与 IE 的不同，事件名称是没 "on" 开头的；第二个参数 observer 是回调处理函数；第三个参数注明该处理回调函数

是在事件传递过程中的捕获阶段被调用还是冒泡阶段被调用，默认 true 为捕获阶段。

 在 Firefox 中注册多个事件时，先添加的监听事件先被调用。标准的 DOM 监听函数是严格按顺序执行的。

移除已注册的事件监听器调用 element 的 removeEventListener 即可，且参数不变。其语法如下：

```
element.removeEventListener('click', observer, useCapture);
```

3. 直接在 DOM 节点上加事件

（1）如何取消浏览器事件的传递与事件传递后浏览器的默认处理

取消事件传递是指，停止捕获型事件或冒泡型事件的进一步传递。例如在冒泡型事件传递中，在 body 处理停止事件传递后，位于上层的 document 的事件监听器就不再收到通知，不再被处理。

事件传递后的默认处理是指，通常浏览器在事件传递并处理完后会执行与该事件关联的默认动作（如果存在这样的动作）。

（2）取消浏览器的事件传递

在 IE 下，通过设置 event 对象的 cancelBubble 为 true 即可。其语法如下：

```
function someHandle( ) {
window.event.cancelBubble = true;
}
```

DOM 标准通过调用 event 对象的 stopPropagation( )方法即可。其语法如下：

```
function someHandle(event) {
event.stopPropagation( );
}
```

因此，跨浏览器的停止事件传递的方法如下：

```
function someHandle(event) {
event = event || window.event;
if(event.stopPropagation)
event.stopPropagation( );
else event.cancelBubble = true;
}
```

（3）取消事件传递后的默认处理

在 IE 下，通过设置 event 对象的 returnValue 为 false 即可。其语法如下：

```
function someHandle( ) {
window.event.returnValue = false;
}
```

DOM 标准通过调用 event 对象的 preventDefault( )方法即可。其语法如下：

```
function someHandle(event) {
event.preventDefault( );
}
```

因此，跨浏览器的取消事件传递后的默认处理方法如下：

```
function someHandle(event) {
event = event || window.event;
if(event.preventDefault)
event.preventDefault( );
else event.returnValue = false;
}
```

14.3 鼠标键盘事件

鼠标和键盘事件是在页面操作中使用最频繁的操作，用户可以利用鼠标事件在页面中实现鼠标移动、单击时的特殊效果，也可以利用键盘事件来制作页面的快捷键等。

14.3.1 鼠标的单击事件

单击事件（onclick）是在鼠标单击时被触发的事件。单击是指鼠标停留在对象上，按下鼠标键，在没有移动鼠标的同时放开鼠标键的这一完整过程。

单击事件一般应用于 Button 对象、Checkbox 对象、Image 对象、Link 对象、Radio 对象、Reset 对象和 Submit 对象。Button 对象一般只会用到 onclick 事件处理程序，因为该对象不能从用户那里得到任何信息，如果没有 onclick 事件处理程序，按钮对象将不会有任何作用。

鼠标的单击事件

在使用对象的单击事件时，如果在对象上按下鼠标键，然后移动鼠标到对象外再松开鼠标，单击事件无效，单击事件必须在对象上按下松开后，才会执行单击事件的处理程序。

14.3.2 鼠标的按下或松开事件

鼠标的按下和松开事件分别是 onmousedown 和 onmouseup 事件。其中，onmousedown 事件用于在鼠标按下时触发事件处理程序，onmouseup 事件是在鼠标松开时触发事件处理程序。在用鼠标单击对象时，可以用这两个事件实现其动态效果。

鼠标的按下或松开事件

14.3.3 鼠标的移入移出事件

鼠标的移入和移出事件分别是 onmouseover 和 onmousemove 事件。其中，onmouseover 事件在鼠标移动到对象上方时触发事件处理程序，onmousemove 事件在鼠标移出对象上方时触发事件处理程序。可以用这两个事件在指定的对象上移动鼠标时，实现其对象的动态效果。

鼠标的移入移出事件

14.3.4 鼠标的移动事件

鼠标的移动事件（onmousemove）是鼠标在页面上进行移动时触发事件处理程序，可以在该事件中用 document 对象实时读取鼠标在页面中的位置。

14.3.5 键盘事件的使用

键盘事件包含 onkeypress、onkeydown 和 onkeyup 事件。其中 onkeypress 事件是在键盘上的某个键被按下并且释放时触发此事件的处理程序，一般用于键盘上的单键操作；onkeydown 事件是在键盘上的某个键被按下时触发此事件的处理程序，一般用于组合键的操作；onkeyup 事件是在键盘上的某个键被按下后松开时触发此事件的处理程序，一般用于组合键的操作。

为了便于读者对键盘上的按键进行操作，下面以表格的形式给出其键码值。

键盘事件的使用

键盘上字母和数字键的键码值如表 14-2 所示。

表 14-2　字母和数字键的键码值

按键	键值	按键	键值	按键	键值	按键	键值
A(a)	65	J(j)	74	S(s)	83	1	49
B(b)	66	K(k)	75	T(t)	84	2	50
C(c)	67	L(l)	76	U(u)	85	3	51
D(d)	68	M(m)	77	V(v)	86	4	52
E(e)	69	N(n)	78	W(w)	87	5	53
F(f)	70	O(o)	79	X(x)	88	6	54
G(g)	71	P(p)	80	Y(y)	89	7	55
H(h)	72	Q(q)	81	Z(z)	90	8	56
I(i)	73	R(r)	82	0	48	9	57

数字键盘上按键的键码值如表 14-3 所示。

表 14-3　数字键盘上按键的键码值

按键	键值	按键	键值	按键	键值	按键	键值
0	96	8	104	F1	112	F7	118
1	97	9	105	F2	113	F8	119
2	98	*	106	F3	114	F9	120
3	99	+	107	F4	115	F10	121
4	100	Enter	108	F5	116	F11	122
5	101	−	109	F6	117	F12	123
6	102	.	110				
7	103	/	111				

键盘上控制键的键码值如表 14-4 所示。

表 14-4　控制键的键码值

按键	键值	按键	键值	按键	键值	按键	键值
Back Space	8	Esc	27	Right Arrow(→)	39	−_	189
Tab	9	Spacebar	32	Down Arrow(↓)	40	.>	190
Clear	12	Page Up	33	Insert	45	/?	191
Enter	13	Page Down	34	Delete	46	`~	192
Shift	16	End	35	Num Lock	144	[{	219
Control	17	Home	36	;:	186	|	220
Alt	18	Left Arrow(←)	37	=+	187	]}	221
Cape Lock	20	Up Arrow(↑)	38	,<	188	'"	222

> 以上键码值只有在文本框中才完全有效，如果在页面中使用（也就是在<body>标记中使用），则只有字母键、数字键和部分控制键可用，其字母键和数字键的键值与 ASCII 值相同。

如果想要在 JavaScript 中使用组合键，可以利用 event.ctrlKey、event.shiftKey 和 event.altKey 判断是否按下了 Ctrl 键、Shift 键以及 Alt 键。

【例 14-2】 通过新建一个 HTML 页面，测试鼠标事件和键盘事件，效果如图 14-2 所示。

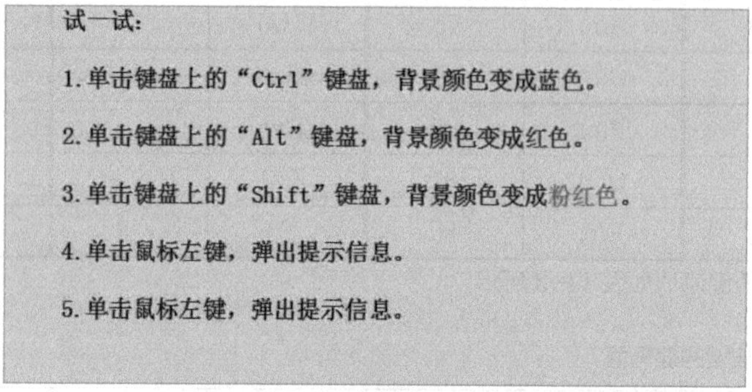

试一试：

1.单击键盘上的"Ctrl"键盘，背景颜色变成蓝色。

2.单击键盘上的"Alt"键盘，背景颜色变成红色。

3.单击键盘上的"Shift"键盘，背景颜色变成粉红色。

4.单击鼠标左键，弹出提示信息。

5.单击鼠标左键，弹出提示信息。

图 14-2 鼠标键盘事件的测试页面

（1）创建一个 HTML 页面，引入 mr-style.css 文件，搭建页面的布局和样式。

（2）在<body>标签中，添加 onkeydown 属性，设定值为 keyEvent()，表示调用键盘事件，代码如下：

```html
<!DOCTYPE html>
<html>
<head>
    <meta charset="utf-8" />
    <title>鼠标键盘事件</title>
    <!--引入页面样式文件 -->
    <link rel="stylesheet" type="text/css" href="css/mr-style.css">
</head>
<body onkeydown='keyEvent()' style="margin:0 auto;">
<div class='a'>
    <h1 style="text-align: center">鼠标键盘事件</h1>
    <div id="mr-event" onmousedown="mouseEvent()">
        <span style="text-align: left">试一试：</span><br/><br/>
        1.单击键盘上的"Ctrl"键盘，背景颜色变成<span style="color:#151570">蓝色</span>。
<br/><br/>
        2.单击键盘上的"Alt"键盘，背景颜色变成<span style="color:darkred">红色</span>。
<br/><br/>
        3.单击键盘上的"Shift"键盘，背景颜色变成<span style="color:orangered">粉红色</span>。
<br/><br/>
        4.单击鼠标左键，弹出提示信息。<br/><br/>
        5.单击鼠标左键，弹出提示信息。<br/><br/>
    </div>
</div>
</body>
```

（3）编写鼠标事件和键盘事件的 JavaScript 逻辑代码。首先创建鼠标事件 mouseEvent( )方法，通过调用 event.button 方法获取鼠标对象，根据单击鼠标左键或右键的条件判断，弹出提示信息；然后创建键盘事件 keyEvent( )方法，通过 getElementById( )方法，获取页面对象，根据单击键盘不同按键的条件判断，页面背景颜色会发生相应变化，代码如下：

```javascript
<script language="javascript">
    //鼠标事件
    function mouseEvent(){
        var b=event.button;                          //获取鼠标对象
        if(b==2){                                     //单击鼠标右键时
            alert("你按了右键！");                     //弹出提示信息
        }
        else if(b==0){                                //单击鼠标左键时
            alert("你按了左键！");                     //弹出提示信息
        }
    }
    //键盘事件
    function keyEvent() {
        var c = document.getElementById('mr-event');  //获取页面对象
        if (event.altKey) {                           //单击键盘<Alt>键时
            c.style.backgroundColor = 'red'           //背景颜色变化
        }
        else if (event.ctrlKey) {                     //单击键盘<Ctrl>键时
            c.style.backgroundColor = 'blue'          //背景颜色变化
        }
        else if (event.shiftKey) {                    //单击键盘<Shift>键时
            c.style.backgroundColor = 'pink'          //背景颜色变化
        }
    }
</script>
```

14.4　页面事件

页面事件是在页面加载或改变浏览器大小、位置，以及对页面中的滚动条进行操作时，所触发的事件处理程序。本节将通过页面事件对浏览器进行相应的控制。

14.4.1　加载与卸载事件

加载事件（onload）是在网页加载完毕后触发相应的事件处理程序，它可以在网页加载完成后对网页中的表格样式、字体、背景颜色等进行设置。卸载事件（unload）是在卸载网页时触发相应的事件处理程序，卸载网页是指关闭当前页或从当前页跳转到其他网页中，该事件常被用于在关闭当前页或跳转其他网页时，弹出询问提示框。

在制作网页时，为了便于网页资源的利用，可以在网页加载事件中对网页中的元素进行设置。下面以示例的形式讲解如何在页面中合理利用图片资原。

加载与卸载事件

14.4.2　页面大小事件

页面的大小事件（onresize）是用户改变浏览器的大小时触发事件处理程序，它主要用于固定浏览器的大小。

页面大小事件

261

【例 14-3】 使用 JavaScript 实现刮刮卡效果，效果如图 14-3 所示。

图 14-3 使用 JavaScript 实现刮刮卡效果

（1）创建一个 HTML 页面，引入 mr-style.css 文件，搭建页面的布局和样式。通过<canvas>标签，引入刮刮卡的画布，具体代码如下：

```
<!DOCTYPE HTML>
<html>
<head>
    <meta charset="utf-8">
    <title>使用JavaScript实现刮刮卡效果</title>
    <link rel="stylesheet" type="text/css" href="css/mr-style.css"/>
</head>
<body>
<div id="main">
    <h2 class="top_title"><a href="#">JavaScript实现刮刮卡效果</a></h2>
    <div class="msg">刮开灰色部分看看，<a href="javascript:void(0)"
onClick="window.location.reload()">再来一次</a></div>
    <div class="demo">
        <!--引入刮刮乐画布-->
        <canvas></canvas>
    </div>
</div>
</body>
```

（2）编写刮刮卡的 JavaScript 逻辑代码。首先通过 addEventListener()方法，为刮刮卡的图层图片添加鼠标事件方法；然后编写 layer()方法设置刮刮卡的图层颜色；接着编写 eventDown()方法处理鼠标放下事件，另外还需要 eventUp()方法处理鼠标抬起事件；最后编写 eventMove()方法处理鼠标移动事件，关键代码如下：

```
img.addEventListener('load', function (e) {
        var ctx;
        var w = img.width,
            h = img.height;
        var offsetX = canvas.offsetLeft,
            offsetY = canvas.offsetTop;
        var mousedown = false;
        //刮刮卡图层背景
        function layer(ctx) {
            ctx.fillStyle = 'gray';
```

```
                    ctx.fillRect(0, 0, w, h);
                }
                //鼠标放下
                function eventDown(e) {
                    e.preventDefault();
                    mousedown = true;
                }
                //鼠标抬起
                function eventUp(e) {
                    e.preventDefault();
                    mousedown = false;
                }
                //鼠标移动
                function eventMove(e) {
                    e.preventDefault();
                    if (mousedown) {
                        if (e.changedTouches) {
                            e = e.changedTouches[e.changedTouches.length − 1];
                        }
                        var x = (e.clientX + document.body.scrollLeft || e.pageX) − offsetX || 0,
                            y = (e.clientY + document.body.scrollTop || e.pageY) − offsetY || 0;
                        with (ctx) {
                            beginPath()
                            arc(x, y, 10, 0, Math.PI * 2);
                            fill();
                        }
                    }
                }
                … //省略其他代码
});
```

14.5 表单事件

表单事件实际上就是对元素获得或失去焦点的动作进行控制。用户可以利用表单事件来改变获得或失去焦点的元素样式，这里所指的元素可以是同一类型，也可以是多个不同类型的元素。

14.5.1 获得焦点与失去焦点事件

获得焦点事件（onfocus）是当某个元素获得焦点时触发事件处理程序，失去焦点事件（onblur）是当前元素失去焦点时触发事件处理程序。在一般情况下，这两个事件是同时使用的。

获得焦点与失去焦点
事件

14.5.2 焦点修改事件

焦点修改事件（onchange）是当前元素失去焦点并且元素的内容发生改变时触发事件处理程序。该事件一般在下拉文本框中使用。

14.5.3 表单提交与重置事件

表单提交事件（onsubmit）是在用户提交表单时（通常使用"提交"按钮，也就是

焦点修改事件

将按钮的 type 属性设为 submit），在表单提交之前被触发，因此，该事件的处理程序通过返回 false 值来阻止表单的提交。该事件可以用来验证表单输入项的正确性。

表单重置事件（onreset）与表单提交事件的处理过程相同，该事件只是将表单中的各元素的值设置为原始值。该事件一般用于清空表单中的文本框。

下面给出这两个事件的使用格式：

表单提交与重置事件

```
<form name="formname" onReset="return Funname" onsubmit="return Funname "></form>
```

参数说明：

❏ formname：表单名称。

❏ Funname：函数名或执行语句，如果是函数名，在该函数中必须有布尔型的返回值。

如果在 onsubmit 和 onreset 事件中调用的是自定义函数名，那么必须在函数名的前面加 return 语句，否则不论在函数中返回的是 true 还是 false，当前事件所返回的值一律是 true 值。

【例 14-4】 实现登录时，表单事件的处理，如表单提交、获取表单焦点和表单重置，效果如图 14-4 所示。

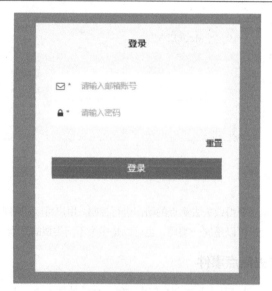

图 14-4 登录时，表单事件的处理

（1）创建一个 HTML 页面，引入 mr-basic.css 和 mr-login.css 文件，搭建页面的布局和样式。

（2）通过<form>标签，引入表单的布局，关键代码如下：

```
<form method="post" id="form1">
        <div class="user-email">
            <label for="email"><i class="mr-icon-envelope-o"></i><span
style="color:red;margin-left:5px">*</span>
</label>
        <input type="email" name="" id="email" placeholder="请输入邮箱账号">
        </div>
```

```
        <div class="user-pass">
            <label for="password"><i class="mr-icon-lock"></i><span
style="color:red;margin-left:5px">*</span></label>
            <input type="password" name="" id="password" placeholder="请输入密码">
        </div>
</form>
<div class="login-links">
        <a href="javascript:void();"
onclick="document.getElementById('form1').reset()" class="mr-fr">重置</a>
        <br/>
</div>
<div class="mr-cf">
        <input type="submit" onclick="mr_verify()" value="登录"
class="mr-btn mr-btn-primary mr-btn-sm mr-fl">
</div>
```

（3）创建 mr_verify()方法，用于通过 JavaScript 进行表单的验证，主要判断表单值是否为空，为空的话，通过 focus()方法，获取表单的焦点。另外还需要验证邮箱格式是否正确，关键代码如下：

```
    <script>
        function mr_verify(){
        //获取表单对象
        var email=document.getElementById("email");
        var password=document.getElementById("password");
        //验证项目是否为空
        if(email.value==="" || email.value===null){
            alert("邮箱不能为空！");
            email.focus();
            email.style.backgroundColor='bisque';
            return;
        }
        if(password.value==="" || password.value===null){
            alert("密码不能为空！");
            password.focus();
            password.style.backgroundColor='bisque';
            return;
        }
        //验证邮件格式
        apos = email.value.indexOf("@")
        dotpos = email.value.lastIndexOf(".")
        if (apos < 1 || dotpos - apos < 2) {
            alert("邮箱格式错误！");
            email.focus();
            email.style.backgroundColor='bisque';
            return;
        }
        else {
            alert("邮箱格式正确！");
        }
        email.style.backgroundColor='';
        password.style.backgroundColor='';
        alert('表单提交成功！');
```

```
    }
</script>
```

小 结

　　本章重点讲解 JavaScript 中的事件处理，主要讲解了事件处理、事件模型和常用的事件。其中，需要读者理解事件的处理过程，重点掌握 IE 和 DOM 标准下注册和移除事件监听器的方法、常用的事件，以及在 JavaScript 和 HTML 中事件的调用方法。

上机指导

　　刷新网页可以获取最新的网页内容，同时也会带来一些烦恼，例如，网购时刷新网页需要重新填写订单信息。本次上机指导将实现屏蔽网页中的 F5（刷新）、Enter、退格键〈Ctrl+N〉〈Shift+F10〉等键盘按键，效果如图 14-5 所示。

图 14-5　屏蔽键盘相关事件

程序开发步骤如下：

　　（1）编写用于屏蔽键盘相关事件的自定义的 JavaScript 函数，代码如下：

```
<script language="javascript">
function keydown(){
if(event.keyCode==8){
  event.keyCode=0;
  event.returnValue=false;
  alert("当前设置不允许使用退格键");
  }if(event.keyCode==13){
  event.keyCode=0;
  event.returnValue=false;
  alert("当前设置不允许使用回车键");
```

上机指导

```
        }if(event.keyCode==116){
      event.keyCode=0;
      event.returnValue=false;
      alert("当前设置不允许使用F5刷新键");
        }if((event.altKey)&&((window.event.keyCode==37)||(window.event.keyCode==39))){
      event.returnValue=false;
      alert("当前设置不允许使用Alt+方向键←或方向键→");
        }if((event.ctrlKey)&&(event.keyCode==78)){
       event.returnValue=false;
       alert("当前设置不允许使用Ctrl+n新建IE窗口");
      }if((event.shiftKey)&&(event.keyCode==121)){
       event.returnValue=false;
       alert("当前设置不允许使用shift+F10");
      }
  }
</script>
```

（2）编写 JavaScript 自定义函数 click( )，用于屏蔽鼠标的右键，代码如下：

```
<script language="javascript">
  function click( ) {
     event.returnValue=false;
     alert("当前设置不允许使用右键！");
  }
  document.oncontextmenu=click;
</script>
```

（3）在<body>元素的 onkeydown 事件中调用步骤（1）编写的自定义函数来屏蔽键盘相关事件，代码如下：

```
<body onkeydown="keydown( )">
```

习 题

14-1 简单描述什么是事件和事件处理。

14-2 JavaScript 中常见的事件有哪几类？

14-3 如何分别在 JavaScript 中和 HTML 中调用事件处理程序？

14-4 列举常见的几种鼠标键盘事件。

14-5 列举常见的页面相关事件和表单相关事件。

第15章

响应式网页设计

本章要点：

- 掌握响应式网页设计的概念、优势和原理
- 了解屏幕分辨率、设备像素和CSS像素的概念
- 掌握视口（viewport）的概念和实现方法
- 掌握使用媒体查询的技巧
- 掌握响应式布局的常用方法和技巧

■ 响应式网页设计（Responsive Web design）指的是，网页设计应根据设备环境（屏幕尺寸、屏幕定向、系统平台等）以及用户行为（改变窗口大小等）进行相应的响应和调整。具体的实践方式由多方面组成，包括弹性网格和布局、图片和CSS 媒体查询的使用等。无论用户正在使用台式计算机还是智能手机，无论是大屏还是小屏，网页都应该能自动响应式布局，适应不同设备，为用户提供良好的使用体验。

15.1　概述

15.1.1　响应式网页设计的概念

响应式网页设计是目前流行的一种网页设计形式，主要特色是页面布局能根据不同设备（平板、台式计算机或智能手机）让内容适应性的展示，从而让用户在不同设备都能够友好地浏览网页内容。

响应式网页设计
的概念

响应式设计针对 PC、iPhone、Android 和 iPad，实现了在智能手机和平板等多种智能移动终端浏览效果的流畅，防止页面变形，能够使页面自动切换分辨率、图片尺寸及相关脚本功能等，以适应不同设备，并在不同浏览终端进行网站数据的同步更新，从而为不同终端的用户提供更加舒适的界面和更好的用户体验。本书第 16 章的综合案例——51 购商城，便设计并实现了响应式网页布局，主页的界面效果如图 15-1 所示。

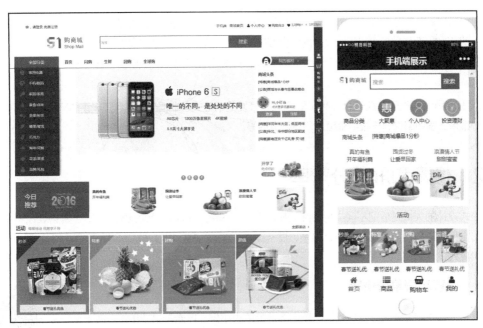

图 15-1　51 购商城主页界面（PC 端和移动端）

15.1.2　响应式网页设计的优缺点

响应式网页设计是最近几年流行的前端技术，提升用户使用体验的同时，也有自身的不足。下面简单介绍。响应式网页设计的优缺点。

响应式网页设计的
优缺点

1. 优点

（1）对用户友好。响应式设计可以向用户提供友好的网页界面，还可以适应几乎所有设备的屏幕。

（2）后台数据库统一。即在计算机 PC 端编辑了网站内容后，手机和平板等智能移动浏览终端能够同步显示修改之后的内容，网站数据的管理能够更加及时和便捷。

（3）方便维护。如果开发一个独立的移动端网站和 PC 端网站，无疑增加了更多网站维护工作。但如果只设计一个响应式网站，维护的成本将会很小。

2. 缺点

（1）增加加载时间。在响应式网页设计中，增加了很多检测设备特性的代码，比如设备的宽度、分辨率和设备类型等内容。同时也增加了页面读取代码的加载时间。

（2）时间花费。比起开发一个仅适配 PC 端的网站，开发响应式网站的确是一项耗时的工作。因为考虑设计的因素会更多，比如各个设备中网页布局的设计，图片在不同终端中大小的处理等。

15.1.3 响应式网页设计的技术原理

响应式网页设计的技术原理如下：

（1）<meta>标签。位于文档的头部，不包含任何内容，<meta>标签是对网站发展非常重要的标签，它可以用于鉴别作者，设定页面格式，标注内容提要和关键字，以及刷新页面等。它回应给浏览器一些有用的信息，以帮助浏览器正确和精确地显示网页内容。

响应式网页设计的
技术原理

（2）使用媒体查询（也称媒介查询）适配对应样式。通过不同的媒体类型和条件定义样式表规则，获取的值可以设置设备的手持方向（水平还是垂直）、设备的分辨率等。

（3）使用第三方框架。比如使用 Bootstrap 框架，更快捷地实现网页的响应式设计。

> Bootstrap 框架是基于 HTML5 和 CSS3 开发的响应式前端框架，包含了丰富的网页组件，如下拉菜单、按钮组件、下拉菜单组件和导航组件等。

15.2 像素和屏幕分辨率

响应式设计的关键是适配不同类型的终端显示设备。在讲解响应式设计技术之前，了解物理设备中关于屏幕适配的常用术语，比如像素、屏幕分辨率、设备像素（device-width）和 CSS 像素（width）等，有助于读者理解响应式设计的实现过程。

15.2.1 像素和屏幕分辨率

像素，全称为图像元素，表示数字图像中的一个最小单位。像素是尺寸单位，而不是画质单位。对一张数字图片放大数倍，会发现图像都是由许多色彩相近的小方点所组成的。51 购商城的 Logo 图片放大后，效果如图 15-2 所示。

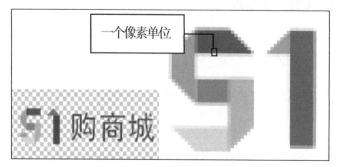

图 15-2　51 购商城 Logo 的放大界面

屏幕分辨率，就是屏幕上显示的像素个数，以水平分辨率和垂直分辨率来衡量大小。屏幕分辨率低时（例如 640×80），在屏幕上显示的像素少，但尺寸比较大；屏幕分辨率高时（例如 1600×1200），在屏幕上显示的像素多，但尺寸比较小。分辨率 1600×1200 的意思是水平方像素数为 1600 个，垂直方向像素数为 1200 个。屏幕尺寸一样的情况下，分辨率越高，显示效果就越精细。手机屏幕分辨率的效果如图 15-3 所示。

图 15-3　手机屏幕分辨率示意图

15.2.2　设备像素

设备像素是物理概念，指的是设备中使用的物理像素。比如 iPhone 5 的屏幕分辨率 640 ×1136px。衡量一个物理设备的屏幕分辨率高低，使用 ppi，即像素密度，表示每英寸所拥有的像素数目。ppi 的数值越高，代表屏幕能以更高的密度显示图像。1 英寸等于 2.54 厘米，iPad 的宽度为 9.7 英寸，读者则可以大致想象 1 英寸的大小了。表 15-1 列出了常见机型的设备参数信息。

设备像素

表 15-1　常见机型的设备参数

设备	屏幕大小（英寸）	屏幕分辨率（像素）	像素密码（ppi）
MacBook	13.3	1280*800	113

续表

设备	屏幕大小（英寸）	屏幕分辨率（像素）	像素密码（ppi）
华硕 R405	14	1366*768	113
iPad	9.7	1024*768	132
iPhone 4s	3.5	960*640	326
小米手机 2	4.3	1280*720	342
魅族 MX	4.7	1280*800	347

15.2.3 CSS 像素

CSS 像素是网页编程的概念，指的是 CSS 样式代码中使用的逻辑像素。在 CSS 规范中，长度单位可以分为两类，即绝对（absolute）单位和相对(relative)单位。px 是一个相对单位，相对的是设备像素（evice pixel）

CSS 像素

设备像素和 CSS 像素的换算是通过设备像素比完成的，设备像素比即缩放比例，获得设备像素比后，便可得知设备像素与 CSS 像素之间的比例。当这个比率为 1：1 时，使用 1 个设备像素显示 1 个 CSS 像素；当这个比率为 2：1 时，使用 4 个设备像素显示 1 个 CSS 像素；当这个比率为 3：1 时，使用 9（3*3）个设备像素显示 1 个 CSS 像素。

关于设计师和前端工程师之间的协同工作，一般由设计师按照设备像素为单位制作设计稿，前端工程师参照相关的设备像素比进行换算以及编码工作。

关于 CSS 像素和设备像素之间的换算关系，不是响应式网页设计的关键知识内容，了解相关基本概念即可。

15.3 视口

15.3.1 视口

1．桌面浏览器中的视口

视口（viewport）的概念，在桌面浏览器中，等于浏览器中 Window 窗口的概念。视口中的像素指的是 CSS 像素，视口大小决定了页面布局的可用宽度。视口的坐标是逻辑坐标，与设备无关。视口的界面如图 15-4 所示。

视口

2．移动浏览器中的视口

移动浏览器中的视口分为可见视口和布局视口。由于移动浏览器的宽度限制，在有限的宽度内可见部分（可见视口）装不下所有内容（布局视口），因此移动浏览器中通过<meta>元标签，引入 viewport 属性，处理可见视口与布局视口的关系。引入代码形式如下：

```
<meta name="viewport" content="width=device-width, initial-scale=1.0>
```

图 15-4　桌面浏览器中的视口概念

15.3.2　视口常用属性

viewport 属性表示设备屏幕上能用来显示网页的区域，具体而言，就是移动浏览器上用来显示网页的区域。自 viewport 属性又不局限于浏览器可视区域的人小，它可能比浏览器的可视区域要大，也可能比浏览器的可视区域要小。表 15-2 列出了常见设备上浏览器的默认 viewport 的宽度。

视口常用属性

表 15-2　常见设备上浏览器的默认 viewport 宽度

设备	宽度（px）
iPhone	980
iPad	980
Android HTC	980
Chrome	980
IE	1024

<meta>标签中 viewport 属性首先是由苹果公司在 Safari 浏览器中引入的，目的就是解决移动设备的 viewport 问题。后来安卓以及各大浏览器厂商也都纷纷效仿，引入了对 viewport 属性的支持。事实证明，viewport 属性对于响应式设计起了重要作用。表 15-3 列出了 viewport 属性中常用的属性值及含义。

表 15-3　viewport 属性中常用的属性值及含义

属性值	含义
width	设定布局视口宽度
height	设定布局视口高度
initial-scale	设定页面初始缩放比例 （0—10）
user-scalable	设定用户是否可以缩放（yes/no）
minimum-scale	设定最小缩小比例（0—10）
maximum-scale	设定最大放大比例（0—10）

15.3.3　媒体查询

　　媒体查询可以根据设备显示器的特性（如视口宽度、屏幕比例和设备方向），设定 CSS 的样式。媒体查询由媒体类型和一个或多个检测媒体特性的条件表达式组成。媒体查询中可用于检测的媒体特性有 width、height 和 color 等。使用媒体查询，可以在不改变页面内容的情况下，为特定的一些输出设备定制显示效果。

媒体查询

　　使用媒体查询的操作步骤如下。

　　（1）在 HTML 页面<head>标签中，添加 viewport 属性的代码，代码如下：

```
<meta name="viewport content="width=device-width,
                    initial-scale=1,maximum-scale=1,user-scalable=no"/>
```

其中，各属性值表示的含义如表 15-4 所示。

表 15-4　各属性值表示的含义

属性值	含义
width=device-width	设定度等于当前设备的宽度
initial-scale=1	设定初始的缩放比例（默认为 1）
maximum-scale=1	允许用户缩放的最大比例（默认为 1）
user-scalable=no	设定用户不能手动缩放

　　（2）使用@media 关键字，编写 CSS 媒体查询代码。举例说明，当设备屏幕宽度为 320px ~ 720px 时，媒体查询中设置 body 的背景色 background-color 属性值为 red，会覆盖原来的 body 背景色。当设备屏幕宽度小于等于 320px 时，媒体查询中设置 body 背景色 background-color 属性值为 blue，会覆盖原来的 body 背景色，代码如下：

```
/*当设备宽度为320px~720px时*/
@media screen and (max-width:720px) and (min-width:320px){
    body{
    background-color:red;
    }
/*当设备宽度小于等于320px时*/
@media screen and (max-width:320px){
    body{
    background-color:blue;
    }
}
```

15.4 响应式网页的布局设计

响应式网页设计涉及的具体知识点很多，比如图片的响应式处理、表格的响应式处理和布局的响应式设计等内容。响应式页面设计的效果如图 15-5 所示。

图 15-5　响应式网页的布局设计

本节内容详细讲解响应式网页设计中的布局设计。关于图片和表格等页面元素的响应式设计内容，请参考第 16 章的各元素处理细节。

15.4.1　常用布局类型

常用布局类型

以网站的列数划分，网页布局可以分成单列布局和多列布局。其中，多列布局又可由均分多列布局和不均分多列布局组成。下面进行详细介绍。

❑　单列布局：适合内容较少的网站布局，一般由顶部的 Logo 和菜单（一行）、中间的内容区（一行）和底部的网站相关信息（一行），共 3 行组成。单列布局的效果如图 15-6 所示。

图 15-6　单列布局

❑　均分多列布局：列数大于等于 2 列的布局类型。每列宽度相同，列与列间距相同，适合商品或图片的列表展示。效果如图 15-7 所示。

❑　不均分多列布局：列数大于等于 2 列的布局类型。每列宽度不同，列与列间距不同，适合博客类文章内容页面的布局，一列布局文章内容，一列布局广告链接等内容。效果如图 15-8 所示。

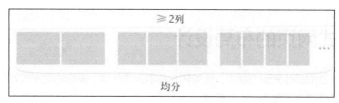

图 15-7　均分多列布局

图 15-8　不均分多列布局

15.4.2　布局的实现方式

不同的布局设计，有不同的实现方式。以页面的宽度单位（像素或百分比）来划分，可以分为单一式固定布局、响应式固定布局和响应式弹性布局 3 种实现方式。下面进行具体介绍。

布局的实现方式

图 15-9　单一式固定布局

- ❑ 单一式固定布局：以像素作为页面的基本单位，不考虑多种设备屏幕及浏览器宽度，只设计一套固定宽度的页面布局。单一式固定布局的特点是：技术简单，但适配性差，适合在单一终端中的网站布局。比如以安全为首位的某些政府机关事业单位，则可以仅设计制作适配指定浏览器和设备终端的布局。效果如图 15-9 所示。
- ❑ 响应式固定布局：同样以像素作为页面单位，参考主流设备尺寸，设计几套不同宽度的布局。通过媒体查询技术识别不同屏幕或浏览器的宽度，选择符合条件的宽度布局。效果如图 15-10 所示。

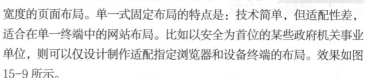

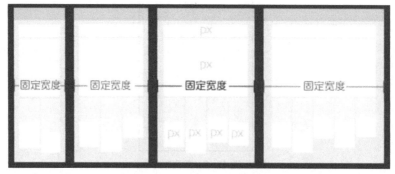

图 15-10　响应式固定布局

- ❑ 响应式弹性布局：以百分比作为页面的基本单位，可以适应一定范围内所有设备屏幕及浏览器的宽度，并能完美利用有效空间展现最佳效果。效果如图 15-11 所示。

响应式固定布局和响应式弹性布局都是目前可被采用的响应式布局方式。其中，响应式固定布局的实现成本最低，但拓展性比较差；响应式弹性布局是比较理想的响应式布局实现方式。对于不同类型的页面排版布局实现响应式设计，需要采用不用的实现方式。

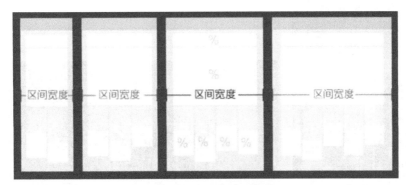

图 15-11　响应式弹性布局

除了响应式固定布局和响应式弹性布局外，业界还有许多其他响应式布局方式。
建议读者从网络资料中继续深入学习响应式布局的知识。

15.4.3　响应式布局的设计与实现

对页面进行响应式的设计实现，需要对相同内容进行不同宽度的布局设计，通常有两种方式：桌面 PC 端优先（首先从桌面 PC 端开始设计）和移动端优先（首先从移动端开始设计）。无论以哪种方式进行设计，要想兼容所有设备，都不可避免地需要对内容布局做一些变化调整。有模块内容不变和模块内容改变两种方式。下面进行详细介绍。

响应式布局的设计与实现

❑　模块内容不变，即页面中整体模块内容不发生变化，通过调整模块的宽度，可以将模块内容从挤压调整到拉伸，从平铺调整到换行。效果如图 15-12 所示。

图 15-12　模块内容不变

【例 15-1】　主页的响应式实现（第 17 章游戏公园网站）。响应式设计采用"模块内容不变"的方式，运用拉伸和下移的技巧，实现响应式的布局。界面效果如图 15-13 所示。

图 15-13　课程设计——游戏公园的 PC 端和手机端效果

具体实现步骤如下：

（1）添加视口参数代码。在<head>标签中，添加浏览器设备识别的视口代码。设置编码的 CSS 像素宽度 width 等于设备像素宽度 device-width，initial-scale 缩放比等于 1，代码如下：

```
<meta name="viewport" content="width=device-width, initial-scale=1">
```

（2）在 style.css 文件中添加媒体查询 CSS 代码。例如对 banner 样式类的媒体查询，默认宽度下，width 属性值为 100%，当查询检测到最大宽度小于等于 640px 时，设置 width 属性值为 50%，因此 banner 样式类控制的模块内容宽度适应设备宽度而缩小，关键代码如下：

```
.banner{
    background:#EA4C89;
    width:100%;
    display:block;
    background-size:cover;
    text-align:center;
    padding:5em 0;
}
@media(max-width:640px){
```

```
.banner {
    /*内容宽度缩小至50%*/
    Width：50%；
    }
……省略其他代码
```

主页其他模块内容响应式布局的解决方案，请参考第 17 章源代码中的 style.css 文件，其中请读者注意 CSS3 媒体查询的@media 关键字信息。

❑ 模块内容改变，即页面中整体模块内容发生变化，通过媒体查询，检测当前设备的宽度，动态隐藏或显示模块内容，增加或减少模块的数量。效果如图 15-14 所示。

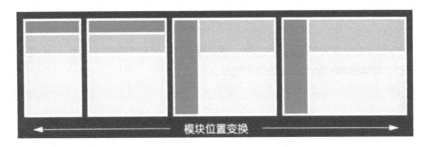

图 15-14 模块内容不变

【例 15-2】 实现 51 购商城登录页面的响应式布局。响应式设计采用"模块内容改变"的方式，根据当前设备的宽度，动态显示或隐藏相关模块的内容。界面效果如图 15-15 所示。

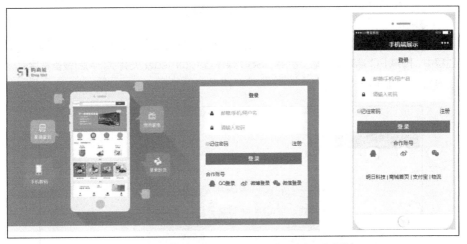

图 15-15 51 购商城登录页面效果（PC 端和移动端）

具体实现步骤如下：

（1）添加视口参数代码。在<head>标签中，添加浏览器设备识别的视口代码。设置编码的 CSS 像素宽度 width 等于设备像素宽度 device-width，initial-scale 缩放比等于 1，代码如下：

```
<meta name="viewport" content="width=device-width,
    initial-scale=1.0, minimum-scale=1.0, maximum-scale=1.0, user-scalable=no">
```

（2）在 style.css 文件中添加媒体查询 CSS 代码。以 PC 端背景图片为例，通过对样式类的媒体查询，默认宽度下，display 属性值为 none，表示隐藏背景图片；当查询检测到最小宽度大于等于 1025px 时，设置 display 属性值为 block，因此背景图片可以适应设备的宽度进行隐藏或显示，关键代码如下：

```css
.login-banner-bg {
    display: none;
}
@media screen and (min-width: 1025px) {
/*背景*/
    .login-banner-bg {
        display: block;
        float: left;
    }
……省略其他代码
```

主页其他模块内容响应式布局的解决方案，请参考第 16 章源代码中的 login.css 文件，其中请读者注意 CSS3 媒体查询的 @media 关键字信息。

小 结

本章介绍响应式网页设计的概念、优缺点和技术原理，说明移动设备中容易混淆的概念（像素、屏幕分辨率、设备像素和 CSS 像素）。本章重点讲解响应式网页设计的关键概念——视口（viewport），并推荐了"模块内容不变"和"模块内容改变"的常用响应式布局技巧。

上机指导

实现 51 购商城注册页面的响应式布局。使用"改变模块内容"的方式，在由 PC 端向移动端转变的过程中，隐藏 PC 端的背景图。使用 CSS3 媒体查询 @media 关键字，判断设备宽度变化的界限点。界面效果如图 15-16 所示。

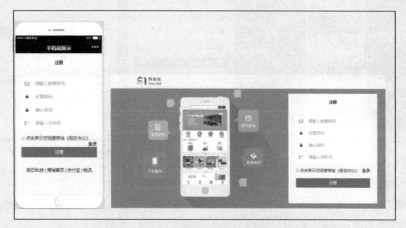

图 15-16　51 购商城注册页面的响应式布局（PC 端和手机端）

具体实现过程如下：

（1）在 PC 端的页面代码中，添加视口参数代码。在<head>标签中，添加浏览器设备识别的视口代码。设置编码的 CSS 像素宽度 width 等于设备像素宽度 device-width，initial-scale 初始缩放比等于 1，user-scalable 等于 no 表示用户的屏幕缩放操作无效，代码如下：

上机指导

```
<meta name="viewport" content="width=device-width,
    initial-scale=1.0, user-scalable=no">
```

（2） 在 style.css 文件中添加媒体查询 CSS 代码。通过对样式类的媒体查询，默认宽度下，display 属性值为 none，表示隐藏 Logo 图片；当查询检测到最小宽度大于等于 1025px 时，设置 display 属性值为 block，因此 Logo 图片可以适应设备的宽度进行隐藏或显示，关键代码如下：

```
.login-boxtitle img {
    display: none;
}
@media screen and (min-width: 1025px) {
/*背景*/
.login-boxtitle img {
    display: block;
    float: left;
}
```

具体详细的代码说明，请参考源代码中的 login.css 文件，请注意 CSS3 媒体查询的@media 关键字信息。

习 题

15-1 简单描述响应式网页设计的概念及优缺点。

15-2 简单说明设备像素与 CSS 像素的区别。

15-3 列举视口（view）的常用属性值。

15-4 媒体查询中 CSS3 使用的关键字是什么？

15-5 列举响应式网页布局设计中的两种常用方法。

PART16

第16章

综合项目——51购商城
（适配移动端）

本章要点：

- 了解网上商城购物流程
- 掌握网上商城常用功能页面的布局
- 掌握PC端页面适配移动端页面的技巧
- 掌握表单常用验证方法
- 掌握使用CSS3实现动画效果的技术
- 掌握JavaScript控制页面样式的能力

■ 网络购物已经不再是什么新鲜事物，当今无论是企业还是个人，都可以很方便地在网上交易商品、批发零售。比如在淘宝上开网店，在微信上做微店等。本章将设计并制作一个综合的电子商城项目——51购商城。本章内容循序渐进，由浅入深，不仅实现传统PC端的页面功能，而且适配移动端（手机和平板设备等），使网站的界面布局和购物功能具有更好的用户体验。

16.1　项目的设计思路

16.1.1　项目概述

项目概述

51 购商城，从整体设计上看，具有通用电子商城的购物功能流程。比如商品的推荐、商品详情的展示、购物车等功能。网站的功能具体划分如下。

❑　商城主页：是用户访问网站的入口页面。商城主页介绍重点的推荐商品和促销商品等信息，具有分类导航功能，方便用户继续搜索商品。

❑　商品列表页面：根据某种分类商品，比如手机类商品，将商城所有的手机以列表的方式展示。用户按照商品的某种属性特征，比如手机内存或手机颜色等，可以进一步检索感兴趣的手机信息。

❑　商品详情页面：全面详情地展示具体某一种商品信息，包括商品本身的介绍，比如商品生产场地等；购买商品后的评价；相似商品的推荐等内容。

❑　购物车页面：用户对某种商品产生消费意愿后，则可以将商品添加到购物车页面；购物车页面详细记录了已添加商品的价格和数量等内容。

❑　付款页面：真实模拟付款流程，包含用户常用收货地址、付款方式的选择和物流的挑选等内容。

❑　登录注册页面：含有用户登录或注册时，表单信息提交的验证，比如账户密码不能为空、数字验证和邮箱验证等内容信息。

16.1.2　界面预览

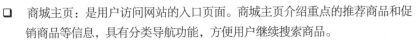

界面预览

下面展示 3 个主要的页面效果。

❑　主页界面效果如图 16-1 所示，包括 PC 端和移动端。用户可以浏览商品分类信息、选择商品和搜索商品等操作，也可以在自己的移动端浏览查询。

图 16-1　51 购商城主页界面（PC 端和移动端）

❑　商品列表页面，展示同类别商品信息，如图 16-2 所示。用户根据商品的具体类别，如手机运行内存、屏幕尺寸和颜色等类别，对手机商品更加细分搜索。商品列表页面支持兼容移动端展示，方便手持设备用户浏览查询。

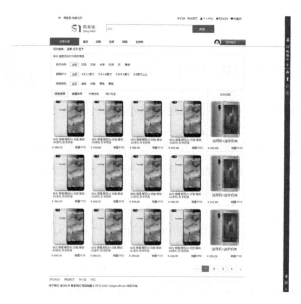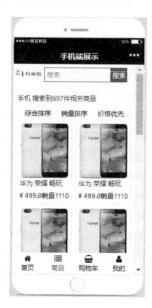

图 16-2　商品列表页面效果（PC 端和移动端）

❑　付款页面，用户将选择的商品加入购物车后，则进入付款页面。付款页面包含收货地址、物流方式和支付方式等内容，符合通用电商网站的付款流程，同时也支持移动端的付款体验，如图 16-3 所示。

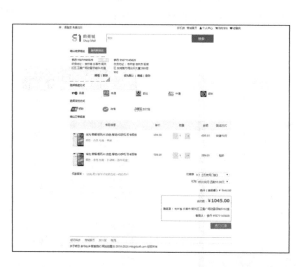

图 16-3　付款页面效果（PC 端和移动端）

16.1.3　功能结构

51 购商城从功能上划分，由主页、商品、购物车、付款、登录和注册 6 个功能组成。其中，登录和注册的页面布局基本相似，可以当作一个功能。网站功能结构如图 16-4

功能结构

所示。

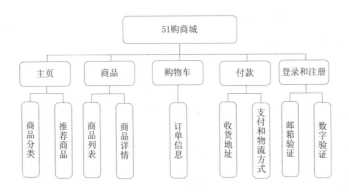

图 16-4　网站功能结构

16.1.4　文件夹组织结构

设计规范合理的文件夹组织结构，可以方便日后的维护和管理。首先新建 51shop 作为项目根目录文件夹；然后新建 css 文件夹、fonts 文件夹和 images 文件夹，分别保存 CSS 样式类文件、字体资源文件和图片资源文件；最后新建各个功能页面的 HTML 文件，比如 login.html 文件，表示登录页面。51 购商城的文件夹组织结构如图 16-5 所示。

文件夹组织结构

图 16-5　51 购商城的文件夹组织结构

在本项目中，JavaScript 的代码都以页面内嵌入的方式编写，因此没有新建 js 文件夹。

16.2　主页的设计与实现

16.2.1　主页的设计

当今社会越来越重视用户体验，主页的设计就显得非常重要和关键。视觉效果优秀的界面设计和方便个性化的使用体验，会让用户印象深刻、流连忘返。因此，51 购商城的主页特别设计了推荐商品和促销活动两个功能，为用户推荐最新最好的商品和活动。

主页的设计

主页的界面效果如图 16-6 和图 16-7 所示。

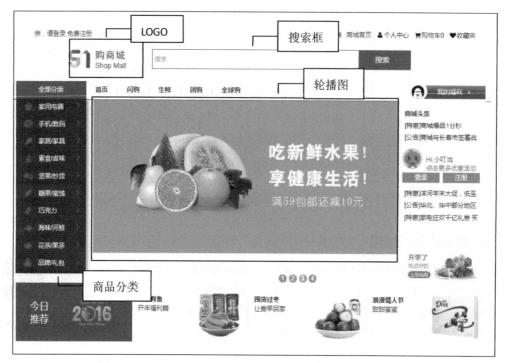

图 16-6　主页顶部区域的各个功能

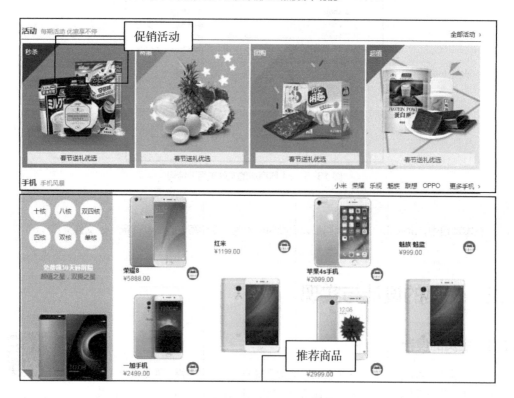

图 16-7　主页的促销活动区域和推荐商品区域

16.2.2　顶部区和底部区功能的实现

顶部区和底部区功能的实现

根据由简到繁的原则，主页首先实现网站顶部区和底部区的功能。顶部区主要由网站的 Logo 图片、搜索框和导航菜单（登录、注册、手机端和商城首页等链接）组成，方便用户跳转到其他页面。底部区由制作公司和导航栏组成，链接到技术支持的官网。主页的顶部区和底部区如图 16-8 所示。

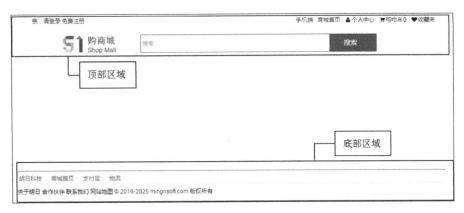

图 16-8　主页的顶部区和底部区

具体实现的步骤如下：

（1）新建一个 HTML 文件，命名为 index.html。引入 bootstrap.css 文件、admin.css 文件、demo.css 文件和 hmstyle.css 文件，构建页面整体布局，关键代码如下：

```
<!DOCTYPE html>
<head>
    <meta http-equiv="Content-Type" content="text/html; charset=utf-8"/>
    <meta name="viewport" content="width=device-width, initial-scale=1.0,
      minimum-scale=1.0, maximum-scale=1.0, user-scalable=no">
    <title>首页</title>
    <link rel="stylesheet" type="text/css" href="css/basic.css"/>
    <link rel="stylesheet" type="text/css" href="css/admin.css"/>
    <link rel="stylesheet" type="text/css" href="css/demo.css"/>
    <link rel="stylesheet" type="text/css" href="css/hmstyle.css"/>
</head>
<body>
</body>
</html>
```

<meta>标签中，name 属性值为 viewport，表示页面的浏览模式会根据浏览器的大小动态调节，即适配移动端的浏览器大小。

（2）实现顶部区的功能，重点说明搜索框的布局技巧。首先新建一个<div>标签，添加 class 属性，值为 search-bar，确定搜索框的定位；然后使用<form>标签，分别新建搜索框文本框和搜索按钮，关键代码如下：

```
<div class="nav white">
    <!—网站LOGO-->
```

```
<div class="logo"><a href="index.html"><img src="images/logo.png"/></div></a>
<div class="logoBig">
    <li><img src="images/logobig.png"/></li>
</div>
<!--搜索框-->
<div class="search-bar pr">
    <a name="index_none_header_sysc" href="#"></a>
    <form>
        <input id="searchInput" name="index_none_header_sysc"
            type="text" placeholder="搜索" autocomplete="off">
        <input id="ai-topsearch" class="submit mr-btn" value="搜索"
                index="1" type="submit">
    </form>
</div>
</div>
```

（3）实现底部区的功能。首先通过<p>标签和<a>标签，实现底部的导航栏；然后为<a>标签添加 href 属性，链接到商城主页页面；最后使用<p>段落标签，显示关于明日、合作伙伴和联系我们等网站制作团队相关信息，代码如下：

```
<div class="footer ">
    <div class="footer-hd ">
        <p>
            <a href="http://www.mingrisoft.com/" target="_blank">明日科技</a>
            <b>|</b>
            <a href="index.html">商城首页</a>
            <b>|</b>
            <a href="#">支付宝</a>
            <b>|</b>
            <a href="#">物流</a>
        </p>
    </div>
    <div class="footer-bd ">
        <p>
            <a href="http://www.mingrisoft.com/Index/ServiceCenter/aboutus.html"
                target="_blank">关于明日</a>
            <a href="#">合作伙伴</a>
            <a href="#">联系我们</a>
            <a href="#">网站地图</a>
            <em>© 2016-2025 mingrisoft.com 版权所有</em>
        </p>
    </div>
</div>
```

16.2.3 商品分类导航功能的实现

主页商品分类导航功能，将商品分门别类，便于用户检索查找。用户使用鼠标滑入到某一商品分类时，界面会继续弹出商品的子类别内容；鼠标滑出时，子类别内容消失。因此，商品分类导航功能可以使商品信息更清晰易查、井井有条。商品分类导航功能的界面效果如图 16-9 所示。

商品分类导航功能的
实现

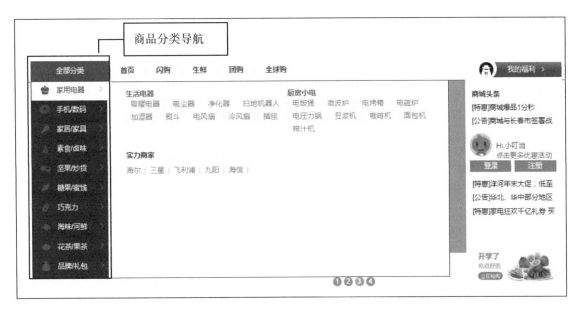

图 16-9　商品分类导航功能的界面效果

具体实现的步骤如下：

（1）编写 HTML 的布局代码。通过<li>标签，显示商品分类信息。在<li>标签中，分别添加 onmouseover 属性和 onmouseout 属性，为<li>标签增加鼠标滑入事件和鼠标滑出事件，关键代码如下：

```html
<li class="appliance js_toggle relative "
  onmouseover="mouseOver(this)" onmouseout="mouseOut(this)"  >
    <div class="category-info">
        <h3 class="category-name b-category-name">
          <i><img src="images/cake.png"></i>
          <a class="ml-22" title="家用电器">家用电器</a></h3>
        <em>&gt;</em></div>
    <div class="menu-item menu-in top" >
        <div class="area-in">
            <div class="area-bg">
                <div class="menu-srot">
                    <div class="sort-side">
                        <dl class="dl-sort">
                            <dt><span >生活电器</span></dt>
                            <dd><a    href="shopInfo.html"><span>取暖电器</span></a></dd>
                            <dd><a    href="shopInfo.html"><span>吸尘器</span></a></dd>
                            <dd><a    href="shopInfo.html"><span>净化器</span></a></dd>
                            <dd><a    href="shopInfo.html"><span>扫地机器人</span></a></dd>
                            <dd><a    href="shopInfo.html"><span>加湿器</span></a></dd>
                            <dd><a    href="shopInfo.html"><span>熨斗</span></a></dd>
                            <dd><a    href="shopInfo.html"><span>电风扇</span></a></dd>
                            <dd><a    href="shopInfo.html"><span>冷风扇</span></a></dd>
                            <dd><a    href="shopInfo.html"><span>插座</span></a></dd>
                        </dl>
                    </div>
                </div>
            </div>
        </div>
```

```
    </div>
    <b class="arrow"></b>
</li>
```

（2）编写鼠标滑入滑出事件的 JavaScript 逻辑代码。mouseOver( )方法和 mouseOut( )方法分别为鼠标滑入和滑出事件方法，二者实现逻辑相似。以 mouseOver()方法为例，首先当鼠标滑入<li>标签节点时，触发 mouseOver()事件方法；然后获取事件对象 obj，设置 obj 对象的样式，找到 obj 对象的子节点（子分类信息）；最后将子节点内容显示到页面，关键代码如下：

```
<script>
    //鼠标滑出事件
    function mouseOver(obj){
        obj.className="appliance js_toggle relative hover";    //设置当前事件对象样式
        var menu=obj.childNodes;                                //寻找该事件子节点（商品子类别）
        menu[3].style.display='block';                          //设置子节点显示
    }
    //鼠标滑入事件
    function mouseOut(obj){
        obj.className="appliance js_toggle relative";          //设置当前事件对象样式
        var menu=obj.childNodes;                                //寻找该事件子节点（商品子类别）
        menu[3].style.display='none';                           //设置子节点隐藏
    }
</script>
```

16.2.4　轮播图功能的实现

轮播图功能的实现

轮播图功能，根据固定的时间间隔，动态地显示或隐藏轮播图片，引起用户的关注和注意。轮播图片一般都是系统推荐的最新商品内容。主页轮播图的界面效果如图 16-10 所示。

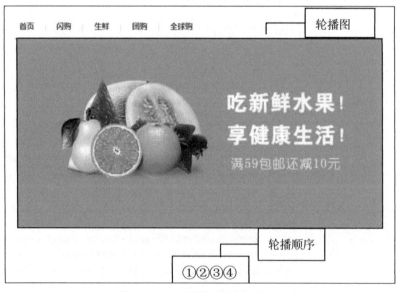

图 16-10　主页轮播图的界面效果

具体实现步骤如下：

（1）编写 HTML 的布局代码。使用<ul>标签和<li>标签引入 4 张轮播图，同时也新建 1、2、3 和 4 的轮

播顺序节点,关键代码如下:

```html
<!--轮播图-->
<div class="mr-slider mr-slider-default scoll"
                                    data-mr-flexslider id="demo-slider-0">
    <div id="box">
        <ul id="imagesUI" class="list">
            <li class="current" style="opacity: 1;"><img src="images/ad1.png"></li>
            <li style="opacity: 0;"><img src="images/ad2.png" ></li>
            <li style="opacity: 0;"><img src="images/ad3.png" ></li>
            <li style="opacity: 0;"><img src="images/ad4.png" ></li>
        </ul>
        <ul id="btnUI" class="count">
            <li class="current">1</li>
            <li class="">2</li>
            <li class="">3</li>
            <li class="">4</li>
        </ul>
    </div>
</div>
<div class="clear"></div>
```

（2）编写播放轮播图的 JavaScript 代码。首先新建 autoPlay()方法,用于自动轮播图片;然后在 autoPlay()方法中, 调用图片显示或隐藏的 show()方法; 最后编写 show()方法的逻辑代码, 根据设置图片的透明度, 显示或隐藏对应的图片, 关键代码如下:

```javascript
//自动轮播方法
function autoPlay(){
    play=setInterval(function(){ //定时器处理
        index++;
        index>=imgs.length&&(index=0);
        show(index);
    },3000)
}
//图片切换方法
function show(a){
    for(i=0;i<btn.length;i++ ){
        btn[i].className='';        //显示当前设置按钮
        btn[a].className='current';
    }
    for(i=0;i<imgs.length;i++){ //把图片的效果设置得和按钮相同
        imgs[i].style.opacity=0;
        imgs[a].style.opacity=1;
    }
}
//切换按钮功能
for(i=0;i<btn.length;i++){
    btn[i].index=i;
    btn[i].onmouseover=function(){
        show(this.index);           //触发show()方法
        clearInterval(play);        //停止播放
    }
}
```

16.2.5　商品推荐功能的实现

商品推荐功能是 51 购网站主要的商品促销形式，此功能可以动态显示推荐的商品信息，包括商品的缩略图、价格和打折信息等内容。通过商品推荐功能，用户还能对众多商品信息进行精挑细选，提高商品的销售率。商品推荐功能的界面效果如图 16-11 所示。

商品推荐功能的实现

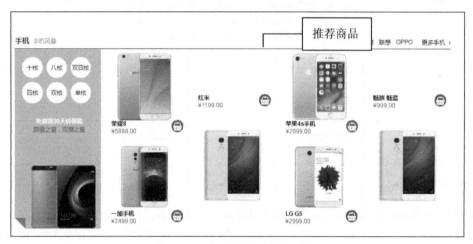

图 16-11　商品推荐功能的界面效果

具体实现步骤如下：

编写 HTML 的布局代码。首先新建一个<div>标签，添加 class 属性，值为 word，布局商品的类别内容，如显卡、机箱和键盘等；然后通过<div>标签，显示具体的商品项目内容，如惠普（HP）笔记本和价格信息等内容，关键代码如下：

```
<div class="mr-u-sm-5 mr-u-md-4 text-one list ">
        <div class="word">
            <a class="outer" href="#">
<span class="inner"><b class="text">CPU</b></span></a>
            <a class="outer" href="#">
<span class="inner"><b class="text">显卡</b></span></a>
            <a class="outer" href="#">
<span class="inner"><b class="text">机箱</b></span></a>
            <a class="outer" href="#">
<span class="inner"><b class="text">键盘</b></span></a>
            <a class="outer" href="#">
<span class="inner"><b class="text">鼠标</b></span></a>
            <a class="outer" href="#">
<span class="inner"><b class="text">U盘</b></span></a>
        </div>
        <a href="shopList.html">
            <div class="outer-con ">
                <div class="title ">
                    致敬2016
                </div>
                <div class="sub-title ">
                    新春大礼包
                </div>
```

```
                </div>
                <img src="images/computerArt.png" width="120px" height="200px">
            </a>
            <div class="triangle-topright"></div>
        </div>
        <div class="mr-u-sm-7 mr-u-md-4 text-two sug">
            <div class="outer-con ">
                <div class="title ">
                    惠普（HP）笔记本
                </div>
                <div class="sub-title ">
                    ¥4999.00
                </div>
                <i class="mr-icon-shopping-basket mr-icon-md   seprate"></i>
            </div>
            <a href="shopList.html"><img src="images/computer1.jpg"/></a>
        </div>
    </div>
```

鼠标滑入某具体的商品图片时，图片会呈现闪动效果，引起用户的注意和兴趣。

16.2.6　适配移动端的实现

当前，手机用户越来越多，而且很多用户已经养成手机浏览网站的习惯。为此，51
购商城设计并实现了适配移动终端的功能页面，实现的方式采用了第 15 章讲解的知识
内容，使用 CSS3 的@media 关键字，根据移动终端浏览器的不同宽度，适配不同的功
能页面。商品推荐功能的界面效果如图 16-12 所示。

适配移动端的实现

图 16-12　商品推荐功能的界面效果

具体实现步骤如下：

（1）添加适配浏览器大小的<meta>标签。首先添加 name 属性，值为 viewport，表示浏览器在读取此页
面代码时，会适配当前浏览器的大小；然后添加 content 属性，其中属性值 width=device-width，表示页面内容的

宽度等于当前浏览器的宽度，代码如下：

```
<meta name="viewport" content="width=device-width,
initial-scale=1.0, minimum-scale=1.0, maximum-scale=1.0, user-scalable=no">
```

（2）根据 CSS3 的@media 关键字，动态调整页面大小。比如针对<body>标签，@media 关键字会检测当前浏览器的宽度，根据宽度的不同，动态调整<body>标签的 CSS 属性值，关键代码如下：

```
/*适配移动端*/
@media only screen and (max-width: 640px) {
  /**
   * 如果当前浏览器的宽度小于等于640px，body<标签>的word-wrap属性值为break-word
   */
  body {
    word-wrap: break-word;
    hyphens: auto;
  }
}
```

请参考 css 文件夹内的 basic.css 文件，包含适配移动端的 CSS3 样式代码。

16.3 商品列表页面的设计与实现

16.3.1 商品列表页面的设计

商品列表页面是一般电子商城通用的功能页面。用户可以根据销量、价格和评价检索商品信息，根据某种分类商品，比如手机类商品，用户按照商品的某种属性特征，比如手机内存或手机颜色等，进一步检索手机信息。商品列表页面效果如图 16-13 所示。

商品列表页面的设计

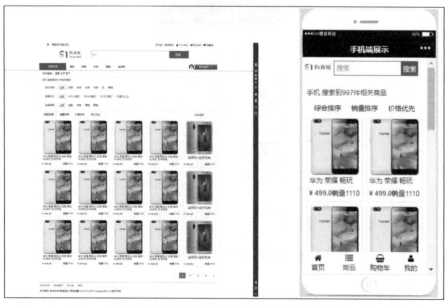

图 16-13　商品列表页面效果（PC 端和移动端）

关于适配移动端的部分，请参考 16.2.6 小节的内容，本节不再讲解。

16.3.2 分类选项功能的实现

分类选项功能的实现

商品分类选项功能，是电商网站通用的一个功能。该功能对商品进一步检索分类范围，如手机的颜色，分成金色、白色和黑色等颜色分类，方便用户快速挑选商品，提升用户使用体验。分类选项功能的界面效果如图 16-14 所示。

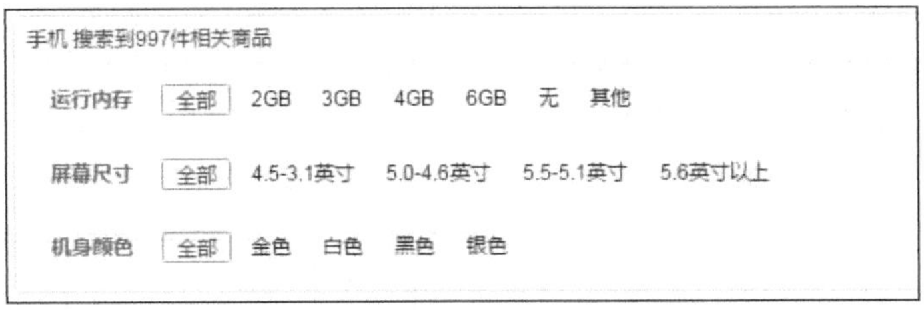

手机 搜索到997件相关商品

运行内存 全部 2GB 3GB 4GB 6GB 无 其他

屏幕尺寸 全部 4.5-3.1英寸 5.0-4.6英寸 5.5-5.1英寸 5.6英寸以上

机身颜色 全部 金色 白色 黑色 银色

图 16-14 分类选项功能的界面效果

具体实现步骤如下：

使用<li>标签，显示细分的分类选项，其中 class 属性值 selected，表示当前选中项目的样式为白底红色，关键代码如下：

```
<li class="select-list">
        <dl id="select1">
            <dt class="mr-badge mr-round">
                运行内存
            </dt>
            <div class="dd-conent">
                <dd class="select-all selected">
                    <a href="#">全部</a>
                </dd>
                <dd>
                    <a href="#">2GB</a>
                </dd>
                <dd>
                    <a href="#">3GB</a>
                </dd>
                <dd>
                    <a href="#">4GB</a>
                </dd>
                <dd>
                    <a href="#">6GB</a>
                </dd>
                <dd>
                    <a href="#">无</a>
                </dd>
                <dd>
                    <a href="#">其他</a>
```

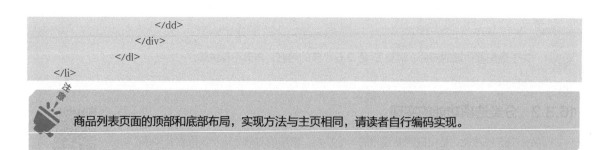

```
                    </dd>
                </div>
            </dl>
        </li>
```

商品列表页面的顶部和底部布局，实现方法与主页相同，请读者自行编码实现。

16.3.3 商品列表区的实现

商品列表区由商品列表内容区、组合推荐区域和分页组件区域构成。商品列表内容
区可以根据销量、价格和评价等参数动态检索商品信息；组合推荐区域方便用户购买配
套商品，而且布局美观；分页组件区域是商品列表必备功能，显示商品列表的分页信息。
商品列表区的界面效果如图 16-15 所示。

商品列表区的实现

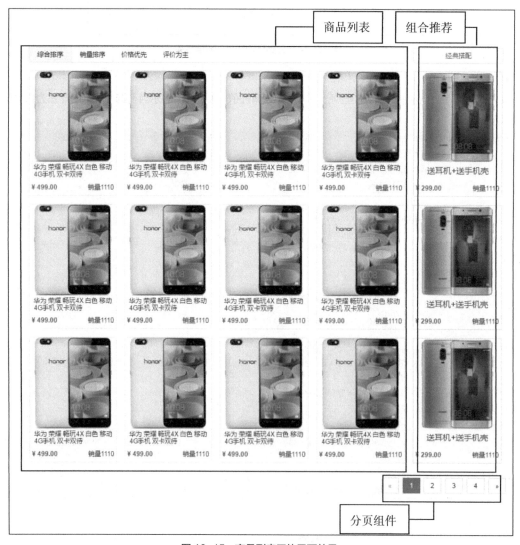

图 16-15　商品列表区的界面效果

具体实现步骤如下：

（1）编写商品列表区域的 HTML 布局代码。使用<ul>标签和<li>标签，显示单个手机商品的信息，包括手机名称、价格和销量等内容，关键代码如下：

```
<ul class="mr-avg-sm-2 mr-avg-md-3 mr-avg-lg-4 boxes">
        <li>
            <div class="i-pic limit">
                <a href="shopInfo.html"><img src="images/shopcartImg.jpg" /></a>
                <p class="title fl">华为 荣耀 畅玩4X 白色 移动4G手机 双卡双待</p>
                <p class="price fl"> <b>&yen;</b> <strong>499.00</strong> </p>
                <p class="number fl"> 销量<span>1110</span> </p>
            </div> </li>
        <li>
            <div class="i-pic limit">
                <a href="shopInfo.html"><img src="images/shopcartImg.jpg" /></a>
                <p class="title fl">华为 荣耀 畅玩4X 白色 移动4G手机 双卡双待</p>
                <p class="price fl"> <b>&yen;</b> <strong>499.00</strong> </p>
                <p class="number fl"> 销量<span>1110</span> </p>
            </div> </li>
    </ul>
```

（2）编写组合推荐区域的 HTML 布局代码。使用<li>标签，显示组合推荐功能的图片、内容和价格等信息内容，方便用户购买相关配套商品，同时布局效果美观，关键代码如下：

```
<li>
        <div class="i-pic check">
            <a href="shopInfo.html"><img src="images/shopcartImg-01.jpg" /></a>
            <p class="check-title">送耳机+送手机壳</p>
            <p class="price fl"> <b>&yen;</b> <strong>299.00</strong> </p>
            <p class="number fl"> 销量<span>1110</span> </p>
        </div>
    </li>
```

（3）编写分页组件的 HTML 布局代码。使用<ul>和<li>标签，显示商品分页数。class 属性值为 mr pagination-right，表示分组组件的定位信息。代码如下：

```
<ul class="mr-pagination mr-pagination-right">
    <li class="mr-disabled"><a href="#">&laquo;</a></li>
    <li class="mr-active"><a href="#">1</a></li>
    <li><a href="#">2</a></li>
    <li><a href="#">3</a></li>
    <li><a href="#">4</a></li>
    <li><a href="#">&raquo;</a></li>
</ul>
```

16.4 商品详情页面的设计与实现

16.4.1 商品详情页面的设计

商品详情页面是商品列表的子页面。用户单击商品列表的某一项商品后，则进入到商品详情页面。商品详情页面对用户而言，是至关重要的功能页面，商品详情页面的界面和功能直接影响用户的购买意愿。为此，51 购商城设计并实现了一系列功能，包括商

商品详情页面的设计

品概要信息、宝贝详情和评价等功能模块，方便用户消费决策，增加商品销售量。商品详情界面效果如图 16-16 和图 16-17 所示。

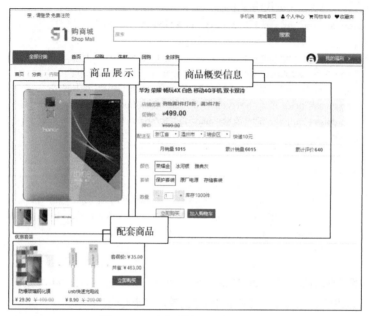

图 16-16　商品详情页面的顶部效果

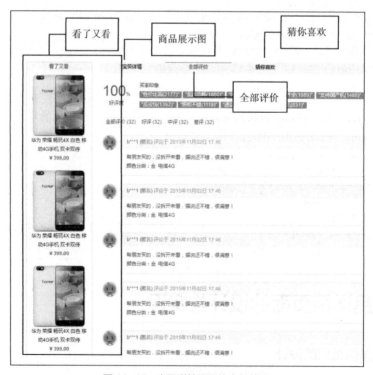

图 16-17　商品详情页面的底部效果

关于适配移动端的部分，请参考 16.2.6 小节的内容，本节不再讲解。

16.4.2　商品概要功能的实现

商品概要功能，包含商品的名称、价格和配送地址等信息。用户快速浏览商品概要信息，可以了解商品的销量、可配送地址和库存等内容，方便用户快速决策，节省浏览时间。商品详情界面的效果如图 16-18 所示。

图 16-18　商品详情页面的底部效果

具体实现步骤如下：

首先使用\<li\>标签，显示价格信息，class 属性值 sys_item_price，表示对价格加粗处理；然后通过\<select\>标签和\<option\>标签，读取配送地址信息，关键代码如下：

```
<div class="tb-detail-price">
    <!--价格-->
        <li class="price iteminfo_price">
            <dt>促销价</dt>
            <dd><em>¥</em><b class="sys_item_price">499.00</b></dd>
        </li>
        <li class="price iteminfo_mktprice">
            <dt>原价</dt>
            <dd><em>¥</em><b class="sys_item_mktprice">599.00</b></dd>
        </li>
        <div class="clear"></div>
    </div>
    <!--地址-->
    <dl class="iteminfo_parameter freight">
        <dt>配送至</dt>
        <div class="iteminfo_freprice">
            <div class="mr-form-content address">
                <select data-mr-selected>
                    <option value="a">浙江省</option>
                    <option value="b">吉林省</option>
                </select>
                <select data-mr-selected>
                    <option value="a">温州市</option>
```

```
                    <option value="b">长春市</option>
                </select>
                <select data-mr-selected>
                    <option value="a">瑞安区</option>
                    <option value="b">南关区</option>
                </select>
            </div>
            <div class="pay-logis">
                快递<b class="sys_item_freprice">10</b>元
            </div>
        </div>
    </dl>
    <div class="clear"></div>
```

商品详情页面的顶部和底部布局，实现方法与主页相同，请读者自行编码实现。

16.4.3 商品评价功能的实现

用户通过浏览商品评价列表信息，可以了解第三方买家对商品的印象和评价内容等信息。如今的消费者越来越看重评价信息，因此，评价功能的设计和实现十分重要。51购商城设计了买家印象和买家评价列表两项功能。商品评价的界面效果如图 16-19 所示。

商品评价功能的实现

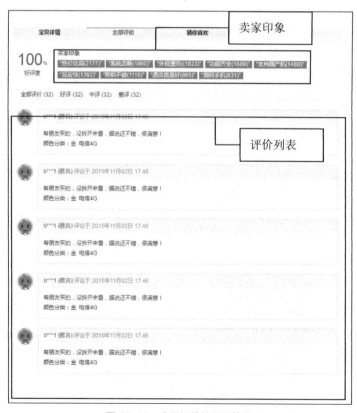

图 16-19　商品评价的界面效果

具体实现步骤如下：

（1）编写买家印象的 HTML 布局代码。使用<dl>标签和<dd>标签，显示买家印象内容，包括性价比高、系统流畅和外观漂亮等内容，关键代码如下：

```
<dl>
        <dt>买家印象</dt>
        <dd class="p-bfc">
            <q class="comm-tags"><span>性价比高</span><em>(2177)</em></q>
            <q class="comm-tags"><span>系统流畅</span><em>(1860)</em></q>
            <q class="comm-tags"><span>外观漂亮(</span><em>(1823)</em></q>
            <q class="comm-tags"><span>功能齐全</span><em>(1689)</em></q>
            <q class="comm-tags"><span>支持国产机</span><em>(1488)</em></q>
            <q class="comm-tags"><span>反应快</span><em>(1392)</em></q>
            <q class="comm-tags"><span>照相不错</span><em>(1119)</em></q>
            <q class="comm-tags"><span>通话质量好</span><em>(865)</em></q>
            <q class="comm-tags"><span>国民手机</span><em>(831)</em></q>
        </dd>
 </dl>
```

（2）编写评价列表的 HTML 布局代码。首先新建一个<header>标签，显示评论者和评论时间；然后新建一个<div>标签，增加 class 属性值为 mr-comment-bd，布局评论内容区域，关键代码如下：

```
<div class="mr-comment-main">
        <!-- 评论内容容器 -->
        <header class="mr-comment-hd">
            <!--<h3 class="mr-comment-title">评论标题</h3>-->
            <div class="mr-comment-meta">
                <!-- 评论数据 -->
                <a href="#link-to-user" class="mr-comment-author">b***1 (匿名)</a>
                <!-- 评论者 -->
                评论于
                <time datetime="">2015年11月02日 17:46</time>
            </div>
        </header>
        <div class="mr-comment-bd">
            <div class="tb-rev-item " data-id="255776406962">
                <div class="J_TbcRate_ReviewContent tb-tbcr-content ">
                    帮朋友买的，没拆开来看，据说还不错，很满意!
                </div>
                <div class="tb-r-act-bar">
                    颜色分类：金  电信4G
                </div>
            </div>
        </div>
        <!-- 评论内容 -->
</div>
```

16.4.4　猜你喜欢功能的实现

猜你喜欢功能为用户推荐最佳相似商品。实现的方式与商品列表页面相似，不仅方便用户立即挑选商品，也增加商品详情页面内容的丰富性，用户体验良好。猜你喜欢的界面效果如图 16-20 所示。

猜你喜欢功能的实现

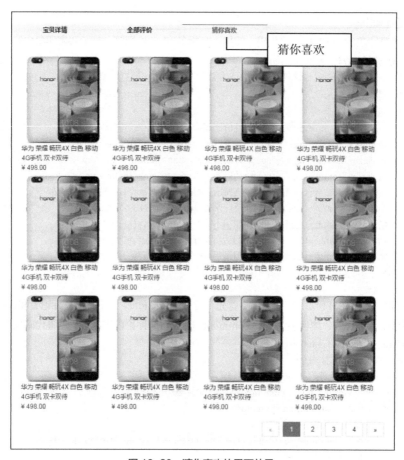

图 16-20　猜你喜欢的界面效果

具体实现步骤如下：

（1）编写商品列表区域的 HTML 布局代码。使用<li>标签，显示商品概要信息，包括商品缩略图、商品价格和商品名称等内容，关键代码如下：

```
<li>
    <div class="i-pic limit">
        <img src="images/shopcartImg.jpg" />
        <p>华为 荣耀 畅玩4X 白色 移动4G手机 双卡双待</p>
        <p class="price fl">
            <b>¥</b>
            <strong>498.00</strong>
        </p>
    </div>
</li>
```

（2）编写控制动画效果的 JavaScript 代码。用户单击顶部的"宝贝详情""全部评论"或"猜你喜欢"页面节点时，页面会动态显示和隐藏对应的页面节点内容。如单击"猜你喜欢"节点时，会显示"猜你喜欢"页面功能的内容。

因此，新建 goToYoulike( )方法，首先获取对应的页面节点元素，然后设置节点元素的样式属性，当单击"猜你喜欢"页面节点时，触发 goToYoulike( )方法，会显示"猜你喜欢"内容，隐藏其他节点，关键代码如下：

```
//显示猜你喜欢内容区域
function goToYoulike( ){
    var info=document.getElementById("info");                              //获取宝贝详情节点
    var comment=document.getElementById("comment");                        //获取全部评论节点
    var youLike=document.getElementById("youLike");                        //获取猜你喜欢节点
    var infoTitle=document.getElementById("infoTitle");
    var commentTitle=document.getElementById("commentTitle");
    var youLikeTitle=document.getElementById("youLikeTitle");
    infoTitle.className="";
    commentTitle.className="";
    youLikeTitle.className="mr-active";
    info.className="mr-tab-panel mr-fade ";                                //隐藏宝贝详情节点
    comment.className="mr-tab-panel mr-fade ";                             //隐藏全部评价节点
    youLike.className="mr-tab-panel mr-fade mr-in mr-active";              //显示猜你喜欢节点
```

 宝贝详情、全部评价和猜你喜欢的动画效果，类似菜单栏的页面切换，由于篇幅的限制，不再详细讲解。具体内容请参考源代码部分。

16.5 购物车页面的设计与实现

16.5.1 购物车页面的设计

购物车页面的设计

电商网站都具有购物车的功能。用户一般先将自己挑选好的商品放到购物车中，然后统一付款，结束交易。购物车的界面要求包含订单商品的型号、数量和价格等信息内容，方便用户统一确认购买。购物车的界面效果如图 16-21 所示。

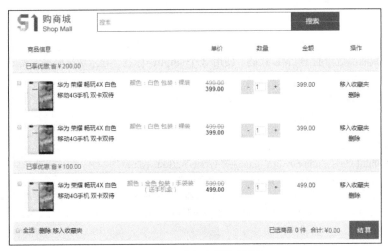

图 16-21　购物车的界面效果

16.5.2 购物车页面的实现

购物车页面的顶部和底部布局请参考 16.2.2 小节的内容。下面重点讲解购物车页面中，商品订单信息的布局技巧。商品订单明细的界面效果如图 16-22 所示。

图 16-22　商品订单明细的界面效果

具体实现步骤如下：

（1）编写商品类型和价格信息的 HTML 代码。使用<li>标签，显示商品类型信息，如颜色和包装等内容，新建<div>标签，读取商品价格信息，关键代码如下：

```
<!--商品类型-->
<li class="td td-info">
        <div class="item-props item-props-can">
        <span class="sku-line">颜色：白色</span>
        <span class="sku-line">包装：裸装</span>
        <span tabindex="0" class="btn-edit-sku theme-login">修改</span>
        <i class="theme-login mr-icon-sort-desc"></i>
        </div>
</li>
<!--价格信息-->
<li class="td td-price">
        <div class="item-price price-promo-promo">
        <div class="price-content">
            <div class="price-line">
                <em class="price-original">499.00</em>
            </div>
            <div class="price-line">
                <em class="J_Price price-now" tabindex="0">399.00</em>
            </div>
        </div>
        </div>
</li>
```

（2）实现增减商品数量的 HTML 代码。使用 3 个<input>标签，显示数量增减的表单按钮，value 属性值分别为 "－" 和 "＋"，关键代码如下：

```
<li class="td td-amount">
        <div class="amount-wrapper ">
        <div class="item-amount ">
            <div class="sl">
            <input class="min mr-btn" name="" type="button" value="-" />
            <input class="text_box" name="" type="text"
                                        value="1" style="width:30px;" />
            <input class="add mr-btn" name="" type="button" value="+" />
            </div>
        </div>
        </div>
</li>
```

16.6 付款页面的设计与实现

16.6.1 付款页面的设计

用户在购物车页面单击结算按钮后，则进入付款页面。付款页面包括收货人姓名、手机号、收货地址、物流方式和支付方式等内容。用户需要再次确认上述内容后，单击提交按钮，完成交易。付款页面的界面效果如图 16-23 所示。

付款页面的设计

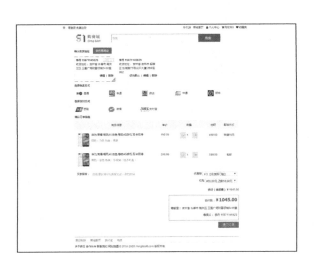

图 16-23 付款页面效果（PC 端和移动端）

16.6.2 付款页面的实现

付款页面的顶部和底部布局请参考 16.2.2 小节的内容。下面重点讲解付款页面中，用户收货地址、物流方式和支付方式的布局技巧。付款功能的界面效果如图 16-24 所示。

付款页面的实现

图 16-24 付款功能的界面效果

具体实现步骤如下：

（1）编写收货地址的 HTML 代码。使用<li>标签，显示用户收货相关信息，包括用户的收货地址、用户的手机号码和用户姓名等内容，关键代码如下：

```
<li class="user-addresslist">
        <div class="address-left">
            <div class="user DefaultAddr">
            <span class="buy-address-detail">
                <span class="buy-user">李丹 </span>
            <span class="buy-phone">15871145629</span>
             </span>
            </div>
            <div class="default-address DefaultAddr">
                <span class="buy-line-title buy-line-title-type">收货地址：</span>
                                <span class="buy--address-detail">
                                <span class="province">吉林</span>省
                                <span class="city">吉林</span>市
                                <span class="dist">船营</span>区
                        <span class="street">东湖路75号众环大厦2栋9层902</span>
                    </span>
                </span>
            </div>
            <ins class="deftip hidden">默认地址</ins>
        </div>
        <div class="address-right">
            <span class="mr-icon-angle-right mr-icon-lg"></span>
        </div>
        <div class="clear"></div>
        <div class="new-addr-btn">
            <a href="#">设为默认</a>
            <span class="new-addr-bar">|</span>
            <a href="#">编辑</a>
            <span class="new-addr-bar">|</span>
            <a href="javascript:void(0);" onclick="delClick(this);">删除</a>
        </div>
</li>
```

（2）编写物流信息的 HTML 代码。使用<ul>和<li>标签，显示物流公司的 Logo 和名称，关键代码如下：

```
<div class="logistics">
    <h3>选择物流方式</h3>
    <ul class="op_express_delivery_hot">
        <li data-value="yuantong" class="OP_LOG_BTN  ">
            <i class="c-gap-right"
            style="background-position:0px -468px"></i>圆通<span></span>
        </li>
        <li data-value="shentong" class="OP_LOG_BTN  ">
            <i class="c-gap-right"
            style="background-position:0px -1008px"></i>申通<span></span>
        </li>
        <li data-value="yunda" class="OP_LOG_BTN  ">
            <i class="c-gap-right" s
            tyle="background-position:0px -576px"></i>韵达<span></span>
```

```
            </li>
        </ul>
    </div>
```

（3）编写支付方式的 HTML 代码。使用<ul>和<li>标签，显示支付方式的 Logo 和名称，关键代码如下：

```
<div class="logistics">
    <h3>选择支付方式</h3>
    <ul class="pay-list">
        <li class="pay card"><img src="images/wangyin.jpg"/>银联<span></span></li>
        <li class="pay qq"><img src="images/weizhifu.jpg"/>微信<span></span></li>
        <li class="pay taobao"><img src="images/zhifubao.jpg"/>支付宝<span></span></li>
    </ul>
</div>
```

16.7　登录注册页面的设计与实现

16.7.1　登录注册页面的设计

登录和注册页面是通用的功能页面。51 购商城在设计登录和注册页面时，考虑 PC 端和移动端的适配兼容，同时使用简单的 JavaScript 方法，验证邮箱和数字的格式。登录注册的页面效果分别如图 16-25（PC 端登录页面）、图 16-26（PC 端注册页面）和图 16-27（手机端注册登录页面）所示。

登录注册页面的设计

图 16-25　登录页面效果

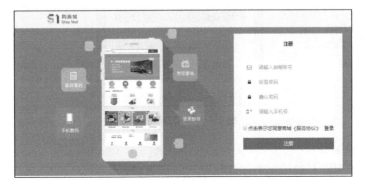

图 16-26　注册页面效果

图 16-27　移动端的登录和注册界面效果

 关于适配移动端的部分，请参考 16.2.6 小节的内容，本节不再讲解。

16.7.2　登录页面的实现

登录页面由<form>标签组成的表单和 JavaScript 验证技术实现的非空验证组成。
关于登录页面顶部和顶部布局的实现，请参考 16.2.2 小节的内容。登录界面效果如图
16-28 所示。

登录页面的实现

图 16-28　登录页面效果

具体实现步骤如下：

（1）编写登录页面的 HTML 代码。首先使用<form>标签，显示用户名和密码的表单信息；然后通过
<input>标签，设置一个登录按钮，提交用户名和密码信息,关键代码如下：

```
<div class="login-form">
        <form>
                <div class="user-name">
                        <label for="user"><i class="mr-icon-user"></i></label>
                        <input type="text" name="" id="user" placeholder="邮箱/手机/用户名">
                </div>
                <div class="user-pass">
                        <label for="password"><i class="mr-icon-lock"></i></label>
                        <input type="password" name="" id="password" placeholder="请输入密码">
                        </div>
        </form>
</div>
<div class="login-links">
        <label for="remember-me"><input id="remember-me" type="checkbox">记住密码
        </label>
        <a href="register.html" class="mr-fr">注册</a>
        <br/>
</div>
<div class="mr-cf">
<input type="submit" name="" value="登 录" onclick="login()"
                                class="mr-btn mr-btn-primary mr-btn-sm">
</div>
```

（2）编写验证提交信息的 JavaScript 代码。首先新建 login()方法，用于验证表单信息；然后分别获取用户名和密码的页面节点信息；最后根据 value 的属性值条件判断，弹出提示信息，代码如下：

```javascript
<script>
    function login(){
        var user=document.getElementById("user");              //获取账户信息
        var password=document.getElementById("password");    //获取密码信息
        if(user.value!=='mr' && password.value!=='mrsoft'){
            alert('您输入的账户或密码错误！');
        }else{
            alert('登录成功！');
        }
    }
</script>
```

 默认正确账户名为 mr，密码为 mrsoft。若输入错误，则提示"您输入的账户或密码错误"，否则提示"登录成功"。

16.7.3 注册页面的实现

注册页面的实现过程与登录页面相似，在验证表单信息的部分稍复杂些，需要验证邮箱格式是否正确，验证手机格式是否正确等。注册页面的界面效果如图 16-29 所示。

注册页面的实现

图 16-29　注册页面的界面效果

具体实现步骤如下：

（1）编写登录页面的 HTML 代码。首先使用<form>标签，显示用户名和密码的表单信息；然后通过<input>标签，设置一个注册按钮，提交用户名和密码信息，关键代码如下：

```html
<form method="post">
    <div class="user-email">
            <label for="email"><i class="mr-icon-envelope-o"></i></label>
            <input type="email" name="" id="email" placeholder="请输入邮箱账号">
    </div>
    <div class="user-pass">
            <label for="password"><i class="mr-icon-lock"></i></label>
            <input type="password" name="" id="password" placeholder="设置密码">
    </div>
    <div class="user-pass">
        <label for="passwordRepeat"><i class="mr-icon-lock"></i></label>
        <input type="password" name="" id="passwordRepeat" placeholder="确认密码">
    </div>
</form>
```

（2）编写验证提交信息的 JavaScript 代码。首先新建 mr_verify（）方法，用于验证表单信息；然后分别获取邮箱、密码、确认密码和手机号码的页面节点信息；最后根据 value 的属性值条件判断，弹出提示信息，代码如下：

```javascript
<script>
    function mr_verify(){
        //获取表单对象
        var email=document.getElementById("email");
        var password=document.getElementById("password");
        var passwordRepeat=document.getElementById("passwordRepeat");
        var tel=document.getElementById("tel");
        //验证项目是否为空
        if(email.value==="" || email.value===null){
            alert("邮箱不能为空！");
            return;
        }
        if(password.value==="" || password.value===null){
            alert("密码不能为空！");
            return;
```

```
        }
        if(passwordRepeat.value==="" || passwordRepeat.value===null){
            alert("确认密码不能为空! ");
            return;
        }
        if(tel.value==="" || tel.value===null){
            alert("手机号码不能为空! ");
            return;
        }
        if(password.value!==passwordRepeat.value ){
            alert("密码设置前后不一致! ");
            return;
        }
        //验证邮件格式
        apos = email.value.indexOf("@")
        dotpos = email.value.lastIndexOf(".")
        if (apos < 1 || dotpos − apos < 2) {
            alert("邮箱格式错误! ");
        }
        else {
            alert("邮箱格式正确! ");
        }
        //验证手机号格式
        if(isNaN(tel.value)){
            alert("手机号请输入数字! ");
            return;
        }
        if(tel.value.length!==11){
            alert("手机号是11个数字! ");
            return;
        }
        alert('注册成功! ');
    }
</script>
```

 JavaScript 验证手机号格式是否正确的原理，是通过 isNaN( )方法验证数字格式，通过 length 属性值验证数字长度是否等于 11。

小 结

51 购商城使用 HTML5、CSS3 和 JavaScript 技术，设计并完成了一个功能相对完整的电子商务网站。下面总结下各个功能使用的关键技术点，希望对读者日后的工作实践有所帮助。

- ❑ 主页。轮播图使用 HTML5 结合 JavaScript 技术，以内嵌 JavaScript 代码的方式，动态控制轮播图片的显示和隐藏。商品分类导航功能使用 onmouseover 属性和 onmouseout 属性，动态控制鼠标滑入和滑出的动画效果。

- ❑ 商品列表页面。该页面设计并实现了智能排序（根据销量、评价和综合排序）、推荐组合商品和分页组件等电商网站必备功能模块。

- ❑ 商品详情页面。该页面设计并实现商品概览功能、宝贝详情功能、评价功能和猜你喜欢功能。使用类似 Tab 组件（JavaScript+CSS3）的方式，控制各功能内容的动态显示和隐藏。

- ❑ 购物车和付款页面。该页面实现了订单详情、收货地址、物流方式和支付方式等通用交易流程的布局和功能。

- ❑ 登录注册页面。该页面兼容 PC 端和移动端登录注册，使用 JavaScript 的方式，验证表单内容的格式，比如邮箱、手机号码和数字等。

PART 17

第17章

课程设计——游戏公园网站

本章要点：

- 了解网站设计制作流程
- 掌握轮播图的实现原理
- 掌握九宫格布局的技巧
- 掌握表单应用的具体方法
- 掌握实现CSS3动画特效的方法
- 掌握JavaScript控制页面样式的能力

■ 在互联网时代，很多人都喜欢玩电子游戏。电子游戏种类众多，比如主机游戏、计算机游戏和手机游戏等，令人眼花缭乱。本章将以电子游戏为类型主题，设计并制作一个电子游戏资讯网站——游戏公园。本章内容循序渐进、由简入难，帮助读者逐步了解和掌握网站制作的全部流程细节。

17.1 课程设计目的

本课程设计和制作一个游戏资讯网站——游戏公园。通过整个设计制作过程，旨在帮助读者，全面了解网站制作流程，熟练应用 HTML5 相关技术，为今后真正的网站制作奠定基础。游戏公园网站的界面效果如图 17-1 所示。

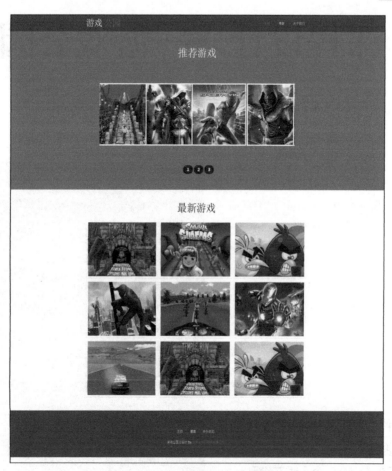

图 17-1　游戏公园网站的主页效果

17.2 游戏公园网站概述

"工欲善其事，必先利其器"。设计一个网站，应根据网站的主题内容对号入座，合理设计。比如网站的色彩元素，使用不同的色调可以表达不同的情感，因此许多银行或政府的官网都喜欢使用冷静的蓝色，表现严肃和典雅气氛。下面介绍游戏公园网站的主题特点和功能结构。

17.2.1 网站特点

游戏公园网站（以下简称"游戏公园"）是一个专业介绍游戏资讯的网站平台。游戏公园坚持用户第一，以用户体验为核心，免费为用户提供各种趣味和健康的游戏资讯，这些是游戏公园的主题特点和功能需求。

根据提出的需求，游戏公园设计了主页、博客列表、博客详情和关于我们四个页面。主题颜色以黑色和粉红色为主要背景色，黑色表现神秘和炫酷，粉色则表现年轻和青春。游戏公园的主要界面效果如图 17-2 和图 17-3 所示。

图 17-2　游戏公园主页效果

图 17-3　游戏公园博客列表页面效果

17.2.2　功能结构

从功能上划分，游戏公园分为主页、博客和关于我们 3 个功能。

- 主页功能：设计推荐游戏"和"最新游戏"两个子功能，为用户推荐和介绍最新的游戏资讯。
- 博客功能：分成"博客列表"和"博客详情"两个子功能，方便用户查找和浏览游戏资讯。
- 关于我们：介绍游戏公园网站的发展历史和网站特点等。

游戏公园的功能结构如图 17-4 所示。

图 17-4　游戏公园的功能结构图

17.3　主页的设计与实现

17.3.1　主页的设计

主页对一个网站非常重要，用户进入一个网站，首先浏览的页面就是主页。主页设计的好与坏，直接关系到用户是否有兴趣浏览其他页面。因此，游戏公园的主页特别设计了推荐游戏和最新游戏两个功能，为用户介绍最新最好的游戏资讯。主页的界面效果如图 17-5 和图 17-6 所示。

图 17-5　主页的顶部区域和推荐游戏区域

图 17-6　主页的最新游戏区域和底部区域

17.3.2　顶部区和底部区功能的实现

根据由简到繁的原则，首先实现顶部区和底部区的功能。顶部区由网站的 Logo 图片和菜单栏组成，方便用户跳转到其他页面。底部区由制作公司和导航栏组成，用于链接技术支持的官网。主页的顶部区和底部区界面如图 17-7 所示。

图 17-7　主页的顶部区和底部区界面

具体实现的步骤如下：

（1）新建一个 HTML 文件，命名为 index.html，引入 bootstrap.css 文件和 style.css 文件，构建页面整体布局，关键代码如下：

```
<!DOCTYPE html>
<html>
<head>
<title>首页--游戏公园</title>
<meta name="viewport" content="width=device-width, initial-scale=1">
<meta http-equiv="Content-Type" content="text/html; charset=utf-8" />
<link href="css/bootstrap.css" rel="stylesheet" type="text/css" media="all" />
<link href="css/style.css" rel="stylesheet" type="text/css" media="all" />
</head>
<body>
</body>
</html>
```

（2）实现顶部区的功能。首先通过<img>标签，引入网站的 Logo 图片 menu.png；然后使用<ul>标签和<li>标签，实现菜单栏的布局；最后通过<a>标签，添加 href 属性，链接到其他页面，代码如下：

```
<div class="header" >
    <div class="header-top">
     <div class="container">
        <div class="head-top">
            <div class="logo">
                <h1><a href="index.html"> 游戏 <span>公园</span></a></h1>
            </div>
        <div class="top-nav">
        <!--引入网站logo图片-->
        <span class="menu"><img src="images/menu.png"> </span>
        <!--顶部菜单栏-->
            <ul>
                <li class="active"><a   href="index.html">主页</a></li>
```

```
                    <li><a   href="blog.html">博客</a></li>
                        <li><a   href="about.html" >关于我们</a></li>
                            <div class="clearfix"> </div>
                    </ul>
                </div>
                <div class="clearfix"> </div>
        </div>
    </div>
        </div>
        </div>
</div>
```

（3）实现底部区的功能。首先通过<ul>标签和<li>标签，实现底部的导航栏；然后为<a>标签添加 href
属性，链接到其他页面；最后使用<p>段落标签，显示网站的制作公司信息，代码如下：

```
<div class="footer">
    <div class="container">
        <ul class="footer-grid">
            <li class="active"><a   href="index.html">主页</a></li>
            <li><a   href="blog.html">博客</a></li>
            <li><a   href="about.html">关于我们</a></li>
        </ul>
        <p> 游戏公园   |  设计  by  <a href="http://www.mingrisoft.com/" target="_blank">
            吉林省明日科技有限公司</a></p>
    </div>
</div>
```

项目的文件夹结构，因人而异。一般创建 css、images、js 和 font 四个文件夹，分别存放 CSS 文
件、图片文件、JavaScript 文件和字体资源文件。

17.3.3 推荐游戏功能的实现

推荐游戏功能是一个轮播图的效果，完全使用 CSS3 技术实现。3 张图片按照指定时间间隔，不断交替显
示或隐藏。推荐游戏的界面效果如图 17-8 所示。

图 17-8 推荐游戏的界面效果

具体实现的步骤如下：

（1）编写 HTML 的布局代码。首先通过<ul>标签、<li>标签和<img>标签，引入 3 张轮播图片；然后使用<label>标签，显示轮播图片的顺序数字，关键代码如下：

```html
<!--引入三张轮播图片-->
<div id="wrap">
        <ul id="slider">
                <li><img src="images/slider.png" /></li>
                <li><img src="images/slider.png" /></li>
                <li><img src="images/slider.png" /></li>
        </ul>
</div>
<!--轮播图片的轮播顺序-->
<input type="radio" checked name="slider" id="l01">
<input type="radio" name="slider" id="l02">
<input type="radio" name="slider" id="l03">
<div id="opts">
        <label for="l01">1</label>
        <label for="l02">2</label>
        <label for="l03">3</label>
</div>
```

（2）编写 CSS 的样式动画代码。通过 CSS3 的@keyframes 动画属性，为页面标签提供动画关键帧功能。全部动画时间为 100%，不同的百分比进度表示持续到不同的时间段，可以设置不同的 CSS3 动画效果，关键代码如下：

```css
/*创建动画策略*/
@keyframes slide1 {
        0% { margin-left:0;}
        23% { margin-left:0;}
        33% { margin-left:-1000px;}
        56% { margin-left:-1000px;}
        66% { margin-left:-2000px;}
        90% { margin-left:-2000px;}
        100% {margin-left:0;}
    }
/*关联动画名称*/
#l01:checked ~ #wrap #slider {
        -webkit-animation-name:slide1;
}
......省略其他代码
```

17.3.4 最新游戏功能的实现

最新游戏功能，通过展示游戏的缩略图，介绍最新游戏资讯。界面设计采用九宫格的方式，添加了鼠标滑动动画效果，界面整齐大气，不失灵活。最新游戏的界面效果如图 17-9 所示。

最新游戏

图 17-9　最新游戏的界面效果

具体实现步骤如下：

（1）编写 HTML 的布局代码。首先使用<li>标签引入最新游戏的缩略图，通过<a>标签，添加缩略图的链接地址页面 single.html；然后添加 onmouseover 属性和 onmouseout 属性，设置鼠标滑动事件，关键代码如下：

```
<ul id="da-thumbs" class="da-thumbs">
    <!--引入最新游戏的缩略图-->
    <li>
    <a href="single.html" rel="title" class="b-link-stripe b-animate-go   thickbox"
                onmouseover="mouseOver(this)" onmouseout="mouseOut(this)">
        <img src="images/a1.jpg" />
        <div style="left: -100%; display: block; top: 0px; transition: all 300ms ease;">
            <h5>Games</h5>
            <span>领先的在线休闲游戏平台</span>
        </div>
    </a>
</li>
</ul>
```

（2）编写控制鼠标滑动特效的 JavaScript 代码。分别创建鼠标滑入的 mouseOver( )方法与鼠标滑出的mouseOut( )方法，这两个方法实现的逻辑相同。以 mouseOver( )方法为例，首先获取当前滑动事件的 obj 对象，通过 obj 对象的 children 属性，继续获取子节点；然后设置子节点的动画效果，代码如下：

```
<script>
    // 鼠标滑入
    function mouseOver(obj){
        var menu=obj.children;          //获取对象子节点
        menu[1].style.left='0px';       //节点的样式属性left值设置为0px
    }
```

```
    // 鼠标滑出
    function mouseOut(obj){
        var menu=obj.children;              //获取对象子节点
        menu[1].style.left='-100%';         //节点的样式属性left值设置为-100%
    }
</script>
```

17.4 博客列表的设计与实现

17.4.1 博客列表的设计

博客列表功能是游戏公园资讯平台的核心功能。用户进入博客列表页面，可以快速浏览游戏的名称、缩略图和简介，如果感兴趣则继续单击内容，进入博客详情页面。最新游戏资讯在博客列表页面中，以九宫格的方式展示，更清晰大方。博客列表的界面效果如图 17-10 所示。

图 17-10 仅是博客列表界面的局部效果图。读者可继续添加游戏资讯、分页组件等内容。

图 17-10 博客列表的界面效果

17.4.2 博客列表的实现

博客列表的实现方法与主页相似。首先引入 CSS 样式，搭建页面框架；然后实现顶部和底部的布局，显示网站的 Logo 和菜单导航；最后实现博客列表的内容区域，展现最新游戏资讯内容。具体实现步骤如下：

（1）创建一个 HTML 页面，引入 bootstrap.css 文件和 style.css 文件，搭建页面的布局和框架，代码如下：

```
<!DOCTYPE html>
<html>
<head>
<title>博客列表--游戏公园</title>
<meta name="viewport" content="width=device-width, initial-scale=1">
<meta http-equiv="Content-Type" content="text/html; charset=utf-8" />
<link href="css/bootstrap.css" rel="stylesheet" type="text/css" media="all" />
<link href="css/style.css" rel="stylesheet" type="text/css" media="all" />
</head>
<body>
</body>
</html>
```

（2）实现顶部和底部的布局，显示网站的 Logo、菜单导航和制作团队等内容，关键代码如下：

```
<!--顶部布局-->
<div class="top-nav">
    <span class="menu"><img src="images/menu.png" alt=""> </span>
        <ul>
            <li><a  href="index.html" >主页</a></li>
            <li class="active"><a  href="blog.html"  博客</a></li>
            <li><a  href="about.html" >关于我们</a></li>
            <div class="clearfix"> </div>
        </ul>
</div>
<!--底部布局-->
 <div class="footer">
     <div class="container">
        <ul class="footer-grid">
            <li class="active"><a href="index.html">主页</a></li>
            <li><a href="blog.html">博客</a></li>
            <li><a href="about.html">关于我们</a></li>
        </ul>
        <p> 游戏公园  | 设计 by  <a href="http://www.mingrisoft.com/" target="_blank">
吉林省明日科技有限公司</a></p>
     </div>
</div>
```

 第（2）步骤实现的方法与主页相同。请参考 17.3.2——顶部区和底部区功能的实现一节内容。

（3）实现博客列表区域的布局，展现最新游戏资讯内容。首先使用<img>标签，引入游戏资讯的缩略图；然后通过<h4>标签，显示游戏资讯的标题；最后利用<p>标签，展现资讯简介内容，关键代码如下：

```
<div class="col-md-4 blog-top">
    <div class="blog-in">
        <a  href="single.html"  target="_blank"><img  class="img-responsive"  src="images/b3.jpg"  alt="
"></a>
            <div class="blog-grid">
            <h4><a href="single.html">地铁跑酷(周年庆) </a></h4>
            <p>全球超人气跑酷手游《地铁跑酷》给你精彩、好玩的游戏体验。画面精致、操作流畅、玩法刺激、滑
板炫酷、角色丰富、特效绚丽……全民皆玩，全球3亿用户的共同选择，一路狂奔，环游世界，你会爱上它！
```

```
                </p>
        <div class="date">
    <span class="date-in">
                <i class="glyphicon glyphicon-calendar"></i>
                22.01.2015
            </span>
    <a href="single.html" class="comments">
            <i class="glyphicon glyphicon-comment"></i>
            24
            </a>
    <div class="clearfix"> </div>
    </div>
    <div class="more-top">
    <a class=" hvr-wobble-top" href="single.html">更多信息</a>
    </div>
</div>
</div>
</div>
```

17.5 博客详情的设计与实现

17.5.1 博客详情的设计

博客详情是博客列表的子页面。用户单击博客列表的资讯内容后，则进入博客详情的页面。博客详情页面除了详细介绍资讯内容外，还可以对内容进行留言评论。评论内容利用表单<form>标签提交回复。博客详情的界面效果如图 17-11 所示。

图 17-11　博客详情的界面效果

17.5.2　博客详情的实现

根据博客详情页面的设计布局，按照搭建页面框架、实现内容区布局和完成留言评论三个步骤的顺序编码。具体实现步骤如下：

（1）创建一个 HTML 文件，引入 bootstrap.css 文件和 style.css 文件，搭建页面框架，代码如下：

```
<!DOCTYPE html>
<html>
<head>
<title>博客内容--游戏公园</title>
<meta name="viewport" content="width=device-width, initial-scale=1">
<meta http-equiv="Content-Type" content="text/html; charset=utf-8" />
<link href="css/bootstrap.css" rel="stylesheet" type="text/css" media="all" />
<link href="css/style.css" rel="stylesheet" type="text/css" media="all" />
</head>
<body>
</body>
```

（2）实现顶部和底部的布局，显示网站的 Logo、菜单导航和制作团队等内容。具体方法请参考 17.3.2 ——博客列表的实现一节的内容。

（3）实现资讯内容区的布局。首先使用<img>标签引入游戏资讯的大缩略图，然后通过<h4>标签显示资讯的标题，最后利用<p>标签，展现详细的游戏资讯内容，关键代码如下：

```
<a href="#"><img class="img-responsive" src="images/si.jpg" alt=" "></a>
<div class=" single-grid" style="font-size: 16px">
        <h4>地铁跑酷(周年庆)</h4>
        <div class="cal">
        <ul>
                <li><span>
                        <i class="glyphicon glyphicon-calendar"> </i>2016/12-08</span></li>
                <li><a href="#"><i class="glyphicon glyphicon-comment"></i>24</a></li>
        </ul>
        </div>
        <p>全球超人气跑酷手游《地铁跑酷》给你精彩、好玩的游戏体验。画面精致、操作流畅、玩法刺激、滑板炫酷、
角色丰富、特效绚丽……全民皆玩，全球3亿用户的共同选择，一路狂奔，环游世界，你会爱上它!
        </p>
        <p>更新提示<br/>
                1.圣诞节快乐! 尽情享受圣诞节在雪中参加地铁跑酷的乐趣; <br/>
                2.欢迎极地探索者——马利克和他的长牙装扮; <br/>
                3.沿着奇妙的玩具工厂滑板冲浪，探索美丽的冰雪洞窟; <br/>
                4.来和拥有着冰雪装扮的精灵琪琪一起玩耍吧; <br/>
                5.在新的冰川滑板上滑雪冲浪! <br/>
        </p>
</div>
```

（4）实现留言评论的表单布局。首先使用<form>标签，构建留言评论的布局内容；然后通过<input>标签，设置 type 属性的值为 text 文本域，显示姓名、邮件、主题和内容等回复信息；最后利用 submit 的提交按钮留言回复，关键代码如下：

```
<div class="comment-bottom">
        <h3>回复</h3>
                <form>
                        <input type="text" placeholder="姓名">
```

```
                <input type="text" placeholder="邮件">
                <input type="text" placeholder="主题">
                <textarea type="text" placeholder="内容" required></textarea>
                <!--提交按钮-->
                <input type="submit" value="提交">
            </form>
        </div>
```

17.6 关于我们的设计与实现

17.6.1 关于我们的设计

关于我们功能，介绍网站的特色版块、特色功能和团队人员。一般网站都会设立关于我们的功能，是网站设计必备的模块。内容和形式因网站主题而异，不外乎网站的发展历史和网站特色等。关于我们的界面效果如图 17-12 所示。

图 17-12　关于我们的界面效果

17.6.2 关于我们的实现

关于我们，由搭建页面框架、实现顶部和底部布局、展现内容区域和介绍团队成员 4 个步骤构成，实现的流程与前面的章节相似。具体实现步骤如下：

（1）新建一个 HTML 文件，引入 bootstrap.css 文件和 style.css 文件，搭建页面框架，代码如下：

```
<!DOCTYPE html>
<html>
<head>
<title>关于我们--游戏公园</title>
<meta name="viewport" content="width=device-width, initial-scale=1">
<meta http-equiv="Content-Type" content="text/html; charset=utf-8" />
<link href="css/bootstrap.css" rel="stylesheet" type="text/css" media="all" />
<link href="css/style.css" rel="stylesheet" type="text/css" media="all" />
</head>
<body>
</body>
```

（2）实现顶部和底部的布局，显示网站的 Logo、菜单导航和制作团队等内容。具体方法请参考 17.3.2——博客列表的实现一节的内容。

（3）实现内容区的布局，关键代码如下：

```
<!--关于我们介绍文字-->
<div class="about-top">
        <h3>关于我们</h3>
</div>
<div class="about-bottom">
        <p style="text-align: left;font-size: 20px"><strong>明日学院，是吉林省明日科技有限公司倾力打造的在线实用技能学习平台，该平台于2016年正式上线，主要为学习者提供海量、优质的课程，课程结构严谨，用户可以根据自身的学习程度，自主安排学习进度。我们的宗旨是，为编程学习者提供一站式服务，培养用户的编程思维。</strong>
</p>
<!--引入两张介绍图片-->
<div class="about-btm">
    <div class="col-md-6 about-left">
        <a href="single.html">
            <img class="img-responsive" src="images/bt.jpg" alt=""/></a>
    </div>
    <div class="col-md-6 about-right">
        <a href="single.html">
            <img class="img-responsive" src="images/bt1.jpg" alt=""/></a>
    </div>
    <div class="clearfix"></div>
</div>
</div>
```

 关于我们的介绍文字和介绍图片仅做案例说明使用，可根据实际的开发情况，修改或替换对应的文字和图片。

（4）实现团队介绍的布局。首先添加 ch-item 样式类，横排布局团队的成员；然后增补 ch-img-1 样式类、ch-img-2 样式类和 ch-img-3 样式类，引入团队成员漫画照。团队介绍的界面效果如图 17-13 所示。

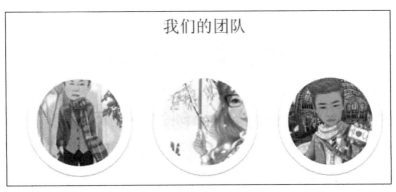

图 17-13　团队介绍的界面效果

关键代码如下:

```
<li>
    <div class="ch-item">
        <div class="ch-info-wrap">
            <div class="ch-info">
                <div class="ch-info-front ch-img-1"></div>
                <div class="ch-info-back">
                    <h3>Jonsen</h3>
                    <p>前端工程师</p>
                </div>
            </div>
        </div>
    </div>
</li>
```

小　结

　　本课程使用 HTML5、CSS3 和 JavaScript 技术,制作完成了一个相对简单的游戏资讯网站——游戏公园。从功能划分,网站由主页、博客和关于我们 3 个功能构成。从知识点分析,本课程设计涉及 HTML 常用标签的使用、CSS3 动画属性的展示和 JavaScript 控制页面样式的能力等内容。

　　相信通过对网站的设计和代码的实现,读者更容易理解网站制作的流程,对今后的工作实践大有益处。

附录　实验

实验 1　通过 Dreamweaver 创建一个网页

实验目的

（1）掌握 Dreamweaver 的使用。

（2）掌握如何在 HTML 文件中插入图片。

实验内容

为了使用户能够方便地使用 Dreamweaver 的功能，在此应用 Dreamweaver 创建一个 HTML 文件，在 HTML 文件中插入一张图片，通过浏览器实现在网页中显示图像的效果。程序运行效果如图 1-1 所示。

图 1-1　在 HTML 文件中插入一张图像

实验步骤

（1）双击打开 Dreamweaver，依次选择"文件/新建/HTML"命令，将打开图 1-2 所示的"新建文档"对话框。

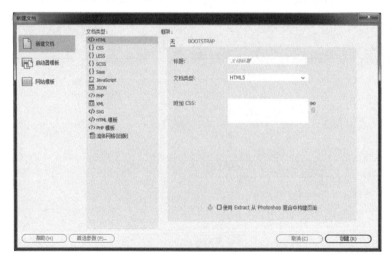

图 1-2　创建 HTML 文件

（2）在文档类型列表框中选择"HTML"，单击"创建"按钮，在打开的 HTML 文件中编写代码，如图 1-3 所示。

图 1-3　在 HTML 文件中插入图片

（3）将 HTML 文件保存到合适的路径下，并单击"保存"按钮，如图 1-4 所示。

图 1-4　设置文件保存的路径

（4）双击已经保存的 HTML 文件即在浏览器中显示页面。

实验 2　实现网页中的买家评论信息

实验目的

（1）掌握 HTML 中基础标签及其属性。

（2）掌握正确嵌套使用 HTML 中的标签。

实验内容

在网购时，大家可能都会或多或少关注其他买家的评论信息。本实验通过合理的嵌套使用各种标签，改变网页内容的样式以及在网页中整齐地展示买家评论的内容。程序运行效果如图 2-1 所示。

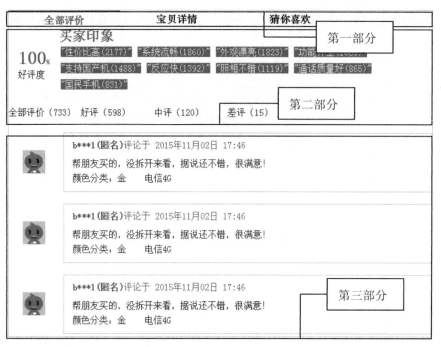

图 2-1　网页中买家评论

实验步骤

（1）创建一个 HTML 文件，在 HTML 文件中应用无序列表实现网页第一部分（全部评价、宝贝详情和
猜你喜欢），具体代码如下：

```
<div class="mr-nav">
  <ul class="mr-nav1">
    <li><font size="+1" color="#FF0000"><b>全部评价</b></font></li>
    <li><font size="+1"><b>宝贝详情</b></font></li>
    <li><font size="+1"><b>猜你喜欢</b></font></li>
  </ul>
</div>
```

（2）在 HTML 文件中，嵌套使用定义列表和<font>标签实现网页第二部分（买家印象），具体代码如下：

```
<div class="mr-yinxiang">
  <div class="mr-good-left"><br>
    <font size="+3" color="#FF0000"><b>100</b><font size="-1">%</font></font>
    <font>好评度</font></div>
  <dl class="mt-good-right">
    <dt><font size="+2" color="#FF0000"><b>买家印象</b></font></dt>
    <dd class="mr-yinx-txt">
    <font color="#FFFFFF" >"性价比高(2177)"</font>
      <font color="#FFFFFF" >"系统流畅(1860)"</font>
      <font color="#FFFFFF" >"外观漂亮(1823)"</font>
      <font color="#FFFFFF" >"功能齐全(1689)"</font>
      <font color="#FFFFFF" >"支持国产机(1488)" </font>
      <font color="#FFFFFF" >"反应快(1392)" </font>
      <font color="#FFFFFF" >"照相不错(1119)" </font>
      <font color="#FFFFFF" >"通话质量好(865)"</font>
      <font color="#FFFFFF" >"国民手机(831)"</font>
```

```
      </dd>
    </dl>
</div>
```

（3）嵌套使用无序列表和文字标签，实现买家评论的评论内容，代码如下：

```
<div class="mr-ping">
    <div class="mr-touxiang"><img src="images/touxiang.jpg" /></div>
    <div class="mr-pingjia-txt">
        <div class="pingjia-tit"><font color="#999"><b> b***1(匿名)</b>
评论于 2015年11月02日 17:46</font></div>
        <div class="pingjia-txt"><font color="#3f3f3f"> 帮朋友买的，
没拆开来看，据说还不错，很满意！<br> 颜色分类：金  电信4G </font></div>
    </div>
</div>
```

 说明　本上机实验通过使用 CSS 样式改变<div>标签的大小以及各标签的浮动样式，有关 CSS 部分的具体代码，请参照本书配套资源中的源码。

实验 3　通过表格制作商品列表

实验目的
（1）表格的背景色和对齐方式的使用。
（2）单元格标签属性的使用。
（3）表格的结构标签的使用。

实验内容
为了使用户能够方便地掌握表格的应用及其属性，本实验将运用表格制作简单的 51 购商品列表页面。通过设置表格的对齐方式和行标签的宽高和背景色等，使页面内容简单整齐地排列出来。程序运行效果如图 3-1 所示。

图 3-1　表格制作商品图片列表

实验步骤

（1）首先添加<table>表格标签，然后通过 align 和 cellspacing 设置表格的对齐方式和外边距，并且为表格设置背景色，代码如下：

```
<table align="center" bgcolor="#eee" cellspacing="0">
```

（2）为表格设置标题，代码如下：

```
<caption>
    手机
</caption>
```

（3）通过<tr>和<td>标签添加表格的行和列，并为表格设置水平跨度和垂直跨度属性，代码如下：

```
    <tr>
    <td bgcolor="#d2364c" width="180" height="45" align="center"><font color="white">全部分类</font></td>
    <td>首页</td>
    <td>闪购</td>
    <td>生鲜</td>
    <td>团购</td>
    <td>全球购</td>
    </tr>
    <tr>
    <td width="81"height="45" align="center"bgcolor="#111"><font color="white">家用电器
      ><font></td>
    <td rowspan="9" colspan="5"><img src="images/7.png"></td>
    </tr>
    <tr>
    <td width="81"height="45"align="center"bgcolor="#111"><font color="white">手机/数码
      ><font></td>
    </tr>
    <tr>
    <td width="81"height="45"align="center"bgcolor="#111"><font color="white">家居/家具
      ><font></td>
    </tr>
    <tr>
    <td width="81"height="45"align="center"bgcolor="#111"><font color="white">素食/卤味
      ><font></td>
    </tr>
    <tr>
    <td width="81"height="45"align="center"bgcolor="#111"><font color="white">素食/卤味
      ><font></td>
    </tr>
    <tr>
    <td width="81"height="45"align="center"bgcolor="#111"><font color="white">坚果/炒货
      ><font></td>
    </tr>
    <tr>
    <td width="81"height="45"align="center"bgcolor="#111"><font color="white">糖果/蜜饯
      ><font></td>
    </tr>
    <tr>
    <td width="81"height="45"align="center"bgcolor="#111"><font color="white">巧克力
      ><font></td>
    </tr>
```

实验 4 通过表单实现酒店筛选

实验目的

（1）掌握文本框的使用。

（2）掌握下拉菜单的使用。

（3）掌握单选框的使用。

（4）掌握复选框的使用。

实验内容

旅游网站通过表单将信息列出让用户筛选，为用户节省时间的同时让用户更准确地找到自己想要的酒店。本实验将通过表单实现酒店的筛选。程序运行效果如图 4-1 所示。

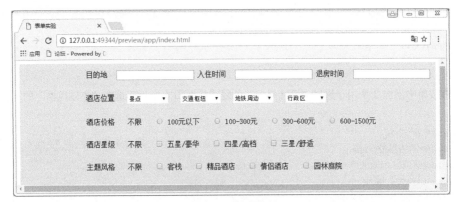

图 4-1 筛选酒店信息

实验步骤

（1）创建一个表单，在表单中添加 3 个分别用于输入"目的地""入住时间"和"退房时间"的文本框，代码如下：

```
<form>
    <div class="mr-line">
     <span>目的地</span><input type="text">
     <span>入住时间</span><input type="text">
     <span>退房时间</span><input type="text">
     </div>
</form>
```

（2）在表单中添加 4 个分别用于选择"酒店位置"的景点"交通枢纽""地铁周边"和"行政区"的下拉菜单，代码如下：

```
<div class="mr-line">
    <span>酒店位置</span>
    <select>
     <option selected>景点</option>
    </select>
    <select>
     <option selected>交通枢纽</option>
    </select>
    <select>
```

```
    <option selected>地铁周边</option>
    </select>
    <select>
    <option selected>行政区</option>
    </select>
</div>
```

（3）在表单中添加 4 个用于选择"酒店价格"的单选按钮，代码如下：

```
<div class="mr-line">
    <span>酒店价格</span>
    <span>不限</span>
    <input type="radio">
    <span>100元以下</span>
    <input type="radio">
    <span>100-300元</span>
    <input type="radio">
    <span>300-600元</span>
    <input type="radio">
    <span>600-1500元</span>
</div>
```

（4）在表单中添加 3 个用于选择"酒店星级"的复选按框和 4 个用于选择"主题风格"的复选框，代码如下：

```
<div class="mr-line">
    <span>酒店星级</span>
    <span>不限</span>
    <input type="checkbox">
    <span>五星/豪华</span>
    <input type="checkbox">
    <span>四星/高档</span>
    <input type="checkbox">
    <span>三星/舒适</span>
</div>
<div class="mr-line">
    <span>主题风格</span>
    <span>不限</span>
    <input type="checkbox">
    <span>客栈</span>
    <input type="checkbox">
    <span>精品酒店</span>
    <input type="checkbox">
    <span>情侣酒店</span>
    <input type="checkbox">
    <span>园林庭院</span>
</div>
```

实验 5   键盘按键绘制不同图形

实验目的

（1）掌握 Canvas 中基本图形的绘制。

（2）熟练应用 Canvas 绘制文字。

（3）理解 Canvas 中移动等特效的制作原理。

实验内容

本实验将实现当键盘按下不同按键时，在 Canvas 画布中显示不同的形状、文字或者不同形状的组合，同时页面的背景色动态渐变。程序运行效果如图 5-1 所示。

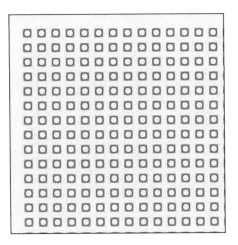

图 5-1　按键显示不同图形

实验步骤

（1）首先创建一个 HTML 文件，在该文件中添加 canvas 标签；然后给 canvas 标签添加大小和 id 属性，具体代码如下：

```
<canvas id="cav"height="300" width="300"></canvas>
```

（2）新建一个 CSS 文件，在 CSS 文件中通过 CSS 代码设置 canvas 标签的边框、位置等样式以及背景色渐变的动画，具体代码如下：

```
#cav {
      border: 1px solid #000;
      animation: 20s css infinite linear normal;
}
@keyframes css {
  0 {background-color:#000}
  30% {background-color:rgba(255,0,0,0.5)}
  60% {background:rgba(0,255,0,0.5)}
  90% {background:rgba(0,0,255,0.5)}
  100% {background:rgba(255,255,0,0.5)}}
```

（3）新建 JavaScript 文件，在 JavaScript 文件中绘制各种图形，代码如下：

```
var cav=document.getElementById('cav').getContext('2d');
function cir(){
for(var i=0;i<500;i++)
{for(var j=0;j<300;j++){
      cav.beginPath();
      cav.strokeStyle="#f00"
      cav.arc(25+i*20,25+j*20,5,0,Math.PI*2,true)
      cav.stroke();
      }}}
function rect(){
```

```
for(var i=0;i<500;i++)
{for(var j=0;j<300;j++){
        cav.strokeStyle="#f00"
        cav.rect(20+i*20,20+j*20,10,10)
        cav.stroke();
        }}}
function txt(){
        var txt=["查","无","此","图"];
        var k=0;
        var ds=setInterval(function(){
        cav.font='60px 隶书';
        cav.fillStyle='#fef200';
        cav.fillText(txt[k],80+70*k,150);
        cav.fill();
        k++;
        if(k==txt.length)
        {k=0;
        clearInterval(ds)}
        },90)}
```

（4）通过识别按键的不同键码值，调用不同函数，从而绘制不同图形，代码如下：

```
window.onkeydown=function(){
        var temp=event.keyCode%4;
        if(temp==0)
        {cav.clearRect(0,0,300,300);
        cir()}
        else if(temp==1){
        cav.clearRect(0,0,300,300);
        rect()}
        else if(temp==2)
        {cav.clearRect(0,0,300,300);
        cir();
        rect()}
        else if(temp==3){
        cav.clearRect(0,0,300,300);
        txt()}
        }
```

 本实验涉及键盘相关事件，有关键盘事件具体讲解请参照本书第 14 章。

实验 6　通过<video>标签添加视频

实验目的

（1）掌握<marquee>标签的使用。

（2）掌握<video>标签的使用。

实验内容

多媒体在生活中应用广泛。本实验将实现单击一张图片，跳转到视频播放界面，以及在图片右侧使用

<marquee>标签实现滚动文字。程序运行效果如图6-1和图6-2所示。

图6-1　图片和滚动文字

▶ 0:02 / 0:03 ──────────── ● ────── 🔊 ── ● ───── ⛶

图6-2　播放视频

实验步骤

（1）首先创建一个HTML页面，在页面中添加图片，并且为图片添加超链接；然后通过<marquee>标签添加滚动文字，代码如下：

```html
<html>
<head>
<meta charset="utf-8">
<title>多媒体实验</title>
<link type="text/css" rel="stylesheet" href="css/mr-style.css"></link>
</head>
<body>
<div class="mr-content">
    <a href="video.html">
    <img src="images/mp4.jpg" alt="">
    </a>
    <div class="mr-right">
    <marquee>点击图片可播放视频哦</marquee>
    <p>惊喜等你点开</p>
    </div>
</div>
</body>
</html>
```

（2）实现单击图片后跳转到播放视频页面，这里通过<video>标签播放视频，代码如下：

```
<html>
<head>
<meta charset="utf-8">
<title>多媒体实验</title>
</head>
<body>
<center>
<video src="media/mingrisoft.mp4" width="500" height="500" autoplay controls></video>
</center>
</body>
</html>
```

实验 7　实现鼠标滑过图片时的特效

实验目的

（1）熟练掌握 HTML 中各种标签的样式。

（2）掌握在 HTML 中灵活运用和正确嵌套各种标签。

（3）了解通过 CSS 控制文本样式。

实验内容

在制作网页时，为了使网页更加绚丽，可以给网站添加一些特效。通常大家在网页中所见的特效大都可以通过 HTML 与 CSS 共同实现。本实验实现当鼠标滑过网页模块时，图片变形且模块标题在页面中滚动。程序运行效果如图 7-1 所示。

图 7-1　鼠标滑过图片左移且标题内容滚动

实验步骤

（1）首先创建一个 HTML 文件，在文件中添加定义列表<dl>标签；然后分别在定义列表的<dt>标签和<dd>标签内部添加手机图片和手机价格等信息，具体代码如下：

```
<div id="mr-cent">
  <div class="mr-phone mr-phone1">
    <h3>新品特价</h3>
```

```
<dl>
    <dt><img src="images/5a1.jpg" alt=""></dt>
    <dd> <font>￥</font> <font color="#c00" size="+3">5198.00</font> </dd>
    <dd> <p>Huawei/华为mate9</p></dd>
</dl>
<dl>
    <dt><img src="images/5a2.jpg" alt=""></dt>
    <dd> <font>￥</font> <font color="#c00" size="+3">5198.00</font> </dd>
    <dd> <p>Huawei/华为mate8 移动版</p></dd>
</dl>
<dl>
    <dt><img src="images/5a3.jpg" alt=""></dt>
    <dd> <font>￥</font> <font color="#c00" size="+3">1298.00</font> </dd>
    <dd> <p>Huawei/华为p9</p></dd>
</dl>
<dl>
    <dt><img src="images/5a4.jpg" alt=""></dt>
    <dd> <font>￥</font> <font color="#c00" size="+3">598.00</font> </dd>
    <dd> <p>Huawei/华为nova</p></dd>
</dl></div>
</div>
```

（2）新建一个 CSS 文件，在 CSS 文件中通过 CSS 代码设置 HTML 中图片和文字的大小、颜色等相关样式，具体代码如下：

```
* {
    padding: 0;
    margin: 0;
}
#mr-cent {
    position: relative
}
dl {
    float: left;
    margin-top: 60px;
    text-align: center;
    width: 292px;
    font-size: 14px;
    border: 1px dashed #0FF
}
.mr-phone {
    width: 1200px;
    margin: 0 352px;
    height: 370px;
    position: absolute;
}
.mr-phone1 {
    top: 0px;
    background: #9F6;
}
dd {
    margin: 5px 30px;
```

```
}
h3 {
        position: absolute;
        top: 10px;
        left: 0;
        line-height: 50px;
        font-size: 18px;
        width: 150px;
}
```

（3）应用 CSS 的伪类选择器和 2D 动画实现鼠标滑过时文字滚动和图片变形的效果，代码如下：

```
.mr-phone1 dt:hover {
        transform: translateX(-30px);
        transition: all 1s ease}
.mr-phone:hover h3 {
        animation: rightgo 10s linear infinite alternate}
@keyframes rightgo {
0% {left:0px;}
100% {left:1055px;}}
```

实验 8　通过伪类选择器实现侧导航

实验目的

（1）掌握伪类选择器的使用。

（2）掌握其他选择器的使用。

实验内容

在很多网站我们都可以看到，当鼠标滑过一个区域时会产生一些侧导航效果。下面通过对伪类选择器和其他选择器的使用，实现小米官网的侧导航栏。程序运行效果如图 8-1 所示。

图 8-1　小米官网侧导航栏

实验步骤

（1）首先创建一个 HTML 文件；然后新建一个 CSS 文件，将 CSS 文件引入到 HTML 文件；最后在 CSS 文件中，通过通用选择器对整体样式进行控制，代码如下：

```
*{                              /*通用选择器*/
        padding: 0;             /*内边距*/
        margin: 0;              /*外边距*/
        border: 0;              /*边框*/
```

```
        list-style: none;  /*列表标志样式*/
    }
```

（2）通过伪类选择器对侧导航栏进行鼠标滑过设置，当鼠标滑过时改变侧导航栏里\<li>的背景颜色，同时显示隐藏板块，代码如下：

```
.content .banner .leftsidebar li:hover {                          /*伪类选择器*/
    background: #ff6700;                                          /*背景颜色*/
}
.content .banner .leftsidebar li .leftsidebar-list li .list-btn:hover{   /*伪类选择器*/
    background: #ff6700;                                          /*背景颜色*/
    color: #fff;                                                  /*字体颜色*/
}
.content .banner .leftsidebar li .leftsidebar-list li span:hover{   /*伪类选择器*/
    color: #ff6700;                                              /*字体颜色*/
}
.content .banner .leftsidebar li:hover .leftsidebar1{             /*伪类选择器*/
    display: block;                                              /*显示为块级元素*/
}
.content .banner .leftsidebar li:hover .leftsidebar2{             /*伪类选择器*/
    display: block;                                              /*显示为块级元素*/
}
.content .banner .leftsidebar li:hover .leftsidebar3{             /*伪类选择器*/
    display: block;                                              /*显示为块级元素*/
}
.content .banner .leftsidebar li:hover .leftsidebar4{             /*伪类选择器*/
    display: block;                                              /*显示为块级元素*/
}
.content .banner .leftsidebar li:hover .leftsidebar5{             /*伪类选择器*/
    display: block;                                              /*显示为块级元素*/
}
.content .banner .leftsidebar li:hover .leftsidebar6{             /*伪类选择器*/
    display: block;                                              /*显示为块级元素*/
}
.content .banner .leftsidebar li:hover .leftsidebar7{             /*伪类选择器*/
    display: block;                                              /*显示为块级元素*/
}
.content .banner .leftsidebar li:hover .leftsidebar8{             /*伪类选择器*/
    display: block;                                              /*显示为块级元素*/
}
.content .banner .leftsidebar li:hover .leftsidebar9{             /*伪类选择器*/
    display: block;                                              /*显示为块级元素*/
}
.content .banner .leftsidebar li:hover .leftsidebar10{            /*伪类选择器*/
    display: block;                                              /*显示为块级元素*/
}
```

（3）通过其他选择器对页面的字体、大小、背景及布局等进行设置，部分代码如下：

```
.content .banner{                  /*类选择器*/
    width: 1226px;                 /*宽度*/
    height: 460px;                 /*高度*/
}
a{                                 /*元素选择器*/
```

```
        text-decoration: none;          /*文本修饰*/
    }
    .content>.container{                /*子代选择器*/
    position: relative;                 /*定位*/
        z-index: 1;                     /*层级*/
        width: 1226px;                  /*宽度*/
        margin-right: auto;             /*外边距*/
        margin-left: auto;
    }
    .content .banner .leftsidebar{      /*后代选择器*/
        position: absolute;             /*定位*/
        top: 0;                         /*距上距离*/
        left: 0;                        /*距左距离*/
        z-index: 2;                     /*层级*/
        width: 234px;                   /*宽度*/
        height: 420px;                  /*高度*/
        padding: 20px 0 20px 0;         /*内边距*/
        list-style-type: none;          /*列表标志类型*/
        color: #424242;                 /*字体颜色*/
        background: rgba(0,0,0,0.6);    /*背景颜色*/
    }
```

实验 9　通过定位实现图片移动

实验目的

（1）掌握定位属性 position 的使用。

（2）掌握浮动属性 float 的使用。

（3）掌握如何设置内外边距。

实验内容

为了使用户能够容易地理解并使用列表，本实验通过一个简单的实例来展现该内容。通过无序列表和有序列表列表来展现页面的整体布局，商品信息部分通过无序列表来实现，商品图片部分通过有序列表来实现，并在页面中使用列表的属性。程序运行效果如图 9-1 所示。

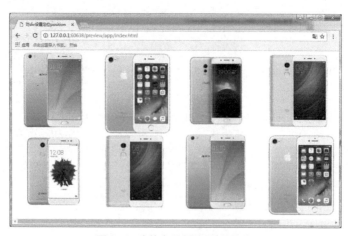

图 9-1　定位实现商品图片的移动

实验步骤

（1）首先添加一个<div>标签，并设置其类名为"mr-phone"；然后在<div>标签中插入 8 个子<div>标签，并在在每个子<div>标签中插入图片，代码如下：

```
<div class="mr-phone">
<div><img src="images/1.jpg"></div>
<div><img src="images/2.jpg"></div>
<div><img src="images/3.jpg"></div>
<div><img src="images/4.jpg"></div>
<div><img src="images/5.jpg"></div>
<div><img src="images/6.jpg"></div>
<div><img src="images/1.jpg"></div>
<div><img src="images/2.jpg"></div>
</div>
```

（2）通过 CSS 代码对页面进行合理布局，并且通过对图片进行定位，实现当鼠标移动到图片上时，图片向左移动，代码如下：

```
<style>
.wrap {
    width: 1800px;
    background: gray;
    margin: 0 auto;
}
.phone {
    width: 1200px;
    margin: 0 auto;          /*设置元素于浏览器水平居中*/
}
.phone div {
    width: 240px;
    height: 240px;
    float: left;
    margin-left: 10px;       /*外边距*/
    position: relative;
}
div img {
    display: inline-block;
    position: absolute;      /*对图片定位*/
    top: 0;
    left: 0;
}
div img:hover {
    top: 0;
    left: -10px;
}
</style>
```

实验 10　通过 2D 变换实现翻转洗牌

实验目的

（1）掌握 transform 属性的使用。

（2）掌握 translate 属性值的使用。

（3）掌握 rotate 属性值的使用。

（4）掌握 transition 属性值的使用。

实验内容

应用 transform 属性可以实现很多炫酷的效果，下面应用 transform 属性实现翻转洗牌效果。程序运行效果如图 10-1 所示。

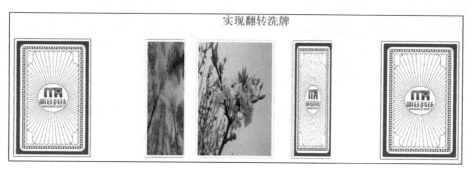

图 10-1　翻转洗牌

实验步骤

（1）创建一个 HTML 页面，在页面中通过<h1>标签添加一级标题，通过<img>标签添加图片，部分代码如下：

```
<h1>实现翻转洗牌</h1>
<div class="common kort">
    <img src="images/1.jpg" width="200" height="200">
    <img src="images/2.jpg" width="200" height="200">
    <img src="images/3.jpg" width="200" height="200">
    <img src="images/4.jpg" width="200" height="200">
    <img src="images/5.jpg" width="200" height="200">
    <img src="images/6.jpg" width="200" height="200">
    <img src="images/7.jpg" width="200" height="200">
    <img src="images/8.jpg" width="200" height="200">
    <img src="images/1.png" width="200" height="200">
</div>
```

（2）创建一个 CSS 页面，引入到 HTML 页面，通过 transform 属性实现图片的 2D 变换，关键代码如下：

```
.kort:hover img,
.kort.touching img{
    transform: translateX( -60% ) rotateY( 60deg ) translateZ(-80px);
}
.kort:hover img.present ~ img,
.kort.touching img.present ~ img {
    transform: translateX( 82% ) rotateY( 50deg );
}
/* CONCAVE TRANSITION */
.kort.concave:hover img.present ~ img,
.kort.concave.touching img.present ~ img {
    transform: translateX( 60% ) rotateY( -60deg ) translateZ(-80px);
}
/* STACK TRANSITION */
```

```
.kort.stack:hover img,
.kort.stack.touching img   {
        transform: translateZ(-180px) rotateY( -60deg );
}
.kort.stack:hover img.present ~ img,
.kort.stack.touching img.present ~ img {
        transform: translateX( 82% ) rotateY( 50deg );
}
.kort:hover img.present,
.kort.touching img.present   {
        transform: none;
        margin: 0!important;
}
```

实验 11   输出一张图片

实验目的

（1）熟悉<script>标签的使用。

（2）掌握 document.write( )语句的应用。

实验内容

本实验在 Dreamweaver 工具中直接嵌入 JavaScript 代码， 实现在页面中输出一张图片。程序运行效果如图 11-1 所示。

图 11-1   输出图片

实验步骤

（1）启动 Dreamweaver CC，新建一个 HTML 文件，命名为 index.html，并保存到磁盘的指定位置。

（2）在 index.html 文件中编写 JavaScript 代码，应用 document.write( )语句在页面中输出一张图片，具体代码如下：

```
<script type="text/javascript">
```

```
document.write("<img src='qie.jpg' />");//输出一张图片
</script>
```

实验 12   通过循环语句输出年份和月份

实验目的

（1）掌握运算符的使用。

（2）掌握 for 循环语句的应用。

（3）掌握自定义函数的使用。

实验内容

用户要想方便地选择年、月、日等日期方面的信息，可以把它们放在下拉菜单中输出。本实验通过循环语句输出年份和月份，并在页面中显示选择的年份和月份信息，程序运行效果如图 12-1 所示。

图 12-1   获取年份和月份信息

实验步骤

（1）首先创建一个表单，在表单中添加两个分别表示"年份"和"月份"的下拉菜单和一个"提交"按钮；然后在"年份"和"月份"下拉菜单中编写 JavaScript 代码，应用 for 循环语句循环输出下拉菜单中的年份和月份，代码如下：

```
<form name="form" method="post">
<select name="year">
<script type="text/javascript">
var i,j;//声明变量
for(i=1980;i<=2000;i++){
    document.write("<option value="+i+" "+(i==1985?"selected":"")+">"+i+"年</option>");//循环输出下拉菜单中的年份
}
</script>
</select>
<select name="month">
<script type="text/javascript">
for(j=1;j<=12;j++){
    document.write("<option value="+j+">"+j+"月</option>");//循环输出下拉菜单中的月份
}
</script>
```

```
</select>
<input type="button" value="提交" onClick="getInfo()">
</form>
```

（2）定义 getInfo()函数，在函数中输出选择的年份和月份信息，代码如下：

```
<script type="text/javascript">
    function getInfo(){                              //定义函数
     var year = form.year.value;                    //获取年份的值
     var month = form.month.value;                  //获取月份的值
     alert("您选择的是："+year+"年"+month+"月");      //输出结果
    }
</script>
```

（3）通过按钮的 onclick 事件调用自定义函数，获取选择的年份和月份信息，代码如下：

```
<input type="button" value="提交" onClick="getInfo()">
```

实验 13　在页面指定位置显示当前日期

实验目的

（1）掌握 Document 对象中 createTextNode()方法的使用。

（2）掌握 Document 对象中 appendChild()方法的使用。

（3）掌握 Document 对象中 getElementById()方法的使用。

实验内容

在浏览网页时，经常会看到在页面的某个地方显示当前日期。这种方式既可以填充页面效果，也可以方便用户查看。本实验使用 getElementById()方法实现在页面的指定位置显示当前日期。程序运行效果如图 13-1所示。

图 13-1　在页面的指定位置显示当前日期

实验步骤

（1）编写一个 HTML 文件，在该文件的<body>标记中添加一个 id 为 clock 的<div>标记，用于显示当前日期，关键代码如下：

```
<div id="clock">正在获取时间</div>
```

（2）编写自定义的 JavaScript 函数，用于获取当前日期，并显示到 id 为 clock 的<div>标记中，具体代码如下：

```
function clockon(){
    var now=new Date();                             //获取日期对象
    var year=now.getFullYear();                     //获取年
    var month=now.getMonth();                       //获取月
    var date=now.getDate();                         //获取日
    var day=now.getDay();                           //获取星期
    var week;
    month=month+1;
    var arr_week=new Array("星期日","星期一","星期二","星期三","星期四","星期五","星期六");
```

```
        week=arr_week[day];                                    //获取中文星期
        time=year+"年"+month+"月"+date+"日 "+week;              //组合当前日期
        var textTime=document.createTextNode(time);            //创建文本节点
        document.getElementById("clock").appendChild(textTime); //显示系统日期
    }
```

（3）编写 JavaScript 代码，在页面载入后，调用 clockon( ) 方法，具体代码如下：

```
window.onload=clockon;
```

实验 14   图片放大缩小

实验目的

掌握图像对象的 height 属性和 width 属性的使用。

实验内容

用户在页面中浏览图片时会发现有的图片是固定大小的，有的图片却不是很清晰。为了方便浏览者浏览图片，有时需要为图片提供放大和缩小的功能。本实验实现了最为简单的图片放大和缩小的功能，当用户在页面中单击"放大"按钮时，图片会按指定的大小不断增大，单击"缩小"按钮时，图片会按指定的大小不断缩小。程序运行效果如图 14-1 和图 14-2 所示。

图 14-1   图片放大

图 14-2   图片缩小

实验步骤

（1）编写使图片放大的函数 blowup( )，代码如下：

```
<script language="javascript">
function blowup()                //放大
{
    var height = images1.height;
    var width = images1.width;
    if ((height <= height * 2)||(width <= width * 2))
    {
        images1.height = images1.height + 20;
        images1.width = images1.width + 20;
    }
```

```
}
</script>
```

（2）编写使图片缩小的函数 reduce( )，代码如下：

```
<script language="javascript">
function reduce( )                //缩小
{
    if ((images1.width > 100)||(images1.height > 100))
    {
        images1.height = images1.height − 20;
        images1.width = images1.width − 20;
    }
}
</script>
```

（3）在<input>标记中设置按钮的 onclick 事件，代码如下：

```
<input type="button" value="放大" onclick="blowup()">    <!--放大-->
<input type="button" value="缩小" onclick="reduce()">    <!--缩小-->
```

实验 15　制作响应式网页主页

实验目的

（1）熟练掌握@media 关键字的用法。

（2）掌握响应式布局的技巧。

实验内容

CSS 中的@media 关键字，可以根据当前浏览设备的宽度调整样式。本实验利用@media 关键字实现明日学院主页的响应式布局，兼容 PC 端和移动端。界面效果如图 15-1（pc 端）和图 15-2（移动端）所示。

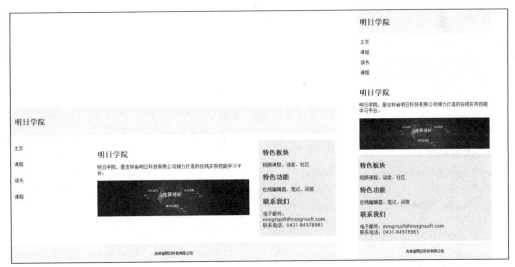

图 15-1　PC 端主页效果　　　　　　　　图 15-2　移动端主页效果

实验步骤

（1）新建一个 HTML 页面文件 index.html，布局明日学院主页各个功能元素，包括 Logo、导航栏、内容说明区和底部公司信息等，关键代码如下：

```
<div class="gridwrapper">
        <div class="gridbox gridheader">
            <div class="header">
            <!--Logo区域-->
                <h1>明日学院</h1>
            </div>
        </div>
        <!--导航栏区域-->
        <div class="gridbox gridmenu">
            <div class="menuitem">主页</div>
            <div class="menuitem">课程</div>
            <div class="menuitem">读书</div>
            <div class="menuitem">课程</div>
        </div>
        <!--内容区域-->
        <div class="gridbox gridmain">
            <div class="main">
            <h1>明日学院</h1>
            <p>明日学院，是吉林省明日科技有限公司倾力打造的在线实用技能学习平台。</p>
            <img src="images/banner.jpg" alt="Pulpit rock" width="" height="">
            </div>
        </div>
    </div>
```

（2）编写响应 PC 端的 CSS 样式代码，页面上的内容宽度以百分比为单位，以导航栏的样式 gridmenu 为例，默认宽度为 23%，适应 PC 端的页面宽度，关键代码如下：

```
.gridmenu {
    width:23%;
}
.menuitem {
    margin:4%;
    margin-left:0;
    margin-top:0;
    padding:4%;
    border-bottom:1px solid #e9e9e9;
    cursor:pointer;
}
```

（3）利用@media 关键字，判断当前浏览设备的宽度，调整显示内容的宽度。仍以导航栏的样式 gridmenu 为例，当浏览设备的宽度小于等于 500px 时，gridmenu 样式的宽度设置为 100%，适应移动端浏览设备的宽度，关键代码如下：

```
@media only screen and (max-width: 500px) {
    .gridmenu {
        width:100%;
    }

    .menuitem {
        margin:1%;
        padding:1%;
    }
}
```